高等学校计算机专业规划教材

网页设计与制作
（第3版）

赵旭霞　刘素转　王晓娜　编著

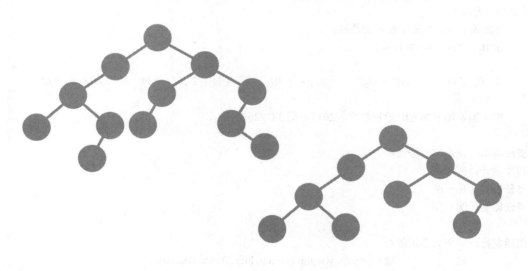

清华大学出版社

北 京

内 容 简 介

本书系统地介绍网页设计与制作技术。全书共 15 章,涵盖的内容主要有网站建设流程以及相关术语、Dreamweaver CS6 软件的操作、HTML 标记语言、CSS 样式表、JavaScript 脚本语言、模板、站点的测试与发布等。每章最后都给出了上机实践和习题,以使读者掌握基本操作方法和知识点。本书从使用者实际操作的角度结合具体实例,使读者在循序渐进地学习 Dreamweaver CS6 软件使用的同时掌握其他网页设计相关的技术。

本书结构编排合理,图文并茂,实例丰富,适合作为高等学校相关专业的网页设计与制作教材,也可以作为网页设计与制作人员的参考书。

图书在版编目(CIP)数据

网页设计与制作/赵旭霞,刘素转,王晓娜编著. —3 版. —北京:清华大学出版社,2018
(2023.7 重印)
(高等学校计算机专业规划教材)
ISBN 978-7-302-49184-2

Ⅰ. ①网… Ⅱ. ①赵… ②刘… ③王… Ⅲ. ①网页制作工具 – 教材 Ⅳ. ①TP393.092

中国版本图书馆 CIP 数据核字(2017)第 327926 号

责任编辑:龙启铭　战晓雷
封面设计:何凤霞
责任校对:焦丽丽
责任印制:沈　露

出版发行:清华大学出版社
　　　　　　网　　　　　　址:http://www.tup.com.cn, http://www.wqbook.com
　　　　　　地　　　　　　址:北京清华大学学研大厦 A 座　　　　邮　　编:100084
　　　　　　社　总　机:010-83470000　　　　　　邮　　购:010-62786544
　　　　　　投稿与读者服务:010-62776969,c-service@tup.tsinghua.edu.cn
　　　　　　质　量　反　馈:010-62772015,zhiliang@tup.tsinghua.edu.cn
　　　　　　课　件　下　载:http://www.tup.com.cn,010-83470236
印　装　者:三河市龙大印装有限公司
经　　销:全国新华书店
开　　本:185mm×260mm　　　　**印　　张:**23　　　　**字　　数:**533 千字
版　　次:2015 年 10 月第 1 版　　2018 年 2 月第 3 版　　**印　　次:**2023 年 7 月第 8 次印刷
定　　价:49.00 元

产品编号:074957-01

前言

互联网已经成为覆盖面最广、规模最大、信息资源最丰富的计算机信息网络，它不仅给人们提供了一个全新的获取信息的手段，而且正在逐步改变人们的生活、学习和工作方式。互联网的迅速发展，使人们进入一个前所未有的信息化社会。作为互联网的主要组成部分，网站得到了广泛的应用。企业和机构通过网站宣传自己的技术和产品，人们从不同的网站获取所需要的信息。网页是网站的主要组成部分，因此网页设计与制作技术越来越受到关注。为适应社会的需求，目前，网页设计与制作已经成为许多高校计算机专业及越来越多的非计算机专业学生必须掌握的基本技能之一。

1. 本书主要内容

全书分为 15 章，内容概括如下。

第 1 章：介绍网络基础知识以及相关术语、网页制作技术发展、网站制作常用软件工具以及网站建设流程。

第 2、3 章：介绍 Dreamweaver CS6 软件的工作环境以及 Dreamweaver CS6 中与站点相关的知识，并介绍利用 Dreamweaver CS6 创建本地站点的方法。

第 4～6 章：讲解 Dreamweaver CS6 制作简单网页的基本方法，以及基本网页元素的创建，如文本设置、多种超链接、图像以及图像地图等。

第 7 章：讲解表格的基础知识和使用 Dreamweaver CS6 创建表格的基本操作，最后讲解如何利用嵌套表格进行网页布局。

第 8 章：介绍 Div 与 AP Div 的应用，主要包括 Div 标签的使用以及 AP Div 在页面上的应用。

第 9、10 章：分别介绍框架技术以及基本表单的制作技术。

第 11、12 章：介绍如何添加行为，制作跑马灯和 JavaScript 脚本的动态特效网页以及如何在网页中添加 Flash、音频、视频等多媒体元素。

第 13 章：讲解 CSS 样式表的基础知识和使用。

第 14、15 章：分别讲述库和模板的知识以及如何测试和发布网站。

2. 本书的主要特色

本书结构清晰，从概念到方法，再从方法到实践，从使用者实际操作的角度结合实例进行讲解，使读者循序渐进地学会使用 Dreamweaver CS6，掌握网页设计方法和技巧。

本书内容组织从基础性、实用性出发，重点突出，知识丰富。希望读者重点学习、掌握网页设计与制作的方法，而不要拘泥于网页制作工具使用方法的学习。

　　各章最后给出了有针对性的上机实践和习题，以帮助读者掌握基本操作方法和知识点，同时方便教师组织教学。

3. 本书使用对象

　　本书适合作为高等院校相关专业网页制作课程教材，也可以作为网页制作人员的参考书籍。

　　本书由赵旭霞、刘素转、王晓娜编写，其中，第 1、3、5、7、9、11、12、13 章由赵旭霞编写，第 2、4、6、8、10、14 章由刘素转编写，第 15 章由王晓娜编写。

　　由于编者水平有限，书中难免有不足和疏漏之处，恳请广大读者批评指正。

编　者

2018 年 1 月

目 录

第 1 章　网页制作基础知识　/1

1.1　网络基础知识···1
　1.1.1　Internet 简介···1
　1.1.2　WWW 简介··2
　1.1.3　浏览器··3
　1.1.4　IP 地址和域名···4
　1.1.5　HTTP··7
　1.1.6　统一资源定位符··7
1.2　网页、网站相关术语简介···8
　1.2.1　网页···8
　1.2.2　网站··11
　1.2.3　主页··11
1.3　网页发展概述··11
1.4　动态网页开发技术···12
　1.4.1　ASP··12
　1.4.2　PHP··13
　1.4.3　JSP··13
　1.4.4　ASP.NET···14
1.5　网站制作常用软件···15
　1.5.1　网页制作工具···15
　1.5.2　美化网页的基本工具··17
1.6　网站建设的基本流程···18
1.7　上机实践···20
1.8　习题··22

第 2 章　认识 Dreamweaver CS6　/24

2.1　Dreamweaver CS6 简介···24
2.2　Dreamweaver CS6 的安装、启动和卸载································26
　2.2.1　Dreamweaver CS6 的安装······································26
　2.2.2　Dreamweaver CS6 的启动······································28

2.2.3　Dreamweaver CS6 的卸载 ··· 30

2.3　Dreamweaver CS6 的工作环境 ··· 30

2.3.1　Dreamweaver CS6 的工作窗口 ··· 30

2.3.2　Dreamweaver CS6 参数设置 ··· 35

2.4　上机实践 ··· 38

2.5　习题 ··· 38

第 3 章　站点设计　　/40

3.1　站点概述 ··· 40

3.2　创建本地站点 ··· 42

3.2.1　通过"站点设置对象"创建本地站点 ·· 42

3.2.2　连接到服务器 ··· 44

3.2.3　站点的"高级设置" ··· 52

3.3　站点管理 ··· 62

3.4　使用站点 ··· 63

3.4.1　管理文件 ··· 63

3.4.2　管理资源 ··· 68

3.5　网页设计中的规范 ··· 69

3.5.1　Dreamweaver CS6 中的命名原则 ·· 69

3.5.2　命名规范 ··· 71

3.5.3　文件夹结构规范 ··· 72

3.5.4　内容编辑规范 ··· 72

3.6　上机实践 ··· 73

3.7　习题 ··· 73

第 4 章　制作简单网页　　/74

4.1　网页文件的基本操作 ··· 74

4.1.1　新建网页与保存网页 ··· 74

4.1.2　打开网页 ··· 78

4.2　设置页面属性 ··· 78

4.3　插入文本 ··· 83

4.3.1　插入文本的方法 ··· 83

4.3.2　文本的查找与替换 ··· 84

4.3.3　常用的文本编辑元素 ··· 85

4.3.4　文本的属性检查器 ··· 89

4.4　插入水平线 ··· 91

4.4.1　插入水平线的方法 ··· 91

4.4.2　设置水平线的属性 ··· 91

4.5 插入其他基本元素 ·· 91
　　4.5.1 插入日期 ··· 91
　　4.5.2 插入特殊字符 ·· 92
　　4.5.3 插入文件头 ·· 92
4.6 创建列表 ·· 93
4.7 在网页中使用颜色 ··· 94
4.8 上机实践 ·· 95
4.9 习题 ··· 97

第 5 章　超级链接　　/99

5.1 超级链接概述 ··· 99
　　5.1.1 超级链接的分类 ····································· 100
　　5.1.2 超级链接标签<a> ···································· 100
5.2 绝对路径与相对路径 ······································ 104
　　5.2.1 绝对路径 ··· 104
　　5.2.2 相对路径 ··· 104
　　5.2.3 创建超级链接 ······································· 105
5.3 使用 Dreamweaver 制作各种超级链接 ····················· 107
　　5.3.1 内部链接 ··· 107
　　5.3.2 外部链接 ··· 107
　　5.3.3 锚记链接 ··· 109
　　5.3.4 邮箱链接 ··· 111
　　5.3.5 下载文件链接 ······································· 112
　　5.3.6 空链接 ··· 113
　　5.3.7 图像超级链接 ······································· 113
5.4 超级链接的显示效果设置 ·································· 114
5.5 上机实践 ··· 115
5.6 习题 ·· 117

第 6 章　网页中使用图像　　/118

6.1 插入图像概述 ·· 118
　　6.1.1 插入图像 ··· 119
　　6.1.2 设置图像属性 ······································· 120
　　6.1.3 编辑图像 ··· 122
6.2 图像的 HTML 标签 ·· 124
　　6.2.1 基本语法 ··· 124
　　6.2.2 图像标签<img>的属性 ································ 124
6.3 插入图像对象 ·· 125

6.3.1 插入鼠标经过图像 ·· 125

6.3.2 插入图像占位符 ·· 126

6.4 创建图像地图 ·· 127

6.5 上机实践 ··· 129

6.6 习题 ·· 130

第 7 章 表格的使用 /132

7.1 表格概述 ··· 132

7.1.1 表格的作用 ··· 133

7.1.2 表格标签 ·· 134

7.1.3 HTML 中表格格式设置的优先顺序 ······················· 140

7.2 使用 Dreamweaver CS6 创建表格 ································· 140

7.3 表格的基本操作 ·· 141

7.3.1 设置表格/单元格的基本属性 ································· 141

7.3.2 添加/删除行或列 ··· 143

7.3.3 合并与拆分单元格 ··· 144

7.3.4 使用扩展表格模式编辑表格 ·································· 147

7.4 在表格中添加内容 ··· 148

7.4.1 添加网页元素 ··· 148

7.4.2 嵌套表格 ·· 151

7.5 特殊效果表格 ··· 151

7.6 使用表格设计页面布局 ·· 153

7.7 上机实践 ··· 155

7.8 习题 ·· 156

第 8 章 Div 与 AP Div 的应用 /158

8.1 在网页中插入 Div 概述 ·· 158

8.1.1 关于 Div 标签 ··· 158

8.1.2 在网页中插入 Div ·· 158

8.1.3 Div 的 HTML 标签 ··· 160

8.1.4 编辑 Div 标签 ··· 160

8.1.5 Div 的嵌套 ··· 161

8.2 使用 AP Div 排版 ·· 162

8.2.1 在网页中插入 AP Div ·· 162

8.2.2 设置 AP Div 首选参数 ·· 163

8.2.3 创建嵌套 AP Div ··· 164

8.3 操纵 AP Div ·· 165

8.3.1 选择 AP Div ·· 165

8.3.2 调整 AP Div 大小 ·······166
8.3.3 移动 AP Div ·······166
8.3.4 对齐 AP Div ·······166
8.4 设置 AP Div 的属性 ·······167
8.4.1 "AP 元素"面板 ·······167
8.4.2 查看和设置单个 AP Div 的属性 ·······168
8.4.3 查看和设置多个 AP Div 的属性 ·······169
8.5 AP Div 与表格的相互转换 ·······169
8.5.1 将 AP Div 转换为表格 ·······169
8.5.2 将表格转换为 AP Div ·······171
8.6 AP Div 的行为 ·······172
8.6.1 AP Div 的显示和隐藏 ·······172
8.6.2 设置容器的文本 ·······174
8.6.3 拖动 AP 元素 ·······176
8.7 上机实践 ·······178
8.8 习题 ·······180

第 9 章 创建和使用框架 /182

9.1 框架概述 ·······182
9.1.1 框架标签 ·······183
9.1.2 < frameset >标签的嵌套 ·······188
9.2 Dreamweaver CS6 中框架的基本操作 ·······190
9.2.1 新建框架 ·······190
9.2.2 设置框架集的属性 ·······194
9.2.3 设置框架的属性 ·······195
9.2.4 框架中使用超级链接 ·······196
9.2.5 修改框架集 ·······197
9.2.6 浏览器不支持框架时的处理 ·······197
9.3 浮动框架 ·······198
9.3.1 <iframe>标签 ·······199
9.3.2 <iframe>与<frame>的区别 ·······201
9.4 上机实践 ·······201
9.5 习题 ·······202

第 10 章 制作表单页面 /204

10.1 关于表单 ·······204
10.2 创建表单 ·······204
10.2.1 创建表单的方法 ·······204
10.2.2 设置表单的属性 ·······205

10.2.3　表单的 HTML 标签 ⋯⋯⋯⋯⋯⋯⋯⋯⋯⋯⋯⋯⋯⋯⋯⋯⋯⋯⋯⋯⋯ 206

10.3　插入表单元素 ⋯⋯⋯⋯⋯⋯⋯⋯⋯⋯⋯⋯⋯⋯⋯⋯⋯⋯⋯⋯⋯⋯⋯⋯⋯⋯ 206

10.3.1　文本域 ⋯⋯⋯⋯⋯⋯⋯⋯⋯⋯⋯⋯⋯⋯⋯⋯⋯⋯⋯⋯⋯⋯⋯⋯⋯ 207

10.3.2　文本区域 ⋯⋯⋯⋯⋯⋯⋯⋯⋯⋯⋯⋯⋯⋯⋯⋯⋯⋯⋯⋯⋯⋯⋯ 209

10.3.3　隐藏域 ⋯⋯⋯⋯⋯⋯⋯⋯⋯⋯⋯⋯⋯⋯⋯⋯⋯⋯⋯⋯⋯⋯⋯⋯⋯ 210

10.3.4　复选框 ⋯⋯⋯⋯⋯⋯⋯⋯⋯⋯⋯⋯⋯⋯⋯⋯⋯⋯⋯⋯⋯⋯⋯⋯⋯ 211

10.3.5　单选按钮 ⋯⋯⋯⋯⋯⋯⋯⋯⋯⋯⋯⋯⋯⋯⋯⋯⋯⋯⋯⋯⋯⋯⋯ 212

10.3.6　单选按钮组 ⋯⋯⋯⋯⋯⋯⋯⋯⋯⋯⋯⋯⋯⋯⋯⋯⋯⋯⋯⋯⋯⋯ 213

10.3.7　列表/菜单 ⋯⋯⋯⋯⋯⋯⋯⋯⋯⋯⋯⋯⋯⋯⋯⋯⋯⋯⋯⋯⋯⋯ 214

10.3.8　跳转菜单 ⋯⋯⋯⋯⋯⋯⋯⋯⋯⋯⋯⋯⋯⋯⋯⋯⋯⋯⋯⋯⋯⋯⋯ 217

10.3.9　图像域 ⋯⋯⋯⋯⋯⋯⋯⋯⋯⋯⋯⋯⋯⋯⋯⋯⋯⋯⋯⋯⋯⋯⋯⋯⋯ 219

10.3.10　文件域 ⋯⋯⋯⋯⋯⋯⋯⋯⋯⋯⋯⋯⋯⋯⋯⋯⋯⋯⋯⋯⋯⋯⋯ 220

10.3.11　按钮 ⋯⋯⋯⋯⋯⋯⋯⋯⋯⋯⋯⋯⋯⋯⋯⋯⋯⋯⋯⋯⋯⋯⋯⋯⋯ 221

10.3.12　其他常用的 input 元素 ⋯⋯⋯⋯⋯⋯⋯⋯⋯⋯⋯⋯⋯⋯⋯⋯ 222

10.3.13　input 元素的其他属性 ⋯⋯⋯⋯⋯⋯⋯⋯⋯⋯⋯⋯⋯⋯⋯⋯ 225

10.4　验证 HTML 表单数据 ⋯⋯⋯⋯⋯⋯⋯⋯⋯⋯⋯⋯⋯⋯⋯⋯⋯⋯⋯⋯⋯⋯ 226

10.5　上机实践 ⋯⋯⋯⋯⋯⋯⋯⋯⋯⋯⋯⋯⋯⋯⋯⋯⋯⋯⋯⋯⋯⋯⋯⋯⋯⋯⋯⋯ 227

10.6　习题 ⋯⋯⋯⋯⋯⋯⋯⋯⋯⋯⋯⋯⋯⋯⋯⋯⋯⋯⋯⋯⋯⋯⋯⋯⋯⋯⋯⋯⋯⋯⋯ 229

第 11 章　JavaScript 网页动态特效　/231

11.1　JavaScript ⋯⋯⋯⋯⋯⋯⋯⋯⋯⋯⋯⋯⋯⋯⋯⋯⋯⋯⋯⋯⋯⋯⋯⋯⋯⋯⋯⋯ 231

11.1.1　概述 ⋯⋯⋯⋯⋯⋯⋯⋯⋯⋯⋯⋯⋯⋯⋯⋯⋯⋯⋯⋯⋯⋯⋯⋯⋯⋯ 231

11.1.2　JavaScript 基本数据结构 ⋯⋯⋯⋯⋯⋯⋯⋯⋯⋯⋯⋯⋯⋯⋯ 232

11.1.3　JavaScript 程序构成 ⋯⋯⋯⋯⋯⋯⋯⋯⋯⋯⋯⋯⋯⋯⋯⋯⋯ 234

11.1.4　对象的基本知识 ⋯⋯⋯⋯⋯⋯⋯⋯⋯⋯⋯⋯⋯⋯⋯⋯⋯⋯⋯ 236

11.1.5　事件驱动及事件处理 ⋯⋯⋯⋯⋯⋯⋯⋯⋯⋯⋯⋯⋯⋯⋯⋯ 239

11.1.6　JavaScript 应用实例 ⋯⋯⋯⋯⋯⋯⋯⋯⋯⋯⋯⋯⋯⋯⋯⋯⋯ 240

11.2　行为 ⋯⋯⋯⋯⋯⋯⋯⋯⋯⋯⋯⋯⋯⋯⋯⋯⋯⋯⋯⋯⋯⋯⋯⋯⋯⋯⋯⋯⋯⋯ 244

11.2.1　事件 ⋯⋯⋯⋯⋯⋯⋯⋯⋯⋯⋯⋯⋯⋯⋯⋯⋯⋯⋯⋯⋯⋯⋯⋯⋯⋯ 245

11.2.2　动作 ⋯⋯⋯⋯⋯⋯⋯⋯⋯⋯⋯⋯⋯⋯⋯⋯⋯⋯⋯⋯⋯⋯⋯⋯⋯⋯ 245

11.2.3　"行为"面板 ⋯⋯⋯⋯⋯⋯⋯⋯⋯⋯⋯⋯⋯⋯⋯⋯⋯⋯⋯⋯⋯ 246

11.2.4　使用 Dreamweaver CS6 添加典型行为 ⋯⋯⋯⋯⋯⋯⋯⋯ 247

11.3　跑马灯 ⋯⋯⋯⋯⋯⋯⋯⋯⋯⋯⋯⋯⋯⋯⋯⋯⋯⋯⋯⋯⋯⋯⋯⋯⋯⋯⋯⋯⋯ 258

11.4　上机实践 ⋯⋯⋯⋯⋯⋯⋯⋯⋯⋯⋯⋯⋯⋯⋯⋯⋯⋯⋯⋯⋯⋯⋯⋯⋯⋯⋯⋯ 260

11.5　习题 ⋯⋯⋯⋯⋯⋯⋯⋯⋯⋯⋯⋯⋯⋯⋯⋯⋯⋯⋯⋯⋯⋯⋯⋯⋯⋯⋯⋯⋯⋯ 262

第 12 章　在网页中使用多媒体　/264

12.1　插入"媒体"的使用 ⋯⋯⋯⋯⋯⋯⋯⋯⋯⋯⋯⋯⋯⋯⋯⋯⋯⋯⋯⋯⋯⋯ 264

　　　12.1.1　Flash 动画 ································· 264
　　　12.1.2　插入 Flash 视频 ···················· 266
　　　12.1.3　插入 Shockwave 影片 ··········· 268
　　　12.1.4　插入 Applet ························· 269
　　　12.1.5　插入 ActiveX 控件 ·············· 270
　　　12.1.6　插入插件 ···························· 272
　12.2　音频 ··· 273
　12.3　视频文件 ··································· 275
　12.4　上机实践 ··································· 278
　12.5　习题 ··· 278

第 13 章　CSS 样式表　　/280

　13.1　CSS 简介 ···································· 280
　13.2　CSS 的结构和规则 ····················· 281
　　　13.2.1　选择器的类型 ······················· 281
　　　13.2.2　网页中引入 CSS ·················· 284
　13.3　CSS 样式面板 ···························· 285
　13.4　CSS 样式的建立 ························· 286
　　　13.4.1　创建 CSS 样式 ····················· 286
　　　13.4.2　CSS 样式中规则的定义 ·········· 290
　13.5　使用附加 CSS 样式 ···················· 298
　13.6　Dreamweaver 中的 CSS 应用实例 ·· 299
　　　13.6.1　CSS 特效滤镜 ····················· 299
　　　13.6.2　固定背景、背景图像居中 ········ 303
　13.7　CSS3 应用实例 ·························· 303
　　　13.7.1　border-radius 属性 ·············· 304
　　　13.7.2　text-shadow 属性 ················· 305
　　　13.7.3　box-shadow 属性 ················· 306
　　　13.7.4　column-count 属性 ·············· 307
　13.8　上机实践 ··································· 308
　13.9　习题 ··· 310

第 14 章　库和模板　　/312

　14.1　使用库项目 ······························· 312
　　　14.1.1　创建库项目 ························· 312
　　　14.1.2　认识"资源"面板 ················ 313
　　　14.1.3　插入库项目 ························· 314
　　　14.1.4　编辑库项目 ························· 314

14.2 模板 ··318
14.2.1 创建模板 ···318
14.2.2 创建可编辑区域 ····································319
14.2.3 创建重复区域 ·······································322
14.2.4 定义可选区域 ·······································326
14.2.5 定义可编辑标签属性 ······························327
14.2.6 模板的应用 ··329
14.2.7 管理模板 ···331
14.3 上机实践 ···332
14.4 习题 ··333

第 15 章 站点的维护与上传 /335

15.1 测试网站 ···335
15.1.1 检查浏览器的兼容性 ······························335
15.1.2 检测网页链接错误 ··································338
15.1.3 修复链接 ···339
15.2 发布网站 ···340
15.2.1 上传文件 ···340
15.2.2 下载文件 ···343
15.2.3 同步文件 ···344
15.3 管理站点的高级设置 ···345
15.3.1 遮盖功能 ···345
15.3.2 "设计备注"功能 ···································345
15.3.3 "文件视图列"功能 ································346
15.4 远程服务器的连接方式 ·······································348
15.4.1 FTP 方式 ··348
15.4.2 本地/网络方式 ·······································350
15.4.3 RDS 方式 ··350
15.4.4 SFTP 方式 ···352
15.4.5 WebDAV 方式 ·······································352
15.5 上机实践 ···353
15.6 习题 ··354

第 1 章

网页制作基础知识

随着 Internet 的迅速发展和日益普及，网页制作与网站建设已经不再是网页设计师的专利，个人爱好者也可以完成网站的建设，尤其是静态网站的建设。网页的制作和网站的建设需要多种软件相互配合，需要了解相关的基础知识。本章首先从 Internet 以及 WWW 基础知识开始，接下来介绍网页与网站的概念，引入构成网页的基本元素，然后介绍目前流行的网页制作工具，最后介绍网站建设的流程。

1.1 网络基础知识

1.1.1 Internet 简介

1. Internet 起源

Internet 由不同地区规模不一的网络互相连接而成，是一个全球性的计算机互联网络，一般翻译为"国际互联网"或"因特网"。

1969 年，美国国防部研究计划管理局为了将美国几个军事以及研究部门所有的计算机主机连接起来，开始建立一个命名为 ARPANET 的网络（即 Internet 的前身）。

Internet 使计算机用户不再被局限于分散的计算机上，同时，也使他们脱离了特定网络的约束。任何人只要进入了 Internet，就可以利用网络中的各种计算机上的丰富资源。

目前 Internet 已发展到多元化状态，不仅仅为科研服务，正逐步进入日常生活的各个领域。近几年来，Internet 在规模和结构上都有了很大的发展，已经成为一个名副其实的"全球网"。

当前全球网民数量已经有了长足的进步，不过仍然有更大的增长空间。国际互联网数据统计网站"互联网统计数据"（Internet World Stats）发布的最新数据显示，截至 2017 年 6 月底，全球网民数量已经接近 39 亿。在当前的互联网用户群体中，亚洲地区用户数量最多，约有 19.4 亿互联网用户。

1994 年 4 月 20 日，我国实现与 Internet 的全功能连接，这是我国进入互联网时代的起点，从此我国被国际上正式承认为有互联网的国家。之后，ChinaNet、CERnet、CSTnet、ChinaGBnet 等多个互联网络项目在全国范围相继启动，互联网开始进入公众生活，并在我国得到了迅速的发展。1996 年底，我国互联网用户数已达 20 万，利用互联网开展的业务与应用逐步增多。我国互联网用户数从 1997 年起的最初几年内基本保持每半年翻一番的增长速度。据中国互联网络信息中心（CNNIC）公布的统计报告显示，截至 2017 年

6 月，我国网民规模已达 7.52 亿人，互联网普及率进一步提升，达到 54.3%。我国网站（域名注册者在中国境内的网站）数量为 506 万个，其中 ".cn" 网站总数为 270 万个。

2．Internet 服务

Internet 提供各种各样的信息和资源，通过网络的连接来共享和使用。实际上，Internet 是一个集合了多种服务的平台，常用的服务有下面几种。

（1）WWW 服务。WWW 是一个集文本、图像、声音、影像等多种媒体的最大的信息发布服务，同时具有交互式服务功能，是目前用户获取信息最基本的手段。Internet 产生了 WWW 服务，而 WWW 又促进了 Internet 的发展。目前，Internet 上 Web 服务器的数量已无法统计，越来越多的组织机构、企业、团体甚至个人建立了自己的 Web 网站和页面。1.1.2 节对于 WWW 会有详细的介绍。

（2）电子邮件（E-mail）。Internet 提供电子邮件服务，使得电子邮件的撰写、接收、发送都在计算机上完成。从发信到收信的时间以秒计，而且电子邮件几乎是免费的。邮件可以包括各种形式的媒体，只要知道收信人邮箱地址，邮件都可被快速传送。

（3）网上交际。网上交际已经完全突破传统的交友方式，全世界不同性别、年龄、身份、职业、国籍、肤色的人都可以通过 Internet 成为好朋友，不用见面就可以进行各种各样的交流。"网友"已经成为一个使用频率很高的名词。

（4）电子商务。在网上进行贸易已经成为现实，而且发展迅速。例如，可以开展网上购物、网上商品销售、网上拍卖、网上货币支付等。足不出户，就可以完成商品的选购、付款，非常便捷，而且网购的商品往往价格低廉。我国目前影响较大的网上交易系统有淘宝网（http://www.taobao.com）、亚马逊中国（http://www.amazon.com.cn）、京东（http://www.jd.com）等。

（5）文件传输。FTP 是 File Transfer Protocol（文件传输协议）的缩写。FTP 服务使得使用者可以从一台计算机向另一台计算机传输文件。通常，登录远程主机要取得进入主机的授权许可，而匿名（anonymous）FTP 是专门将某些文件供浏览者使用的系统。浏览者可以通过 anonymous 用户名使用这类计算机，不要求使用口令。

（6）远程登录（Telnet）。Telnet 是 Internet 提供的原始服务之一。Telnet 允许使用者通过本地计算机登录到远程计算机中，而不用关心远程计算机的具体位置。只要拥有远程计算机的账号，就可以使用远程计算机的各种资源，包括程序、数据库和其上的各种设备，如同本地操作一样。

（7）网络新闻（Usenet）。网络新闻是分门别类的，用户依照自己的需要，可以选择适合自己的新闻组（newsgroup），收看新闻或发表意见。网络新闻按照不同的专题分类组织，每一类为一个专题组，通常称为新闻组，其内部又分为若干子专题，子专题下还可以有子专题。目前已经有成千上万个新闻组。

Internet 还有很多其他的应用，如远程教育、远程医疗等。

1.1.2　WWW 简介

WWW 是 World Wide Web 的缩写，中文名字常写作"万维网"。

WWW 是一个由许多互相链接的超文本文档组成的系统，通过互联网访问。它通过统一资源定位符（Uniform Resource Locator，URL）标识其中的资源，这些资源通过超文本传输协议（Hypertext Transfer Protocol，HTTP）传送给使用者，使用者通过单击链接来获得资源。

WWW 起源于 CERN（Conseil Européen pour la Recherche Nucléaire 的缩写，现称 European Laboratory for Particle Physics，欧洲粒子物理实验室）。1989 年 3 月，CERN 的研究员蒂姆·伯纳斯-李撰写了《关于信息化管理的建议》一文，文中描述了一个精巧的管理模型。1990 年 11 月他和罗伯特·卡里奥合作提出了一个更加正式的关于万维网的建议，随后编写了第一个网页以实现其想法。1991 年 8 月 6 日，他在 alt.hypertext 新闻组发表了万维网项目简介的文章，这也标志着互联网上 WWW 公共服务的首次亮相。

蒂姆·伯纳斯-李还将超文本嫁接到互联网上。他发明了一个全球网络资源唯一认证的系统——统一资源标识符。蒂姆·伯纳斯-李被称为万维网之父。

WWW 和其他超文本系统有很多不同之处。WWW 上只需要单项连接而不是双向连接，这使得任何人可以在资源拥有者不做任何操作的情况下连接该资源。与早期的网络系统相比，这一点对于降低实现网络服务器和网络浏览器的困难程度至关重要。1993 年 4 月 30 日，CERN 宣布 WWW 对任何人免费开放。蒂姆·伯纳斯-李于 1994 年 10 月在麻省理工学院计算机科学实验室成立了万维网联盟（World Wide Web Consortium，W3C），又称为 W3C 理事会。

现在，通过万维网，可以迅速、方便地取得丰富的信息资料。WWW 使得全世界的人以史无前例的巨大规模相互交流。相距遥远的人们可以通过网络发展亲密的关系或者使彼此思想境界得到升华，甚至改变他们对待小事的态度以及精神。情感经历、政治观点、文化习惯、表达方式、商业建议、艺术、摄影、文学都可以以人类历史上从未有过的低投入实现共享。WWW 成为目前 Internet 上最为流行的信息传播方式。

1.1.3　浏览器

通常所说的浏览器（browser）是对网页浏览器的简称，它是一种万维网服务的客户端浏览程序，可向万维网或局域网络服务器等发送各种请求，并对从服务器发来的超文本信息和各种多媒体数据格式进行解释、显示和播放。使用浏览器可迅速且轻易地浏览各种资讯，尽享网上冲浪的乐趣。

网页浏览器主要通过 HTTP 与网页服务器进行交互并获取网页。这些网页文件在互联网中的位置由 URL 指定，文件格式通常为 HTML。一个网页文件中可以包括多个文档，每个文档都是从服务器获取的。大部分浏览器除了 HTML 之外还支持多种媒体格式，例如 JPEG、PNG、GIF 等图像格式，并且能够扩展支持众多的插件（plug in）。另外，许多浏览器还支持其他的 URL 类型及其相应的协议，如 FTP、Gopher、HTTPS（HTTP 协议的加密版本）。

目前，个人计算机上常见的网页浏览器包括 Internet Explorer（IE）、Firefox、Safari、Opera、Chrome、GreenBrowser、360 安全浏览器、搜狗高速浏览器等。

浏览器已经成为最常用的客户端程序。随着互联网的发展，浏览器作为互联网的入口，已经成为各软件巨头的必争之地。下面简要介绍目前主要的浏览器。

1．Internet Explorer 浏览器

微软公司的 Internet Explorer 在浏览器的市场占有率上多年保持第一，这主要归因于它对 Web 网站强大的兼容性。Internet Explorer 10 包括Metro界面、HTML5、CSS3 以及大量的安全更新。

2．Chrome浏览器

Chrome 是由Google（谷歌）公司开发的网页浏览器。该浏览器是基于其他开源软件开发的，包括WebKit，目标是提升稳定性、速度和安全性，并创造出简单且有效率的用户界面。Chrome 的 Beta 测试版本在 2008 年 9 月 2 日发布，提供50 种语言版本，有Windows、Mac OS X、Linux、Android 以及 iOS 版本提供下载。2017 年 6 月的浏览器调查报告显示，Chrome 在桌面浏览器市场占有率为 63.23%，排名第一，已成为全球使用最广的浏览器。

3．Firefox 浏览器

Firefox 现在是市场占有率第三的浏览器，仅次于 Internet Explorer 和 Chrome。Firefox 的中文名通常称为"火狐"或"火狐浏览器"（正式缩写为 Fx，非正式缩写为 FF），是一个开源网页浏览器，使用 Gecko 引擎，支持多种操作系统，如Windows、Mac OS 和Linux。

据 2017 年 6 月浏览器统计数据，Firefox 浏览器在世界范围内的桌面浏览器中市场占有率为 13.98%，排名第二。

4．猎豹安全浏览器

猎豹安全浏览器是由金山网络技术有限公司推出的一款浏览器，主打安全与极速特性，采用 Trident 和 WebKit 双渲染引擎，并整合金山公司自己的 BIPS 进行安全防护。猎豹浏览器对 Chrome 的 WebKit 内核进行了超过 100 项的技术优化，访问网页速度更快。它具有首创的智能切换引擎，动态选择内核以匹配不同网页，并且支持 HTML5，极速浏览的同时能够保证兼容性。

5．Opera 浏览器

Opera 是由 Opera Software 公司开发的网页浏览器，其浏览速度为世界最快。

6．搜狗浏览器

搜狗浏览器可明显提升公网与教育网的互访速度（2～5 倍），通过防假死技术，使浏览器运行快捷流畅且不卡不死。另外，它具有自动网络收藏夹、独立播放网页视频、Flash 游戏提取操作等多项特色功能，并且兼容大部分用户的使用习惯，支持多标签浏览、鼠标手势、隐私保护、广告过滤等主流功能。

1.1.4 IP 地址和域名

1．IP 地址

IP 是英文 Internet Protocol 的缩写，意思是"网际互联协议"，也就是为计算机网络互联进行通信而设计的协议。IP 规定了计算机在互联网上进行通信时应当遵守的规则。任何厂家生产的计算机系统，只要遵守 IP 就可以与互联网互联互通。正是因为有了 IP，互联网才得以迅速发展成为世界上最大的、开放的计算机通信网络。因此，IP 也可以称为"因特网协议"。

通过邮局发邮件的时候，必须知道对方地址，这样邮递员才能把邮件准确送达。使

用电话（手机）通话时，电话（手机）用户是靠电话（手机）号码来识别的。类似地，在互联网中为了区别不同的计算机，需要给连接在网上的计算机指定一个连网专用号码，这个号码就是 IP 地址。

互联网上的每台主机（host）都有一个唯一的 IP 地址。IP 就是使用这个地址在主机之间传递信息，这是互联网能够运行的基础。IP 地址的长度为 32 位，分为 4 段，每段 8 位，用十进制数字表示，每段数字范围为 0～255，段与段之间用句点隔开，例如 159.226.1.1。IP 地址由两部分组成，一部分为网络地址，另一部分为主机地址。IP 地址分为 A、B、C、D、E 共 5 类，常用的是 B 和 C 两类。

所有的 IP 地址都由国际组织 NIC（Network Information Center，网络信息中心）负责统一分配，目前全世界共有 3 个这样的网络信息中心。

- InterNIC，负责美国及除 ENIC 和 APNIC 管辖范围以外的其他地区。
- ENIC，负责欧洲地区。
- APNIC，负责亚太地区。

2．域名

由于 IP 地址是数字标识，使用时难以记忆和书写，因此在 IP 地址的基础上又发展出一种符号化的地址方案，来代替数字型的 IP 地址。这个与网络上的数字型 IP 地址相对应的字符型地址就称为域名。每一个符号化的地址都与特定的 IP 地址对应，这样网络上的资源访问起来比较方便。域名不仅便于记忆，而且在 IP 地址发生变化时，通过改变解析对应关系，域名仍可保持不变。

以域名 www.baidu.com 为例，它由两部分组成，baidu 是这个域名的主体，而最后的 com 则是该域名的后缀，表示这是一个 com 国际域名，是顶级域名。

域名由各国文字的特定字符集、英文字母、数字及“-”（连字符）任意组合而成，但开头及结尾均不能是“-”，域名中的字母不分大小写。级别最低的域名写在最左边，而级别最高的域名写在最右边。目前域名已经成为互联网的品牌，是网上商标保护的对象之一。

近年来，一些国家纷纷开发本民族语言构成的域名。中国也开始使用中文域名，中文域名规则如下：各级域名长度限制在 26 个合法字符（汉字、英文字母 a～z 和 A～Z、数字 0～9 和“-”等均算作一个字符）；不能是纯英文或数字域名，应至少有一个汉字；“-”不能连续出现。但可以预计的是，在今后相当长的时期内，中国以英语为基础的域名仍然是主流。

1）域名分类

域名可分为不同级别，包括顶级域名、二级域名等。顶级域名又分为两类。

（1）国家顶级域名（national top-level domain name）。目前 200 多个国家或地区都按照 ISO 3166 国家代码分配了顶级域名，例如中国是 cn，美国是 us，日本是 jp 等。

（2）国际顶级域名（international top-level domain name），例如，表示工商企业的 com，表示网络提供商的 net，表示非营利组织的 org 等。目前大多数域名争议都发生在 com 的顶级域名下，因为多数公司上网的目的都是为了营利。为加强域名管理，缓解域名资源的紧张，Internet 协会、Internet 分址机构及世界知识产权组织（WIPO）等国际组织经过广泛协商，在原来 3 个国际通用顶级域名的基础上，新增加了 7 个国际通用顶级域名，即 firm（公司企业）、store（销售公司或企业）、web（突出 WWW 活动的单位）、arts（突出文化艺术活动的单位）、rec（突出消遣、娱乐活动的单位）、info（提供信息服务的单位）、nom（个人），并在世界范围内选择新的注册机构来受理域名注册申请。

在实际使用和功能上，国际顶级域名与国家顶级域名没有任何区别，都是互联网上具有唯一性的标识。只是在最终管理机构上，国际顶级域名由美国商业部授权的互联网名称与数字地址分配机构（The Internet Corporation for Assigned Names and Numbers，ICANN）负责注册和管理，而国家顶级域名 cn 和中文域名系统则由中国互联网络信息中心（China Internet Network Information Center，CNNIC）负责注册和管理。

二级域名是指顶级域名之下的域名。在国际顶级域名下，它是指域名注册人的网上名称，例如 ibm、yahoo、microsoft 等；在国家顶级域名下，它是表示注册企业类别的符号，例如 com、edu、gov、net 等。

中国在国际互联网络信息中心正式注册并运行的顶级域名是 cn。在顶级域名之下，中国的二级域名又分为类别域名和行政区域名两类。

类别域名共有 7 个，按照申请机构的性质划分：

- ac：科研机构。
- com：工业、商业、金融等企业。
- edu：教育机构。
- gov：政府部门。
- mil：军事机构。
- net：互联网络、接入网络的信息中心（NIC）和运行中心（NOC）。
- org：各种非营利性的组织。

行政区域名是按照中国的各个行政区划分的，共 34 个，适用于中国的各省、自治区、直辖市和特别行政区。

2）域名注册

域名的注册遵循先申请先注册原则，管理机构对申请人提出的域名是否违反了第三方的权利进行审查。同时，每一个域名都是独一无二、不可重复的。因此，在网络上，域名是一种相对有限的资源，它的价值将随着注册企业的增多而逐步为人们所重视。

注册了域名之后，如何才能看到自己的网站内容？这就需要域名解析。域名注册只说明对这个域名拥有了使用权，如果不进行域名解析，那么这个域名就不能发挥作用。经过解析的域名可以用来作为电子邮箱的后缀，也可以用来作为网址访问该网站，因此域名投入使用的必备环节是"域名解析"。要访问互联网上的一台服务器，最终必须通过 IP 地址来实现，域名解析就是将域名转换为 IP 地址的过程。一个域名只能对应一个 IP 地址，而多个域名可以同时被解析到一个 IP 地址。域名解析需要由专门的域名解析服务器来完成。

3）域名解析服务器

域名解析服务器是把域名转换成主机所在 IP 地址的中介。通常在上网的时候，输入一个域名，计算机会首先到域名解析服务器上搜索对应的 IP 地址，服务器找到对应的 IP 地址之后，会把它返回给浏览者的浏览器，浏览器根据这个 IP 地址发出浏览请求，才完成了域名寻址的过程。操作系统会把浏览者常用的域名的 IP 地址保存起来，当浏览这些网站时，就可以直接从系统缓存里提取对应的 IP 地址，从而加快访问网站的速度。

4）域名转发

域名转发的作用是将一个域名指向另外一个已存在的网站，英文为 URL forwarding。域名转发服务适用于拥有一个主网站并同时拥有多个域名的用户，通过域名转发服务，就可以轻松实现多个域名指向一个网站或网站子目录；另外，通过域名转发服务，还可以方便地实现把中文域名自动转发到英文域名主网站。

5）域名备案

域名备案是指有网站的域名（没有网站的域名不需要备案）应向国家工业和信息化部提交网站的相关信息。域名备案的目的是防止在网上从事非法的经营活动，打击不良互联网信息的传播。根据中华人民共和国信息产业部第十二次部务会议审议通过的《非经营性互联网信息服务备案管理办法》，在中华人民共和国境内提供非经营性互联网信息服务应当办理备案。未经备案，不得在中华人民共和国境内从事非经营性互联网信息服务。对于没有备案的网站将予以罚款或关闭。

1.1.5　HTTP

Internet 遵循的一个重要协议是 HTTP，它是用于传输 Web 页的客户/服务器协议，详细规定了浏览器和万维网服务器之间互相通信的规则。当浏览器发出 Web 页请求时，此协议将建立一个与服务器的连接，服务器将找到请求页，并将它发送给客户端。信息发送到客户端后，HTTP 将释放此连接。此协议可以接受大量的客户端请求并提供服务。

1.1.6　统一资源定位符

统一资源定位符（URL）是用于完整地描述 Internet 网页和其他资源地址的一种标识方法。Internet 的每个网页都具有一个唯一的名称标识，通常称为 URL，可以是本地磁盘，也可以是局域网上的某一台计算机，更多的是 Internet 网站。简单地说，URL 就是 Web 地址，即网页地址，俗称"网址"。URL 是统一的，采用相同的基本语法，因此可以寻址各种特定类型的资源（网页、新闻组），或描述获取该资源的各种机制。对于 Internet 服务器或万维网服务器上的目标文件，可以使用 URL（以"http://"开始）。例如，http://www.microsoft.com/为 Microsoft 公司的万维网 URL。

URL 由 4 部分组成：协议类型、主机名、端口号和路径。

1. 协议类型

协议类型指定使用的传输协议。最常用的是HTTP，它也是目前 WWW 中应用最广的协议。常用的协议类型如下。

- file，资源是本地计算机上的文件。格式为 file://。

- ftp，通过 FTP 访问资源。格式为 ftp://。
- gopher，通过 Gopher 协议访问资源。格式为 gopher://。
- http，通过 HTTP 访问资源。格式为 http://。
- https，通过安全的 HTTPS 访问资源。格式为 https://。
- mailto，资源为电子邮件地址，通过 SMTP 访问。格式为 mailto:。

2．主机名

主机名（hostname）是指存放资源的服务器的域名系统（DNS）机器名或 IP 地址。有时，在主机名前也可以包含连接到服务器所需的用户名和密码（格式为 username:password）。

3．端口号

端口号（port）为整数，可选，省略时使用协议的默认端口，各种传输协议都有默认端口，如 HTTP 的默认端口为 80。有时候出于安全或其他考虑，可以在服务器上对端口进行重定义，即采用非标准端口号，此时，在 URL 中就不能省略端口号。

4．路径

路径（path）由 0 或多个"/"符号隔开，一般用来表示主机上的一个目录或文件地址。典型的 URL 的示例如下：

http://zh.wikipedia.org:80/wiki/Special:Search?search=铁路&go=Go

其中，http 是协议，zh.wikipedia.org 是服务器，80 是服务器上的端口号，/wiki/Special:Search 是路径，?search=铁路&go=Go 是询问。

网页浏览器不要求用户输入 http://部分，因为绝大多数网页内容是超文本传输协议文件。同样，80 是超文本传输协议文件的默认端口号，因此一般也不必写明。通常，用户只要输入 URL 的主机名和路径部分（如 zh.wikipedia.org/wiki/铁路）就可以了。

1.2 网页、网站相关术语简介

1.2.1 网页

网页的英文是 Web page，它是 WWW 服务中最主要的文件类型。网页是一种存储在 Web 服务器（网站服务器）上，通过 Web 进行传输，并被浏览器所解析和显示的文件类型，其内容是由 HTML 语言编写而成的。

网页通常存储在互联网的某台服务器上，通过网址或者 URL 描述其具体存放位置。浏览者在客户端浏览器的地址栏中输入网址后，通过网址获取指定的网页文件，然后再通过浏览器解释网页文件，最后呈现在浏览者面前。

1．HTML

HTML 不是一种编程语言，而是一种标记语言（markup language）。标记语言是一套标记标签（markup tag）。 HTML 是一种专门用于 Web 页制作的标记语言，它描述超文本各个部分的内容，告诉浏览器如何显示文本，怎样生成与其他文本或图像的链接点。HTML 文档由文本、格式化代码和导向其他文档的超链接组成。

2. 超链接

超链接是从一个网页指向另一个目的端的链接，这个目的端通常是另一个网页，也可以是一幅图片、一个电子邮件地址、一个文件、一个程序或者同一网页的不同位置。其链接热点通常是文本、图片、图片中的区域和不可见的程序脚本等。

超链接是用特殊的文本或图像来实现链接的，单击就可以实现它的功能。超链接是网页中一种非常重要的功能，是网页中最重要、最根本的元素之一。

3. 超文本

超文本是一种新的文件形式，指一个文件的内容可以无限地与相关资料链接。超文本是自然语言文本与计算机交互、转移和动态显示等能力的结合，超文本系统允许用户任意构造链接，通过超链接来实现。

超文本（hypertext）是用超链接的方法把各种不同空间的文字信息组织在一起的网状文本。超文本更是一种用户界面范式，用以显示文本以及与文本相关的内容。超文本普遍以电子文档方式存在，其中的文字包含可以连接到其他位置或者文档的链接，允许从当前阅读位置直接切换到超文本链接所指向的位置。超文本的格式有很多，目前最常使用的是 HTML 及 RTF（Rich Text Format，富文本格式）。我们日常浏览的网页上的链接都属于超文本。

超文本技术是一种按信息之间的关系非线性地存储、组织、管理和浏览信息的计算机技术。超文本技术将自然语言文本和计算机交互地转移或动态显示线性文本的能力结合在一起，它的本质和基本特征就是在文档内部和文档之间建立关系，正是这种关系实现了文本以非线性形式的组织。概括地说，超文本就是收集、存储所浏览的离散信息以及建立和表现信息之间关联的技术。

超文本是由若干信息结点和表示信息结点之间相关性的链接构成的一个具有一定逻辑结构和语义关系的非线性网络。

4. 构成网页的基本元素

网页可以组织展示各种多媒体素材，常见的媒体元素主要有文本、图形、图像、音频、动画和视频等。要学习网页设计与制作，首先要认识网页，了解网页中的常见元素，只有这样才能更加合理地组织和安排网页内容。文字与图片是构成网页的两个最基本元素。除此之外，网页的元素还可包括动画、音乐、程序等。下面分别介绍网页的各种元素及其在网页中的作用。

1）文本

文本（text）指由字符（如字母、数字等）组成的符号串，例如句子、段落、文章等。可以使用文本编辑软件（如记事本、写字板、Word 等编辑工具）来制作文本。文本是最重要的信息载体，是网页发布信息所用的主要形式。文本虽然没有图像对浏览者的吸引力强，但能准确地表达信息的内容和含义，而且用文本制作的网页占用空间小，浏览时，可以很快地展现在用户面前。当然，没有经过编排修饰的纯文字网页会给人死板的感觉，使得人们不愿意再往下浏览。为了克服这一缺点，可以设置网页文本的一些属性，例如字体、字号、颜色、底纹和边框等，通过文本的不同格式，突出显示重要的内容。此外，用户还可以在网页中设计各种各样的样式，包括标题的字体和字号、内容的层次样式、文字列表和颜色变换等，这些将给网页中的文本赋予新的生命力。

> ☞提示：非格式化文本文件或纯文本文件指的是文本文件中只有文本信息，没有其他任何有关格式的信息；格式化文本文件指的是带有各种文本排版等格式信息的文本文件。

2）图形

图形（graphic）也称为矢量图，一般是指由计算机生成的由直线、任意曲线、圆弧、矩形等构成的几何图和统计图等。图形文件中只存储生成图的算法和图上的某些特征点。可以分别控制处理图形中的各个部分，并且在进行移动、旋转、放大、缩小、扭曲等操作时图形不失真。图形适用于描述轮廓不是很复杂、色彩不是很丰富的对象，如几何图形、工程图、CAD、3D 造型等。

3）图像

图像（image）是指由输入设备捕捉的实际场景画面，或以数字化形式存储的任意画面，是由像素点阵构成的位图。图像用数字描述像素点、强度和颜色。描述图像的信息文件存储量较大，所描述的对象在缩放过程中会损失细节或产生锯齿。在显示时，是以一定的分辨率将每个点的色彩信息以数字化方式呈现，可直接在屏幕上快速显示。分辨率和灰度是影响图像显示的主要参数。图像适用于表现含有大量细节（如具有明暗变化、场景复杂、轮廓色彩丰富）的对象，如照片、手绘图等，通过图像软件可进行复杂图像的处理以得到更清晰的图像或产生特殊效果。常用的图像格式有 BMP、TIF、GIF、JPEG、PSD、PNG 等。

> ☞提示：一个优秀的网页除了有能吸引浏览者的文字形式的内容外，图形图像的表现作用是不能低估的。网页上的图形图像一般使用 JPEG、GIF 和 PNG 这 3 种格式，其中使用最广泛的是 JPEG 和 GIF 格式，这两种格式具有跨平台的特性，可以在不同操作系统支持的浏览器上显示。

4）音频

人类能够听到的所有声音（包括噪音）都称为音频（audio）。声音经录制后，可以通过数字音乐软件处理。音频是多媒体网页的一个重要组成部分，网页中常用的音频文件格式有 MIDI、WAV、MP3 和 AIF 等。不同格式的音频文件可以用不同的方式添加到网页中。用户在使用这些格式的文件时，需要加以区别。很多浏览器不用插件就可以支持 MIDI、WAV 和 AIF 格式的文件，而 MP3 和 RM 格式的声音文件则需要专门的播放器来播放。

需要注意的是，在给网页添加音频文件之前，需要考虑文件的用途、文件的大小、声音品质和浏览器的差别等因素。不同的浏览器对于声音文件的处理方法不同，彼此之间很可能不兼容。

5）动画

静态画面的连续播放便形成了动画（animation）。动画的连续播放既包括时间上的连续，也包括图像内容上的连续，即播放的相邻两幅图像之间内容相差不大。网页中常用的是 Flash 动画。Flash 动画由于高画质、体积小巧等原因受到了越来越多的网页设计者的青睐，已经成为网页动画的主流。

6）视频

视频（video）泛指将一系列静态影像以电信号方式加以捕捉、记录、处理、存储、传送和重现。由于人类肉眼的视觉暂留原理，当连续的图像变化超过每秒 24 帧（frame）时，看上去就是平滑连续的动态视觉效果，这种连续的画面就称为视频。互联网的发展使得视频文件在网络上获得了广泛的使用，不仅可以在网页中播放视频文件，甚至还出现很多著名视频网站，如新浪播客、优酷、土豆、YouTube 等。

1.2.2　网站

网站（website）是指在互联网上，根据一定的规则，使用相应软件工具制作的用于展示特定内容的相关网页以及资源（图像、视频、音频、Flash 动画等）的集合。在逻辑上可以把整体的相关网页文件以及资源的集合称为网站。

由此可见，网页是网站的基本组成要素。一个大型网站（如新浪网）可能含有数以百万计的网页，而一个小的企业网站或者个人网站可能只有几个网页。

网站与网页的区别就在于，网站是一个总体，而网页是个体。我们说访问某个网站，实际上是访问某个网站的某些网页。

1.2.3　主页

主页是指一个网站的主索引页，是令浏览者了解网站概貌并引导其调阅重点内容的向导。它是网站的重中之重，是网站的灵魂。主页设计要求在保障整体感的前提下，根据大多数人的阅读习惯，以色彩、线条、图片等要素将导航条、各功能区以及内容区进行分隔。

主页设计采用客户端的既定标准色，注重协调各区域的主次关系，以营造高易用性与视觉舒适性的人机交互界面为终极目标。

通常，主页文件的名称是 index 或者 default。

主页应该具备的基本内容包括页眉、主体信息、页脚、联系信息、版权信息等。通常，网页的主页也是网站的首页。

1.3　网页发展概述

网站已经成为当今社会不可替代的事物。信息化社会形成了一种方便快捷的生活模式。随着互联网行业的发展，越来越多的企业认识到网络的重要性，同时，网站作为一个企业对外展示的窗口，也开始受到用户的注意，想找什么东西，只要上网一搜索，几秒钟就展现在眼前，方便快捷，使人们足不出户就可以得到自己需要的资料。

当浏览者需要浏览网页或者其他网络资源的时候，通常在浏览器地址栏中输入待访问网页的 URL，或者通过超链接方式链接到某个网页或网络资源。这时，分布于全球的互联网数据库域名系统将对 URL 的服务器名称部分进行解析，并根据解析结果决定访问的 IP 地址（IP address）。然后向在此 IP 地址工作的服务器发送一个 HTTP 请求。通常，HTML 文本、图片以及构成该网页的一切其他文件很快会被逐一请求并发送回浏览器。浏览器把 HTML、CSS 和其他接收到的文件所描述的内容（包括图像、链接和其他资源）显示给用户，构成了浏览者看到的网页。

网页有多种分类方法。根据所采用的技术一般分为动态网页和静态网页。从原则上讲，静态网页不具有交互性，并且网页文件发布后，如需更新，只能通过网站设计软件重新设计和更改，因而相对滞后。这类网页文件通常是以 htm 或 html 为后缀的文件，俗称 HTML 文件。动态网页发布后，不需要人为干涉，通过网页脚本与语言可以自动处理生成或者更新网页。例如，大多数论坛网站通过网站服务器运行程序，自动处理信息，按照流程由程序自动更新网页。这类网页文件称为动态网页，其使用的具体制作技术大致有 ASP.NET 技术、JSP 技术、PHP 技术等，其文件后缀名依次为 aspx、jsp 和 php。

静态网页页面上的内容和格式一般不会改变，只有网络管理员才能根据需要更新页面。动态网页的内容随着用户的输入和互动而有所不同，或者随着用户、时间、数据修正等而改变。网页上的内容也可以由用户通过使用客户端描述语言（JavaScript、JScript、ActionScript）来改变。

1.4　动态网页开发技术

1.4.1　ASP

ASP 是英文 Active Server Pages 的简称，意为"动态服务器页面"，是微软公司开发的代替 CGI 脚本程序的一种应用。它可以与数据库和其他程序进行交互，是一种简单、方便的编程工具，利用它可以产生和执行动态的、互动的、高性能的 Web 服务应用程序。ASP 文件的后缀是 asp，常用于各种动态网站中。通过 ASP，可以结合 HTML 网页、ASP 指令和 ActiveX 元件，建立动态、可交互且高效的 Web 服务器应用程序。同时，ASP 还支持 VBScript 和 JavaScript 等脚本语言（默认为 VBScript）。

ASP 网页的特点如下：

（1）ASP 是一种服务器端脚本编写环境，可以用来创建和运行动态网页或 Web 应用程序。ASP 网页可以包含 HTML 标记、普通文本、脚本命令以及 COM 组件等。利用 ASP 可以在网页中添加交互式内容（如在线表单），也可以创建使用 HTML 网页作为用户界面的 Web 应用程序。ASP 网页无须编译（compile）或链接（link）即可执行，使用常规文本编辑器（如 Windows 的记事本）即可设计。

（2）ASP 是经过服务器解析之后再向浏览器返回数据，所以有了 ASP 就不必担心客户端浏览器是否能运行你所编写的代码。因为所有的程序都是在服务器端执行，包括嵌在普通 HTML 页面中的脚本程序。当程序执行完毕后，服务器仅将执行的结果返回给客户端浏览器，这样也就减轻了客户端浏览器的负担，大大提高了交互的速度。但是这样也导致一个问题，运行 ASP 页面相对于普通的 HTML 页面会慢一点，因为普通的 HTML 页面在浏览器中就能够解析，而 ASP 网页则必须在服务器中将整页的代码都执行一遍之后再发送数据。

此外，ASP 的安全性也值得一提。由于 ASP 代码要经过服务器执行之后才向浏览器发送，所以在客户端看到的只能是经过解析之后的数据，而无法获得源代码，故编写者不用担心自己的代码会被别人剽窃。

1.4.2　PHP

PHP 是一种跨平台的服务器端的嵌入式脚本语言。PHP 是一种内嵌于 HTML 的语言，其语言风格类似于 C 语言，已被广泛运用。PHP 独特的语法混合了 C、Java、Perl 以及 PHP 自创的语法。

与其他的编程语言相比，PHP 是将程序嵌入 HTML 文档中执行，其动态页面的执行效率比完全生成 HTML 标记的 CGI 要高许多。PHP 还可以执行编译后代码，编译可以实现加密和优化代码运行，使代码运行更快。PHP 具有非常强大的功能，所有的 CGI 功能都可以由 PHP 来实现，而且支持几乎所有流行的数据库和操作系统。最重要的是 PHP 可以用 C、C++语言进行程序的扩展。

PHP 原为 Personal Home Page（现在更名为 Hypertext Preprocessor）的缩写。PHP 于 1994 年由 Rasmus Lerdorf 创建，是他为了维护个人网页而制作的一个简单的用 Perl 语言编写的程序，最初用来显示他的个人履历以及统计网页流量。后来又用 C 语言重新编写，可以访问数据库。

PHP 的主要特点如下：

（1）开放的源代码。所有的 PHP 源代码事实上都可以得到。

（2）PHP 是免费的。

（3）PHP 具有快捷性。程序开发快，运行快。因为 PHP 可以嵌入 HTML 语言中，相对于其他语言，PHP 编辑简单，实用性强，更适合初学者。

（4）跨平台性强。由于 PHP 是运行在服务器端的脚本，因此它可以运行在 UNIX、Linux、Windows 下。

（5）效率高。PHP 消耗的系统资源相当少。

（6）图像处理。用 PHP 可以动态创建图像。

（7）面向对象。PHP 在面向对象方面有了很大的改进，现在 PHP 完全可以用来开发大型商业程序。

1.4.3　JSP

JSP（Java Server Pages）是由 Sun 公司倡导、多家公司参与建立的一种动态网页技术标准。Sun 公司借助自己在 Java 上的不凡造诣，除 Java 应用程序和 Java Applet 之外，又有新的硕果，这就是 JSP。JSP 可以在 Servlet 和 JavaBean 的支持下完成功能强大的网站程序。

　　JSP 技术有点类似于 ASP 技术，它是在传统的网页 HTML 文件（*.htm、*.html）中插入 Java 程序段（scriptlet）和 JSP 标记（tag），从而形成 JSP 文件（*.jsp）。用 JSP 开发的 Web 应用是跨平台的，既能在 Linux 下运行，也能在其他操作系统上运行。JSP 页面由 HTML 代码以及嵌入其中的 Java 代码组成。客户端请求页面后，服务器对这些 Java 代码进行处理，然后将生成的 HTML 页面返回给客户端的浏览器。Java Servlet 是 JSP 的技术基础，而且大型 Web 应用程序的开发需要 Java Servlet 和 JSP 配合才能完成。JSP 具备了 Java 技术的简单易用、完全面向对象、平台无关性且安全可靠、主要面向互联网等特点。

　　自 JSP 推出后，众多大公司推出了支持 JSP 技术的服务器，如 IBM、Oracle、Bea 公司等，所以 JSP 迅速成为商业应用的服务器端语言。

　　JSP 可用一种简单易懂的等式表示：HTML+Java=JSP。

　　JSP 技术的优点如下：

　　（1）一次编写，到处运行。除了系统之外，代码不用做任何更改。

　　（2）系统的多平台支持。基本上可以在所有平台的任意环境中开发，在任意环境中进行系统部署，在任意环境中扩展。相比之下，ASP.NET 的局限性是显而易见的。

　　（3）强大的可伸缩性。从只有一个小的 Jar 文件就可以运行 Servlet 和 JSP，到由多台服务器进行集群和负载均衡，再到多应用进行事务处理、消息处理，从一台服务器到无数台服务器，Java 均显示了巨大的生命力。

　　（4）多样化和功能强大的开发工具支持。这一点与 ASP 很像，Java 已经有了许多非常优秀的开发工具，很多可以免费得到，并且其中不少已经可以顺利地运行于多种平台之下。

　　（5）支持服务器端组件。Web 应用需要强大的服务器端组件来支持，开发人员需要利用其他工具设计实现复杂功能的组件供 Web 页面调用，以增强系统性能。JSP 可以使用成熟的 JavaBean 组件来实现复杂的商业功能。

　　JSP 技术的弱点如下：

　　（1）与 ASP 一样，Java 的一些优势也正是它致命的问题所在。正是由于要实现跨平台的功能，为了获得最大的伸缩能力，所以极大地增加了产品的复杂性。

　　（2）Java 的运行速度是用 class 常驻内存来完成的，所以它在一些情况下所使用的内存比起应用数量来说确实是"最低性价比"了。另外，它还需要硬盘空间来存储一系列的 java 文件、class 文件以及对应的版本文件。

1.4.4　ASP.NET

　　ASP.NET 是微软公司于 2000 年推出的一种 Internet 编程技术，是.NET 框架的组成部分。它采用效率较高的、面向对象的方法来创建动态 Web 应用程序。

　　使用 ASP 进行 Web 开发，一方面的确给网站设计者带来了方便，但是另一方面将服务器端代码和 HTML 及 JavaScript 代码放在同一页面中，常常会导致 Web 页面中混合了服务器端逻辑代码和为用户界面设计的 HTML 代码以及其他一些问题，这样使得网站的各种代码难以管理，并且由于一些脚本语言的局限，很多功能不能轻松实现。为了解决上述问题及其他一些问题，微软公司开发了 ASP.NET，这是一种更优秀的 Web 开发环境。

ASP.NET 是一种独立于浏览器的编程模型。它可以在使用广泛的最新版本浏览器（例如 IE、Netscape）上运行，还可以在低版本的浏览器上运行。也就是说，在使用 ASP.NET 编写 Web 应用程序时，不需要编写浏览器特定的代码，Internet 的很大一部分用户就可以使用这些 Web 应用程序。需要注意的是，并不是所有的浏览器在执行 Web 应用程序时其执行效果相同。

在 ASP.NET 中，所有程序的执行都是经过服务器编译的。当一个程序第一次被执行时，它先被编译为中间语言代码，再被编译器编译为二进制代码。当这个程序被再次执行时，只要程序没有变化，就会直接在服务器上执行已编译的可执行的二进制代码，然后把执行结果通过网络返回给客户端，从而大大提升了执行效率。

ASP.NET 不是 ASP 的简单升级，而是微软公司推出的新一代 ASP。ASP.NET 是微软公司发展的新体系结构.NET 的一部分，其中，全新的技术架构会让每个开发人员的编程生活变得更为简单，Web 应用程序的开发人员使用这个开发环境可以实现更加模块化、功能更强大的应用程序。

ASP.NET 是面向下一代企业级的网络计算 Web 平台，它在发展了 ASP 的优点的同时，也修正了 ASP 运行时会发生的许多错误。ASP.NET 是建立在.NET 框架的通用语言运行环境（Common Language Runtime，CLR）上的编程框架，可用于在服务器上生成功能强大的 Web 应用程序。与以前的 Web 开发模型相比，ASP.NET 具有效率大为提高、更快速简单的开发、更简便的管理、全新的语言支持以及清晰的程序结构等优点。

1.5   网站制作常用软件

1.5.1   网页制作工具

网页制作工具按照其工作方式一般可以划分为两类。一类是直接编写 HTML 源代码的软件，例如 EditPlus、Windows 的记事本、Hotdog 等。这类软件需要使用者熟练掌握 HTML 语言、JavaScript 客户端脚本语言以及 CSS 技术，这显然并不适合初学网页制作者使用。另一类就是所谓的"所见即所得"的网页编辑工具，这类软件一般提供了可视化的界面，使用者不需要手工编写 HTML 等代码，只要通过鼠标的拖曳，在出现的对话框或属性选项卡中输入相应的内容，软件就能自动生成 HTML 代码。这类软件使用得较为广泛的有微软公司的 FrontPage、Macromedia 公司的 Dreamweaver 以及 Adobe 公司的 Golive 等。

1. 记事本

记事本是网页制作工具中最简单、快捷的软件，适合熟悉 HTML 代码的设计者。记事本并不是网页开发者的首选工具，但确实是必备的辅助工具。

启动记事本软件，在记事本窗口输入下面的代码：

```
<html>
<head>
<title>欢迎光临!</title>
</head>
<body>你好呀!
</body>
</html>
```

保存该文件到 D:\myweb 文件夹中，取名为 index.htm（注意，文件的扩展名一定为 htm 或 html；如果没有 myweb 文件夹，请先创建）。然后用鼠标双击 index.htm 文件，在 IE 浏览器中即可预览其效果。

2．EditPlus

EditPlus 是一款小巧但是功能强大的可处理文本、HTML 和程序源代码的编辑器，可以通过软件相关设置，将其作为 C、Java、PHP 等语言的一个简单 IDE。

对许多程序员来说，Windows 下最好的文本编辑器莫过于 EditPlus，它界面简洁，启动速度快，支持语法高亮显示，支持代码折叠，多文档编辑，配置功能强大，比较容易使用，扩展也比较强，而且具有英文拼写检查、自动换行、列数标记、垂直选择、搜寻等功能。EditPlus 提供了与 Internet 的无缝连接，可以在 EditPlus 的工作区域中打开 Internet 浏览窗口。

此外，EditPlus 还是一个好用的 HTML 编辑器。

在 EditPlus 中设计网页与编辑一个文档没什么区别。选择菜单 File→New→HTML Page 命令，打开"HTML 页面编辑器"窗口，使用它提供的工具，就可以直接进行网页的编辑与创作。EditPlus 除了可以对直接输入的文字用颜色标记 HTMLTag（同时支持 C/C++、Perl、Java）外，还内建了完整的 HTML 和 CSS 指令功能，甚至可以一边编辑一边"浏览"（用 Ctrl+B 键）页面效果。对于习惯用记事本进行网页编辑的制作者来说，它可节省一半的网页编辑时间。

EditPlus 默认支持 HTML、CSS、PHP、ASP、Perl、C/C++、Java、JavaScript 和 VBScript 等语法高亮显示，通过定制语法文件，可以扩展到其他程序语言，在官方网站上可以下载（大部分语言都支持）：http://www.editplus.com/。

3．FrontPage

制作网页文件可以使用任何文本编辑工具，例如记事本等，但是这些工具需要制作者掌握 HTML 语言，对制作者的水平要求较高。目前用于网页制作的软件层出不穷，各软件公司都在争先推出自己的网页设计软件，其中比较著名的是微软公司的 FrontPage 和 Macromedia 公司的 Dreamweaver。

使用这些软件，降低了网页制作的难度，无须制作者掌握 HTML 语言就可直接对页面进行设计、排版，即以"所见即所得"的可视化方式制作网页。

FrontPage 是由微软公司推出的新一代 Web 网页制作工具。FrontPage 使网页制作者能够更加方便、快捷地创建和发布网页，具有直观的网页制作和管理方法，简化了大量工作。

FrontPage 界面与 Word、PowerPoint 等软件的界面极为相似，为使用者带来了极大的方便，微软公司将 FrontPage 封装在 Office 中，成为 Office 家族的一员，使之功能更为强大。

4．Dreamweaver

Dreamweaver 是由 Macromedia 公司推出的一款软件，它具有可视化编辑界面，用户不必编写复杂的 HTML 源代码就可以生成跨平台、跨浏览器的网页，它不仅适合专业网页编辑人员，同时也容易被业余网友们所掌握。另外，Dreamweaver 的网页动态效果与网页排版功能比一般的软件都好用，即使是初学者也能制作出相当于专业水准的网页，所以 Dreamweaver 是网页设计者的首选工具。

本书主要介绍 Dreamweaver CS6 的使用。Dreamweaver CS6 是集网页制作和管理网站于一身的"所见即所得"的网页编辑器，它是第一套针对专业网页设计师的可视化网页开发工具，利用它，可以轻而易举地制作出跨越平台限制和跨越浏览器限制的充满动感的网页。

> ☞提示：Dreamweaver、Flash 以及在 Dreamweaver 之后推出的针对专业网页图像设计的 Fireworks 这三者被 Macromedia 公司称为 DREAMTEAM（梦之队），即人们常说的"网页三剑客"。
> 2005 年 4 月 18 日 Adobe 公司以 34 亿美元收购了 Macromedia 公司，其旗下所有产品归 Adobe 公司。

Dreamweaver CS 包括可视化编辑、HTML 代码编辑的软件包，并支持 ActiveX、JavaScript、Java、Flash、ShockWave 等特性，而且它还能通过拖曳从头到尾制作动态的 HTML 动画，支持动态 HTML（dynamic HTML）的设计等强大功能。

1.5.2　美化网页的基本工具

为了使制作的网页更为美观，用户在利用网页制作工具制作网页时，还需利用网页美化工具对网页进行美化。

1．Photoshop

Photoshop 是由 Adobe 公司开发的图形处理软件，是目前公认的 PC 上最好的通用平面美术设计软件，它功能完善，性能稳定，使用方便，所以在几乎所有的广告、出版、设计公司，Photoshop 都是首选的平面制作工具。

2．Fireworks

Fireworks 是由 Macromedia 公司开发的图形处理工具，它的出现使 Web 制图发生了革命性的变化。Fireworks 是第一套专门为制作网页图形而设计的软件，同时也是专业的网页图形设计与制作的解决方案。

作为一款为网络设计而开发的图像处理软件，Fireworks 能够自动切割图像、生成光标动态感应的 JavaScript 程序等，而且 Fireworks 具有强大的动画功能和一个相当完美的网络图像生成器。

3．Flash

Flash 是 Macromedia 公司开发的矢量图形编辑和动画创作的专业软件，它是一种交互式动画设计工具，用它可以将音乐、声效、动画以及富有创意的界面融合在一起，以制作出高品质的网页动态效果。它主要应用于网页设计和多媒体创作等领域，功能十分强大和独特，已成为交互式矢量动画的标准，在网上非常流行。Flash 广泛应用于网页动画、教学动画演示、网上购物、在线游戏等的制作中。

1.6　网站建设的基本流程

1．网站建设前的准备工作

网站建设前期需要确定网站的主题和风格，并收集制作网站所需素材。建设网站之前，首先要对其有明确的定位，即要清楚建设网站的目的和网站的访问对象。根据网站定位，确定网站的主题，收集整理相关网页制作素材，例如图片、音频、视频以及相关文字等。

"风格"是抽象的，是指网站的整体形象给浏览者的综合感受。这个"整体形象"包括网站的 CI（标志、色彩、字体、标语）、版面布局、浏览方式、交互性、文字、语气、内容价值等诸多因素，网站可以是平易近人的、生动活泼的，也可以是专业严肃的。无论是色彩、技术、文字、布局还是交互方式，只要能由此让浏览者明确分辨出这是该网站独有的，就形成了网站的"风格"。

风格是有人性的，通过网站的色彩、技术、文字、布局、交互方式，可以概括出一个网站的个性：是粗犷豪放的，还是清新秀丽的；是温文儒雅的，还是执着热情的；是活泼易变的，还是墨守成规的。

总之，有风格的网站与普通网站的区别在于：在普通网站上看到的只是堆砌在一起的信息，只能用理性的感受来描述，比如信息量多少、浏览速度快慢等；在有风格的网站上，可以获得除内容之外的更感性的认识，比如网站的品位、对浏览者的态度等。

在明确自己想给人以怎样的印象后，要找出网站中最有特色的东西，就是最能体现网站风格的东西，并以它作为网站的特色加以重点强化、宣传。总之，风格的形成不是一次定位的，可以在实践中不断强化、调整、改进。

2．创建网站的导航结构

网站的导航结构即网站建设的整体框架设计。确定网站网页之间的链接关系，应注意链接关系要清晰，并且要有良好的可扩展性，以备将来网站升级时的扩充和修改。

3．组织文档和数据，进行具体的网站建设

在制作网页之前，应设计出网页的页面结构，即网页的栏目和模块的划分。大多数网站是用表格来布局页面结构的，有时也结合框架技术来完成。网站一般先制作的是首页，有时候为了制作方便，要设计出风格一致的网页，可能要用到模板。

4．测试网站

网站制作完成后需要在本地进行测试，本地测试的目的主要是检查网页文件在不同浏览器中的显示效果，以及网页之间或者网页和资源之间是否存在错误链接。

5．网站建设后要申请域名和主页空间

域名是不可再生资源，域名的申请可以放在网站流程的第一步。一般的企事业单位在制作网页之前已经有可用的域名，这样就可以不用进行域名申请。目前，做个人网站的很多都依赖免费个人空间，其域名也是依赖免费域名，这对个人网站的推广与发展很不利，免费空间提供商增加的广告窗口不但妨碍了浏览者的视线，让浏览者反感，而且也降低了网页的传输速度。为此，应首先花钱注册一个域名。独立的域名就是个人网站的第一笔财富，要把域名起得形象、简单、易记。其次还需要购买网站空间，根据空间大小以及提供的服务等，费用可能相差比较大。

网站空间服务商的专业水平和服务质量是选择网站空间的第一要素。如果选择了质量比较低下的空间服务商，很可能会在网站运营中遇到各种问题，甚至经常出现网站无法正常访问的情况，或者出现问题时很难及时解决，这样都会严重影响网络营销工作的开展。

第二要素是虚拟主机的网络空间大小、操作系统、对一些特殊功能如数据库等是否支持。可根据网站程序所占用的空间以及预计以后运营中所增加的空间来选择虚拟主机的空间大小，并应该留有足够的余量，以免影响网站正常运行。一般说来，虚拟主机空间越大，价格也相应地越高，因此需在一定范围内权衡，但也没有必要购买过大的空间。虚拟主机可能有多种不同的配置，如操作系统和数据库配置等，需要根据自己网站的功能来选择，如果可能，最好在网站开发之前就先了解一下虚拟主机产品的情况，以免在网站开发之后找不到合适的虚拟主机提供商。

第三要素是网站空间的稳定性和速度等。这些因素都影响网站的正常运作，需要有一定的了解，如果可能，在正式购买之前，先了解一下同一台服务器上其他网站的运行情况。

第四要素是网站空间的价格。现在提供网站空间服务的服务商很多，质量和服务也千差万别，价格同样有很大差异，一般来说，知名的大型服务商的虚拟主机产品价格要贵一些，而一些小型公司可能价格比较便宜，可根据网站的重要程度来决定选择哪种层次的虚拟主机提供商。

> ☞提示：域名的申请可以通过中国互联网络信息中心（http://www.cnnic.net.cn），还可以通过某些商业网站进行域名的申请和网站空间的购买，例如阿里云旗下的万网（https://wanwang.aliyun.com//）。另外，网上也可以搜索到免费二级域名和免费主页空间，对于个人静态网站已经足够使用了。

6．网站制作完成后的发布

利用专门的上传软件，将制作好的网站上传到主页空间，才能最终将网站发布到互联网上。CuteFTP 就是一款很好的网页上传软件。

7．网站备案

域名注册成功后，还需要在中华人民共和国工业和信息化部的 ICP/IP 地址/域名信息备案管理系统（http://www.miibeian.gov.cn）备案。备案成功会得到一个备案号，这样域名就能绑定在申请的虚拟主机空间上了，通过该域名就可以正常访问网站。

8．网站的宣传

网站要获得更大的访问量，还需要在各大搜索引擎上进行注册，如 Sohu、Yahoo!、网易 163、新浪等，以便进行推广、宣传，便于用户搜索。

☞提示：国内各大搜索引擎注册地址如下。
百度：http://www.baidu.com/search/url_submit.html
必应：https://www.bing.com/toolbox/submit-site-url
搜狗：http://fankui.help.sogou.com/index.php/web/web/index?type=1

1.7 上 机 实 践

一、实验目的

（1）掌握 EditPlus 软件的安装。

（2）掌握 EditPlus 软件的主要配置。

（3）熟练掌握 EditPlus 制作静态网页的步骤。

二、实验内容

使用 EditPlus 制作一个个人网页，它具有空格、多段文字、文本颜色样式设置、网页背景色以及换行等。

三、实验步骤

使用 EditPlus 可以方便地编辑 HTML网页源码，通过 EditPlus 提供的网页编辑工具栏按钮，或者使用 HTML 语法窗口，可以轻松地在 HTML 文件中编写、插入各种 HTML 语言标志，从而完成一个网页的制作。下面以制作个人网页为例，简要介绍用 EditPlus 编辑制作网页的过程。

要创建新的 HTML 网页文件，选择菜单 File→New→HTML Page 项，创建一个新的 HTML 文件。这时 EditPlus 自动显现网页编辑工具栏，如图 1.1 所示。

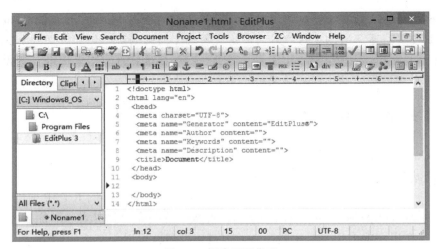

图 1.1　新建网页代码

☞**提示**：EditPlus 新建的 HTML 文件有一些预置的 HTML 语句，是 HTML 网页的文件头和主体框架，后面只需在这些预置的语句中添加内容即可。

在新建的 HTML 文件中找到语句<title>Document</title>，将 Document 换成设定的网页名称，例如"个人网页"。

如果需要颜色值，单击 HTML 工具栏上的 HTML Color 工具按钮，在其下拉颜色选框中选择黄色，黄色的颜色代号为＃ffff00，如图 1.2 所示。然后，将光标置于<body>与</body>之间，输入文字。

将光标置于需要添加空格处，单击 Non Breaking Space 按钮，可以添加一个空格，源代码为 ，如图 1.3 所示。

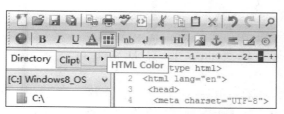

图 1.2　HTML Color 按钮

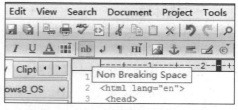

图 1.3　Non Breaking Space 按钮

☞**提示**：EditPlus 以不同颜色来表示各种语法标志，例如，颜色代号的标志字符显示为粉红色，表示是可以修改的参数。

将光标移动到选定的字符串上并选中它，单击工具栏上的 Bold 按钮（表示字符显示为粗体字符），如图 1.4 所示。还可以对选中文字设置字号和颜色。将光标移动到刚才输入的字符并选中它，单击工具栏 Font 按钮，出现字体设置标志<font size=""color=""></font>。在 size=""中输入字号为 7，在 color=""中设定字体的颜色为洋红色，如图 1.5 所示。

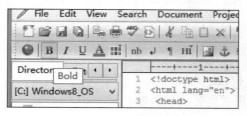

图 1.4　Bold 按钮

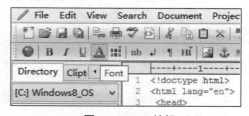

图 1.5　Font 按钮

如果需要换行，将光标移到需要换行处，单击 Break 按钮添加
换行标志。

如果需要设置语言段落，单击 Paragraph 按钮，出现<p></p>字符，在其中输入网页制作信息。

单击工具栏的 Browser 按钮，如图 1.6 所示，就可以在 EditPlus 中查看编辑制作的网页。实际上，使用 EditPlus 可以边写代码边看效果，以随时修改编辑的源代码。

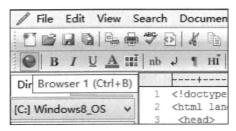

图 1.6　Browser 按钮

1.8　习　　题

一、选择题

1. （　　）代表国别代码。

    A．center　　　　　B．nbu　　　　　　C．edu　　　　　　D．cn

2. 主页中包含的基本媒体元素有（　　）。

    A．超链接　　　　　B．图像　　　　　　C．声音　　　　　　D．表格

3. 在网页设计中，（　　）是所有页面中的重中之重，是一个网站的灵魂所在。

    A．引导页　　　　　B．脚本页面　　　　C．导航栏　　　　　D．主页面

4. 目前在 Internet 上应用最为广泛的服务是（　　）。

    A．FTP 服务　　　　B．WWW 服务　　　C．Telnet 服务　　　D．Gopher 服务

5. 在客户端网页脚本语言中最通用的是（　　）。

    A．JavaScript　　　B．VB　　　　　　　C．Perl　　　　　　D．ASP

6. （　　）文件属于静态网页。

    A．abc.asp　　　　　B．abc.doc　　　　　C．abc.htm　　　　　D．abc.jsp

7. （　　）文件不是网站的主页。

    A．index.html　　　B．default.jsp　　　C．index1.htm　　　D．default.php

二、填空题

1. WWW 的英文全称是_____。

2. 写出两种常用的浏览器：_____。

3. IP 地址由_____构成。

4. 中国在国际互联网络信息中心正式注册并运行的顶级域名是_____。

5. URL 是_____。

6. 写出 3 种常用的动态网页开发技术：_____。

7. 写出 3 种与网页制作相关的工具软件：_____。

三、简答题

1. Internet 提供哪些服务？

2. 什么是网页？什么是网站？

3. 构成网页的基本元素有哪些？

4．常用的网页制作工具有哪些？

5．一般网站建设流程有哪些步骤？

6．输入网站域名，访问到的网页一般是网站的首页。请结合相关术语思考为什么显示的是首页？能通过设置显示其他页面吗？

7．打开搜狐网（http://www.sohu.com）的首页，结合本章内容，列举构成搜狐首页文件的基本元素。

第2章

认识 Dreamweaver CS6

本章将带领读者认识 Dreamweaver CS6，了解其用途及新增功能，并熟悉其工作区及一些简单的设置，如自定义工作环境、视图切换等。

2.1　Dreamweaver CS6 简介

Dreamweaver CS6 是世界顶级软件厂商 Adobe 公司推出的 Adobe Creative Suite 6 系列中的 HTML 编辑器和网页设计软件。它拥有直观的可视化编辑界面，可制作并编辑网站和移动应用程序。图 2.1 是 Dreamweaver CS6 的启动界面。

图 2.1　Dreamweaver CS6 启动界面

Dreamweaver CS6 使用专为跨平台兼容性设计的自适应网格版面系统创建适应性版面。利用更新的"实时视图"和"多屏预览"面板高效创建和测试跨平台、跨浏览器的

HTML5 内容，在发布前使用多屏幕预览审阅设计。另外，利用增强的 jQuery 和 PhoneGap 支持构建更出色的移动应用程序，并通过重新设计的多线程 FTP 传输工具来缩短上传大文件所需时间。

由于 Dreamweaver CS6 支持代码、拆分、设计、实时视图等多种方式来创作、编写和修改网页，对于初级人员，无须编写任何代码就能快速创建 Web 页面。其成熟的代码编辑工具更适用于 Web 开发高级人员的创作。下面对 Dreamweaver CS6 新增功能进行介绍。

1．自适应网格版面系统

使用基于 CSS3 的自适应网格版面系统创建跨平台和跨浏览器的网页，适应访客浏览网站时所使用的各种屏幕尺寸和方向。利用简洁、业界标准的代码为各种不同设备和计算机开发项目，提高工作效率，直观地创建复杂网页设计和页面版面，无须忙于编写代码。

2．改善的 FTP 性能

利用全新升级的 FTP 引擎，缩短了上传大型文件所需时间，更快速高效地上传网站文件，并且还支持多线程，方便设计者同时上传多个文件。

3．集成 Adobe Business Catalyst

在 Dreamweaver CS6 中结合 Adobe Business Catalyst 平台构建在线业务。在 Dreamweaver CS6 的"管理站点"对话框中新增了新建和导入 Business Catalyst 站点的功能。创建 Business Catalyst 站点后，Dreamweaver CS6 会自动连接到远程服务器上的 Business Catalyst 站点，并在"文件"面板中显示 Business Catalyst 站点，可以直接在 Business Catalyst 面板中管理 Business Catalyst 模块。

4．增强型 jQuery Mobile 支持

更新的 jQuery Mobile 可支持为 iOS 和 Android 平台建立本地应用程序，建立涉及移动受众的应用程序，同时简化设计者的移动开发工作流程。

5．更新的 PhoneGap 支持

更新的 Adobe PhoneGap 支持可轻松地为 iOS 和 Android 建立和封装本地应用程序。通过改编现有的 HTML 代码来创建移动应用程序，可以使用 PhoneGap 模拟器检查设计者的设计。

6．CSS3 转换

Dreamweaver CS6 升级了对 CSS3 的支持，包括对 CSS3 过渡的支持。将 CSS 属性变化制成动画转换效果，使网页栩栩如生，在设计者处理网页元素和创建优美效果时，保持对网页设计的精准控制。

7．更新的实时视图

使用更新的"实时视图"功能，可在发布前测试页面。"实时视图"使用最新版的 WebKit 转换引擎，能够提供绝佳的 HTML5 支持。

8．更新的多屏幕预览面板

更新的"多屏幕预览"能够帮助设计者检查智能手机、平板电脑和台式机所建立项目的显示画面。在发布前，使用多屏幕预览进行预览审阅设计，可大大提高工作效率。

2.2 Dreamweaver CS6 的安装、启动和卸载

2.2.1 Dreamweaver CS6 的安装

安装 Dreamweaver CS6 时，首先关闭系统中当前正在运行的所有应用程序，包括其他 Adobe 应用程序，然后按如下过程完成安装。

（1）准备 Dreamweaver CS6 简体中文版的安装程序，双击 Dreamweaver_12_LS3.exe 文件，安装程序开始解压缩，安装界面上显示解压缩的进度，如图 2.2 所示。

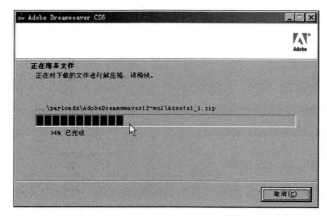

图 2.2　Dreamweaver CS6 安装文件解压缩

（2）解压缩完毕后，系统将自动运行安装向导，有时候会弹出一个报告，这个可以直接忽略，也可以重启计算机再次安装。安装向导准备好后，将弹出"Adobe 软件许可协议"界面，如图 2.3 所示，单击"接受"按钮。

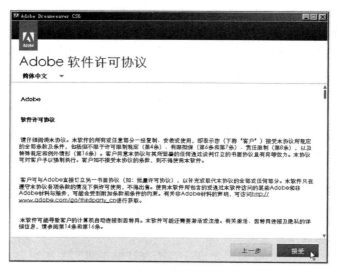

图 2.3　Adobe 软件许可协议

（3）进入选项和安装位置界面，单击选项列表中的 Adobe Dreamweaver CS6，在"语言"列表中选择"简体中文"，在"位置"文本框中设置安装位置（通常不用修改，按默认位置安装），如图 2.4 所示，然后单击"安装"按钮。

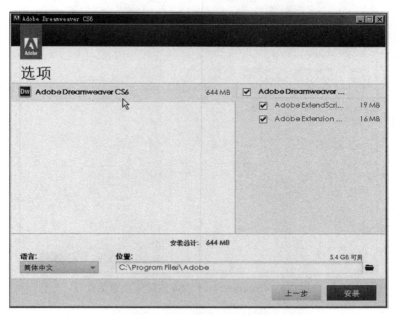

图 2.4　安装选项和位置设置界面

（4）系统开始安装，显示安装进度，如图 2.5 所示，这个过程大约需要 5～10min。

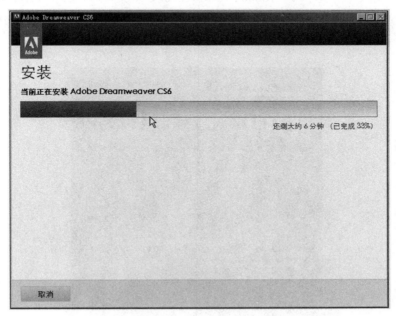

图 2.5　Dreamweaver CS6 安装进度界面

（5）程序安装完毕，如图 2.6 所示。可以单击"立即启动"按钮查看程序是否安装成功，也可以单击"关闭"按钮结束安装过程。

图 2.6　Dreamweaver CS6 安装完成对话框

2.2.2　Dreamweaver CS6 的启动

单击"开始"→"程序"→Adobe Dreamweaver CS6 菜单项，启动 Dreamweaver CS6。也可以双击桌面上的 Adobe Dreamweaver CS6 快捷方式来启动。Dreamweaver CS6 的启动界面如图 2.7 所示。

图 2.7　Dreamweaver CS6 正在启动

首次启动 Dreamweaver CS6 后，将出现 Dreamweaver CS6 欢迎界面，如图 2.8 所示。

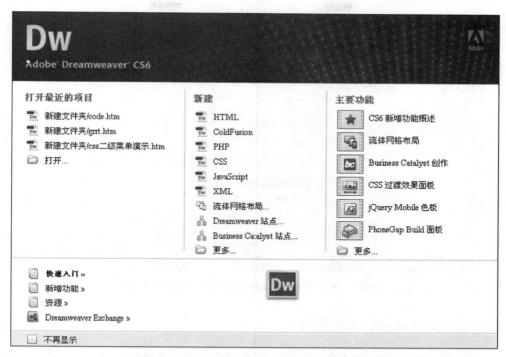

图 2.8　Dreamweaver CS6 起始页的欢迎界面

在"欢迎界面"功能面板上有"打开最近的项目""新建""主要功能"和相关帮助信息。

（1）"打开最近的项目"：此栏中列出了 Dreamweaver CS6 最近打开过的文档名称，单击其中的项目可以快速打开编辑过的文档。单击"打开"按钮，可以弹出"打开"对话框，通过该对话框来选择要编辑的网页文档。

（2）"新建"：此栏中列出了"新建文档"对话框中的大部分可以创建的项目，利用它可以快速创建一个新文档或者一个站点。例如，单击 HTML，可以进入 HTML 网页设计状态。

（3）"主要功能"：单击其中的项目，可打开 Adobe 官网，对此功能进行详细了解与学习。

☞提示：如果不想每次启动时都显示该界面，则选中界面左下角的"不再显示"复选框，那么以后再启动 Dreamweaver CS6 时将直接进入 Dreamweaver CS6 的操作界面，不会出现欢迎界面。若以后又想在启动 Dreamweaver CS6 时显示欢迎界面，则可以通过菜单设置，选择"编辑"→"首选参数"命令，打开"首选参数"对话框，在对话框中选择"常规"选项卡，在"文档选项"中勾选"显示欢迎屏幕"复选框，如图 2.9 所示。

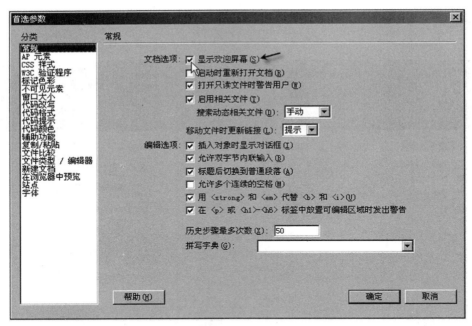

图 2.9　开启/关闭 **Dreamweaver CS6** 的欢迎界面

2.2.3　Dreamweaver CS6 的卸载

若要卸载 Dreamweaver CS6，首先关闭系统中当前正在运行的所有应用程序，包括其他 Adobe 应用程序，然后单击"开始"→"控制面板"菜单项，打开控制面板，双击"添加或删除程序"图标，在弹出的"添加或删除程序"窗口中，单击左侧的"更改或删除程序"图标，然后在右侧的"当前安装的程序"列表框中选择 Adobe Dreamweaver CS6 选项，接着单击"删除"按钮即可完成 Dreamweaver CS6 的卸载。

2.3　Dreamweaver CS6 的工作环境

2.3.1　Dreamweaver CS6 的工作窗口

Dreamweaver CS6 的工作窗口主要包括菜单栏、插入工具栏、文档工具栏、文档窗口、状态栏、属性检查器以及面板组等，如图 2.10 所示。

选择"查看"→"工具栏"菜单命令，可以打开或关闭文档工具栏、标准工具栏、样式呈现工具栏。

选择"窗口"→"属性"菜单命令，可打开或关闭"属性"检查器。

选择"窗口"→"隐藏面板"或"窗口"→"显示面板"菜单命令，可隐藏面板组或显示面板组。

1. 菜单栏

Dreamweaver CS6 有 10 个主菜单，这些菜单可以完成 Dreamweaver CS6 的所有功能。

用户可以直接在菜单项上单击，然后从打开的菜单中选择相应的菜单命令。另外，也可以通过键盘打开菜单：按下 Alt 键，然后按菜单名称后面括号内的大写字母键。例如，按 Alt+F 组合键就可以打开"文件"菜单。

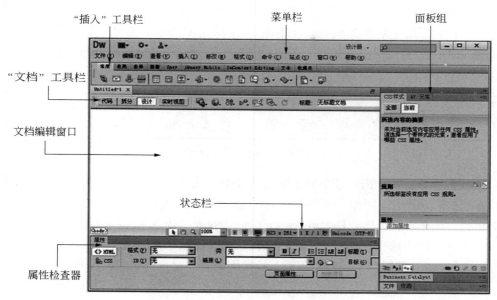

图 2.10　Dreamweaver CS6 工作窗口

（1）"文件"菜单：管理文件，例如新建、打开、保存等，还包含了导入、输出、转存等一些独特的功能，如导入 XML、Word、Excel 等产生的 HTML 文件以及表格资料，在浏览器中预览，检查浏览器兼容性，检查拼写等。

（2）"编辑"菜单：编辑文本，例如剪切、复制、粘贴、查找、替换和首选参数设置等。"首选参数"设置中，设计者可以对 CSS 样式、浏览器、字体等参数进行设置。

（3）"查看"菜单：显示代码或设计视图、切换视图模式以及标尺、网格设置等。

（4）"插入"菜单：插入各种页面元素，例如图像、表格、日期、超级链接和水平线、特殊字符等。

（5）"修改"菜单：修改插入到网页中的对象的一些基本属性，例如页面属性、表格属性等。

（6）"格式"菜单：用于设置文本的格式，例如列表、段落格式和文本对齐、颜色等。

（7）"命令"菜单：提供了对各种命令的访问，包括根据格式参数的选择来设置代码格式、排序表格、优化图像、清理 XHTML 等。命令菜单中的指令很适合用在处理一些需要重复执行的网页中，这些指令可以大幅度提高工作效率。其中"清理 XHTML"命令是非常有用的，它可以清除网页中无用的代码。

（8）"站点"菜单：用于创建和管理站点。设计者制作好网页后，可以通过 Dreamweaver CS6 直接将网页上传到远程的网站服务器上。

（9）"窗口"菜单：用于访问 Dreamweaver CS6 中的所有面板、检查器和窗口。

（10）"帮助"菜单：提供对 Dreamweaver CS6 帮助文件的在线学习。

2．"插入"工具栏

"插入"工具栏中包括了用于将各种类型的页面元素（如图像、表格和表单）插入到文档中的按钮。每个对象都是一段 HTML 代码，允许设计者在插入它时设置不同的属性。这些按钮按类别分组，主要包括"常用""布局""表单""数据"、Spry、jQuery Mobile、InContext Editing、"文本"和"收藏夹"9 种类型的按钮，如图 2.11 所示。

图 2.11 "插入"工具栏

某些类别具有带弹出式菜单的按钮。从弹出式菜单中选择一个选项时，该选项将成为该按钮的默认操作。例如，如果从"图像"按钮的弹出式菜单中选择"鼠标经过图像"，下次单击"图像"按钮时，Dreamweaver CS6 会弹出"插入鼠标经过图像"对话框。每当从弹出式菜单中选择一个新选项时，该按钮的默认操作都会改变。

（1）"常用"类别：可以创建和插入最常用的网页对象，例如图像和表格。

（2）"布局"类别：可以插入 div 标签、AP div、表格等，还可以在"标准"和"扩展"模式之间进行切换。

（3）"表单"类别：包含用于创建表单和插入表单元素的按钮。表单是动态网页中最重要的对象元素之一，使用表单可以收集访问者的信息，完成如注册、登录、订单等功能。

（4）"数据"类别：可以插入 Spry 数据对象和其他动态元素，例如记录集、重复区域，以及插入记录表单和更新记录表单，插入各种文本格式设置标签和列表格式设置标签。

（5）Spry 类别：Spry 构件是一个 JavaScript 库，具有 XML 驱动的列表和表格、折叠构件、选项卡式面板、Spry 工具提示等元素。使用 Spry 工具栏可以更快捷地构建 Ajax 页面，包括 Spry XML 数据集、Spry 重复项、Spry 表等。

（6）jQuery Mobile 类别：jQuery Mobile 也是一个 JavaScript 库，是 jQuery 在手机上和平板设备上的版本，具有页面、列表视图、布局网格、可折叠区块、文本输入、密码输入、滑盖、反转切换开关等元素，大大提高了移动设备应用程序的开发效率。

（7）InContext Editing 类别：包含生成 InContext 编辑页面的按钮，它们分别是"创建重复区域"和"创建可编辑区域"。

（8）"文本"类别：用于插入各种文本格式和列表格式的标签。

（9）"收藏夹"类别：可以将一些常用的按钮对象自定义到收藏夹中。右击该类别面板，在弹出的快捷菜单中选择"自定义收藏夹"命令，可以打开"自定义收藏夹对象"对话框，在该对话框中设计者可以添加收藏夹类别。

3．"文档"工具栏

"文档"工具栏包含代码/拆分/设计/实时视图、设置网页标题和在浏览器中预览等，如图 2.12 所示。

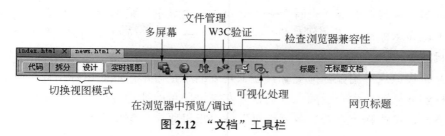

图 2.12　"文档"工具栏

（1）代码视图：用于编写和编辑 HTML、JavaScript 和其他任何类型代码的手动编码环境。

（2）拆分视图：可以在单个窗口中同时看到同一文档的代码视图和设计视图。

（3）设计视图：用于可视化页面布局、可视化编辑和快速应用程序开发的设计环境。在此视图中，Dreamweaver 显示文档的完全可编辑的可视化表示形式，类似于在浏览器中查看页面时看到的内容。

（4）实时视图：与传统 Dreamweaver 设计视图的不同之处在于，它更为逼真地呈现页面在浏览器中的外观，同时也可编辑。实时视图不替换"在浏览器中预览"命令，而是在不必离开 Dreamweaver 工作区的情况下提供另一种实时查看页面外观的方式。进入实时视图后，设计视图保持冻结，代码视图保持可编辑状态，更改代码后刷新实时视图以查看所进行的更改是否生效。

（5）多屏幕：设计者可以选择网页显示的屏幕分辨率。

（6）文件管理：可以快速执行"获取""取出""上传""存回"等文件管理命令。

（7）检查浏览器兼容性：检查所设计的页面对不同类型的浏览器的兼容性。

（8）标题：它将显示在浏览器的标题栏中。

Dreamweaver CS6 还会在文档的选项卡下显示相关文档工具栏。相关文档指与当前文件关联的文档，例如 CSS 文件或 JavaScript 文件。

4．文档编辑窗口

文档编辑窗口显示当前正在编辑的文档内容，可通过代码视图或设计视图，在文档窗口中插入文本、图像、音频和视频文件等内容。

在 Dreamweaver CS6 中可以同时打开多个文档，通过单击"文档"工具栏上方的标签在不同的文档中进行切换，如图 2.13 所示。

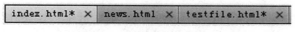

图 2.13　文档切换标签

如图 2.13 所示，文件名后若带有 * 是提示设计者当前文件进行了修改，是否需要保存。保存文件后，文件名后的 * 就会自动消失。

在调整网页中一些对象的位置和大小时，利用 Dreamweaver CS6 提供的标尺和网格工具可以使操作更准确。标尺和网格只在网页文档窗口内显示，在浏览器中不会显示出来。

1）标尺

（1）显示标尺：选择"查看"→"标尺"→"显示"菜单命令，可在文档窗口内的左边和上边显示标尺。选择"查看"→"标尺"→"像素/英寸/厘米" 菜单命令，可以更改标尺的单位。

（2）重设原点：用鼠标拖曳标尺左上角处的小正方形，此时鼠标指针呈十字线状。拖曳鼠标到文档窗口内合适的位置后松开左键，即可改变原点位置。如果要将标尺的原点位置还原，可选择"查看"→"标尺"→"重设原点"菜单命令。

2）网格

（1）显示网格线：选择"查看"→"网格设置"→"显示网格"菜单命令，可以在显示网格（选中，其菜单命令左边有对勾）和不显示网格（未选中，其菜单命令左边没有对勾）之间切换。

（2）靠齐功能：如果未选择"查看"→"网格设置"→"靠齐到网格"菜单命令，移动 AP div 时不容易与网格对齐；如果选中该菜单命令，移动 AP div 时可以自动地与网格对齐。

（3）网格的参数设置：选择"查看"→"网格设置"→"网格设置"菜单命令，可以打开"网格设置"对话框，利用该对话框，可以进行网格间隔、颜色、形状以及是否显示网格和是否靠齐网格等设置。

5．状态栏

Dreamweaver CS6 的状态栏位于文档窗口的底部，如图 2.14 所示。

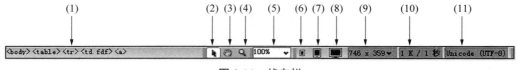

图 2.14 状态栏

（1）标签选择器：显示环绕当前选定内容的标签的层次结构。单击该层次结构中的任何标签以选择该标签及其全部内容。单击 <body> 可以选择文档的整个正文。另外，右击标签选择器，可以弹出快捷菜单，通过该菜单可以对标签进行处理。

（2）选取工具：可以选择页面中的对象。

（3）手形工具：可以将网页在"文档"窗口中整体拖动。单击选取工具可禁用手形工具。

（4）缩放工具：可以对页面的设计视图进行放大或缩小，按住 Alt 键可以进行放大/缩小功能的切换。

（5）设置缩放比率：在该项的下拉列表中可以为文档设置缩放比率。

（6）手机大小。默认情况下，按手机屏幕大小 480×800 显示文档的预览。

（7）平板电脑大小。默认情况下，按平板电脑屏幕大小 768×1024 显示文档的预览。

（8）桌面电脑大小。默认情况下，在宽度大小为 1000 像素的桌面中显示文档预览。

（9）窗口大小。可以将"文档"窗口的大小调整到预定义或自定义的尺寸。更改设计视图或实时视图中页面的视图大小时，仅更改视图大小的尺寸而不更改文档大小。

（10）文档大小和估计下载时间。显示当前文档的大小以及下载该文档所需要的时间。

（11）页面编码。显示当前页面的字符编码格式。

6．属性检查器

属性检查器主要用于检查和编辑当前选定页面元素（如文本和插入的对象）的最常用属性。页面中的元素都有各自的属性，属性检查器中的内容根据选定的元素会有所不同。

默认情况下，属性检查器位于文档工作区的底部，但是如果需要的话，也可以将它变为工作区中的浮动面板。

7．面板组

面板组可以包含 CSS 样式面板、层面板和文件面板等。面板组中的各个组合面板都可以通过"窗口"菜单进行选择，以确定是否显示该面板。

单击面板右上角的"折叠为图标"或者"展开面板"图标可以折叠或展开面板组。将鼠标指针放在需要展开或折叠的面板名称上单击，可以将该面板展开或折叠。

在编辑网页时按 F4 键可暂时隐藏整个面板组，再按一下 F4 键即可恢复整个面板组的显示。

8．文件面板

它是面板组中的一个面板，使用文件面板可以查看文件或文件夹，以及执行标准文件维护操作，如打开或移动文件等，这些文件可以是 Dreamweaver 站点的一部分，也可以是远程服务器上的文件。

9．"编码"工具栏

"编码"工具栏包含可用于执行多种标准编码操作的按钮，例如折叠和展开所选代码、高亮显示无效代码、应用和删除注释、缩进代码以及插入最近使用过的代码片段等。"编码"工具栏垂直显示在"文档"窗口的左侧，仅当显示"代码"视图时才可见，如图 2.15 所示。设计者不能取消停靠或移动"编码"工具栏，可以通过"查看"→"工具栏"→"编码"菜单命令将其隐藏。

图 2.15　编码工具栏

2.3.2　Dreamweaver CS6 参数设置

选择"编辑"→"首选参数"菜单命令，打开"首选参数"对话框，如图 2.16 所示。

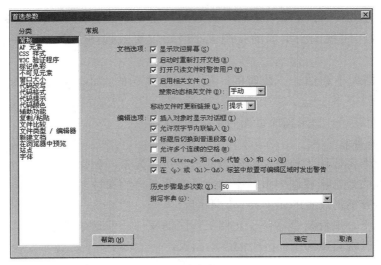

图 2.16 "首选参数"对话框

通过设置"首选参数"对话框中的属性可以改变 Dreamweaver CS6 操作环境和界面的整体外观。例如，可以通过设置"常规"参数来控制是否显示欢迎屏幕，可以通过"字体"参数来设置均衡字体、固定字体和代码视图字体等。下面介绍设置不可见元素、新建文档和在浏览器中预览参数的方法，其他参数的设置和这些方法类似，设计者可以根据需要自行设置。

1．不可见元素

单击"分类"栏中的"不可见元素"选项，此时"首选参数"对话框如图 2.17 所示。在"显示"列表中勾选某项后，则当页面添加了相应的对象后，在设计视图中可以显示出复选框左侧的图标。例如，在"显示"列表中勾选"脚本"复选框，则当给页面添加脚本后，在设计视图中可看到脚本图标。

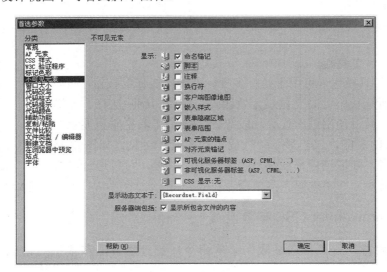

图 2.17 "首选参数"对话框中的不可见元素设置

2．新建文档

单击"分类"栏中的"新建文档"选项，此时"首选参数"对话框如图 2.18 所示。在"默认文档"下拉列表框内可以选择默认的文档类型，还可以在"默认编码"下拉列表框中选择文档编码类型，等等。

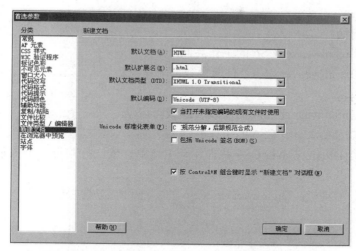

图 2.18 "首选参数"对话框中的"新建文档"设置

3．在浏览器中预览设置

在设计过程中，设计者需要随时在浏览器中打开设计的文档，以便查看其设计效果，从而进行修改。Dreamweaver CS6 不但提供了在浏览器中预览的功能，还可以对预览做一些设置。单击"分类"栏中的"在浏览器中预览"选项，此时"首选参数"对话框如图 2.19 所示。

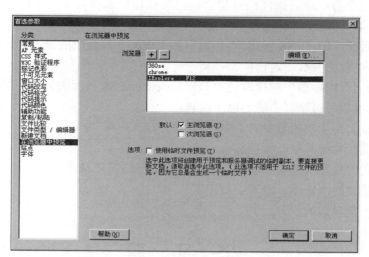

图 2.19 "首选参数"对话框中的"在浏览器中预览"设置

在"浏览器"栏的显示框内列出了当前可以使用的浏览器。选中某个浏览器，单击□按钮可以删除选中的浏览器，单击■按钮可以增加浏览器。选中"主浏览器"复选框可以设定选择的浏览器为主浏览器。设为主浏览器的浏览器名称后面会显示 F12 功能键，即在设计过程中可以按下 F12 功能键预览页面。

2.4 上 机 实 践

一、实验目的

（1）熟悉 Dreamweaver CS6 的工作界面。

（2）熟悉 Dreamweaver CS6 "首选参数"对话框。

二、实验内容

（1）练习 Dreamweaver CS6 的安装、卸载与启动。

（2）熟悉 Dreamweaver CS6 的工作界面。

① 菜单栏：Dreamweaver CS6 共有几个主菜单？依次打开每一个主菜单，观察其常用菜单项。

② "插入"工具栏：Dreamweaver CS6 的"插入"工具栏包含几个类别？熟悉每一个类别的功能。

③ 能够自定义"收藏夹"工具栏。

④ "文档"工具栏：熟悉 Dreamweaver CS6 不同工作视图的切换、文档标题的设置和在浏览中预览页面等。

⑤ 文档编辑窗口：能够调整文档编辑窗口的大小，显示或关闭文档编辑窗口中的标尺、网格等可视化助理。

⑥ 标签选择器：理解标签选择器的作用。

⑦ 状态栏：利用状态栏进行文档的移动、缩放等。

⑧ 属性检查器：理解属性检查器会根据文档窗口选择对象的不同有不同的设置项目；关闭和显示"属性"检查器。

⑨ 各种面板，如"CSS 样式""行为"和"框架"等面板的显示与关闭。

（3）熟悉"首选参数"对话框。

能够利用"首选参数"对话框设置 Dreamweaver CS6 界面的某些外观。

在"首选参数"对话框中练习以下内容：

① 显示或关闭"起始页"对话框。

② 设置默认文档类型、文档编码格式等。

③ 更改代码视图中的文字字体、大小、视图窗口背景颜色等。

④ 增加或删除浏览器，设置主浏览器。

⑤ 其他一些参数的设置。

2.5 习   题

一、选择题

1.默认情况下，启动 Dreamweaver CS6 后会出现欢迎界面，若想在打开   Dreamweaver

CS6 时不出现欢迎页面，则应通过（　　　）菜单来设置。

    A．文件　　　　　　B．编辑　　　　　C．视图　　　　　D．修改

2．要设置 Dreamweaver CS6 的外观，需要在（　　　）对话框中完成。

    A．页面属性　　　　B．属性检查器　　　C．文档窗口　　　D．首选参数

3．在 Dreamweaver CS6 中，若要隐藏所有面板，可以按下（　　　）键。

    A．F12　　　　　　B．F3　　　　　　C．F4　　　　　　D．F5

4．在（　　　）菜单中，单击不同的命令可以打开不同的面板。

    A．文件　　　　　　B．修改　　　　　C．命令　　　　　D．窗口

5．下列（　　　）选项不是 Dreamweaver CS6 的新增功能。

    A．管理站点　　　　　　　　　　　　B．可响应的自适应网格版面

    C．Business Catalyst 集成　　　　　　D．更新的 PhoneGap 支持

6．在 Dreamweaver CS6 中，若要预览页面设计效果，可以按下（　　　）键。

    A．F12　　　　　　B．F3　　　　　　C．F4　　　　　　D．F1

7．在 Dreamweaver CS6 中，设置对象属性需要使用（　　　）。

    A．首选参数　　　　B．属性检查器　　　C．网格　　　　　D．辅助线

8．在 Dreamweaver CS6 中，以下不属于功能菜单的是（　　　）。

    A．视图　　　　　　B．站点　　　　　C．文件　　　　　D．查看

二、简答题

1．简述 Dreamweaver CS6 的新增功能。

2．在 Dreamweaver CS6 的文档窗口中可以在几种视图之间进行切换？

3．简述"插入"工具栏中各选项卡中都有哪些网页元素。

第3章

站 点 设 计

本章了解站点的相关知识，并用 Dreamweaver CS6 创建本地站点，学习用"文件"面板来管理站点中的资源。学习本章的时候，要注意对工作环境的熟悉、基本操作的领会及掌握。本章重点包括：站点的创建、编辑、删除，熟悉"文件"面板，能熟练地使用 Dreamweaver CS6 的站点管理技术。

3.1　站 点 概 述

站点（即 Web 站点）是一组具有相关主题、类似设计的链接文档和资源。Dreamweaver CS6 不仅可以创建单独的文档，还可以创建完整的 Web 站点。"Dreamweaver CS6 站点"和"Web 站点"不完全相同。"Dreamweaver CS6 站点"是在 Dreamweaver CS6 制作网页的过程中所使用的术语，指属于某个"Web 站点"的文档的本地或远程存储位置。"Web 站点"则是把网站内容放到 Internet 或 Intranet 的 Web 服务器上供用户浏览，即运行系统的 Web 服务器上的站点。网站的发布过程就是将 Dreamweaver CS6 站点变成 Web 站点的过程。

1. 规划和组织站点结构

创建本地站点前认真规划和组织站点结构，可以避免挫折，节省时间。尤其当站点较大时，如果不考虑好文档在文件夹的层次就开始创建，最终将文件混乱无序地存放在一个巨大的文件夹中，或者是一些相关文件却分散在一些有着类似名称的文件夹中，这些情况都不利于站点的管理和后续维护工作。

规划站点组织结构时，可以按照站点内容进行分解归类，即对于不同栏目，要创建相应的子文件夹来存放本栏目的内容。另外，对于同一栏目不同类型的资源文件，可以创建相关的文件夹进行存放，这种组织形式可以使站点便于开发、维护和浏览。

例如，某公司网站有"关于我们"和"公司新闻"两个栏目，可以创建名为 about 的文件夹存放与公司简介相关的网页内容（必要时可以在其下再创建名为 images 的子文件夹，存放与公司简介相关的图片资源），在名为 news 的文件夹中存放关于公司新闻方面的网页内容，创建 images 文件夹以存放图片首页中需要使用的图片文件，如图 3.1 所示。

另外，为了便于管理和维护，建议在本地和远程站点上使用相同的组织结构。这样使得 Dreamweaver CS6 本地站点的文件上传到远程站点上的时候，Dreamweaver CS6 将保证本地结构会精确地复制到远程站点中，使得本地站点和远程 Web 站点具有完全一样的结构。

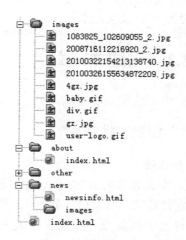

```
├─ images
│      1083825_102609055_2.jpg
│      2008716112216920_2.jpg
│      20100322154213138740.jpg
│      20100326155634872209.jpg
│      4gz.jpg
│      baby.gif
│      div.gif
│      gz.jpg
│      user-logo.gif
├─ about
│      index.html
├─ other
├─ news
│      newsinfo.html
│      images
   index.html
```

图 3.1　某公司网站站点的文件夹组织结构

通常，制作站点时首先应在本地硬盘创建一个文件夹，然后在网站制作过程中，将所有的网页、图片、音频、视频、动画等内容都保存在该文件夹中。网站制作完成后，在发布站点时，将这些文件上传到 Web 服务器上指定位置即可。最为重要的是创建站点后，可以形成清晰的站点组织结构图，使开发者和维护者能够对站点结构了如指掌，方便对网站的管理（例如增减站点文件夹及文档等）。综上所述，开始使用 Dreamweaver CS6 前，应该先创建一个 Web 站点，再进行以后的操作。

2．Dreamweaver 的 3 种站点

Dreamweaver 站点由 3 个部分（或文件夹）组成，具体取决于开发环境和所开发的 Web 站点类型。

> ☞提示：若要定义 Dreamweaver 站点，只需设置一个本地文件夹。若要向 Web 服务器传输文件或开发 Web 应用程序，还必须添加远程站点和测试服务器信息。

本地根文件夹即工作目录，是存放正在处理的文件的文件夹。Dreamweaver CS6 将该文件夹作为 Web 站点的"本地站点"，既可以放在本地计算机上，也可以放在网络服务器上。在制作一般静态网页时只创建本地站点即可。

远程文件夹存储用于测试、生产、协作等的文件，Dreamweaver 在"文件"面板中将此文件夹称为"远程站点"。远程文件夹一般位于网络上运行 Web 服务器的计算机上，远程文件夹包含用户从 Internet 访问的文件。通过本地文件夹和远程文件夹的结合使用，可以在本地硬盘和 Web 服务器之间传输文件，这将有助于轻松地管理 Dreamweaver 站点中的文件。可以在本地文件夹中处理文件，如果需要让其他人查看，再将它们发布到远程文件夹。

测试服务器文件夹是 Dreamweaver CS6 处理动态页面的文件夹（也称为"测试站点"）。Dreamweaver CS6 使用此文件夹生成动态内容并在工作时连接到数据库。

本地站点和远程站点能够使用户在本地磁盘和 Web 服务器之间传输文件。测试站点

则用于动态页面测试。除非需要开发动态 Web 应用程序，否则无须考虑此文件夹。使用 Dreamweaver CS6 前必须至少设置一个本地文件夹。

3.2 创建本地站点

本节介绍 Dreamweaver CS6 中创建站点的方法。

3.2.1 通过"站点设置对象"创建本地站点

1. 打开"站点设置对象"对话框

通过站点定义方式创建站点，首先需要打开"站点设置对象"对话框。在 Dreamweaver CS6 中有 3 种方法打开"站点设置对象"对话框，如图 3.2 所示。

方法一：单击"起始页"界面中间部分"新建"分类中的"Dreamweaver 站点"选项。

方法二：通过 Dreamweaver CS6 菜单，选择"站点"→"新建站点"菜单命令。

方法三：选择"站点"→"管理站点"菜单命令，打开"管理站点"对话框，如图 3.3 所示，在对话框中单击"新建站点"按钮。

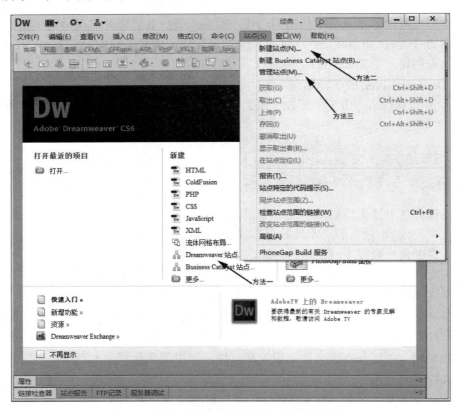

图 3.2 打开"站点设置对象"对话框的方法

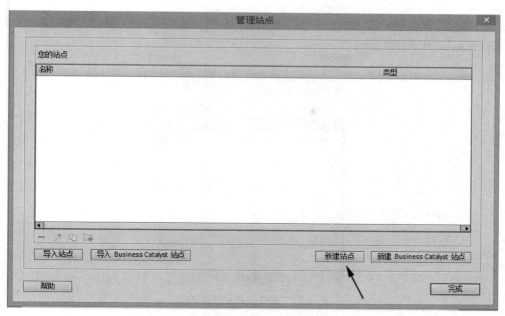

图 3.3 "管理站点"对话框

2. 输入站点名称

在"站点设置对象"对话框的"站点名称"项输入站点名称，例如 mysite1，则"站点设置对象未命名站点"对话框变为"站点设置对象 mysite1"对话框。在"本地站点文件夹"项，直接在输入框中输入站点文件存储位置，或者单击输入框后面的文件夹图标，选择一个本地文件夹即可，其结果如图 3.4 所示（注意站点名称中、英文不限，最好和站点内容相关，这样便于管理）。

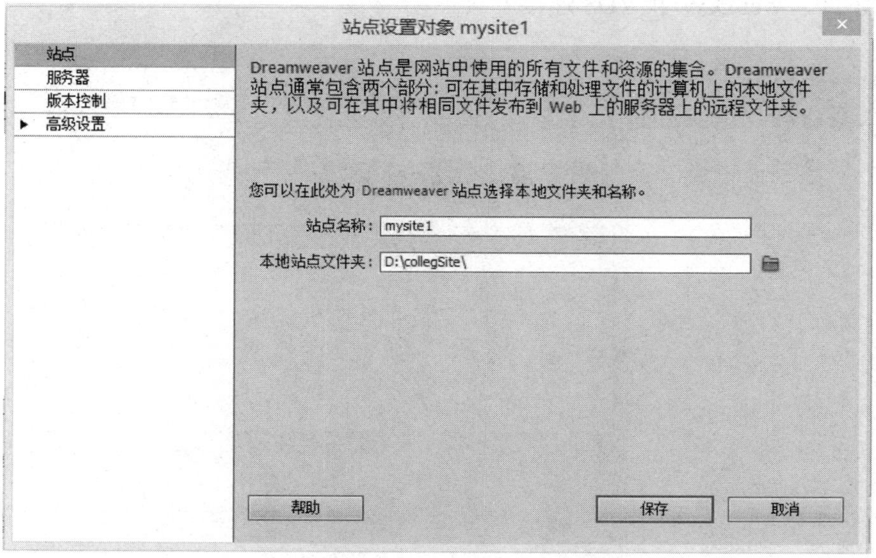

图 3.4 "站点设置对象"对话框

上一步完成之后，就开始在 Dreamweaver CS6 中处理本地站点文件了，可以展开"文件"面板，如图 3.5 所示。

图 3.5 "文件"面板中的站点

3.2.2 连接到服务器

在 Dreamweaver CS6 中指定本地站点后，可以根据开发环境和需要为站点指定远程服务器，如图 3.6 所示。远程服务器（通常称为 Web 服务器）用于发布站点文件以便联机查看。

在设置远程文件夹时，必须为 Dreamweaver CS6 选择连接方法，以将文件上传和下载到 Web 服务器。最典型的连接方法是 FTP，但 Dreamweaver CS6 还支持本地/网络、FTPS、SFTP、WebDAV 和 RDS 连接方法。

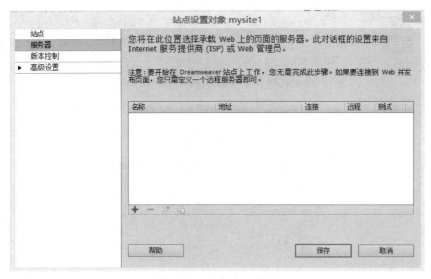

图 3.6 "服务器"选项

1．FTP 连接方式

单击服务器列表左下角的添加新服务器按钮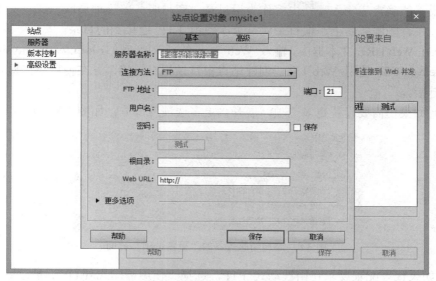，出现如图 3.7 所示的界面。

图 3.7　添加新服务器的"基本"界面

（1）在"服务器名称"文本框中，指定新服务器的名称。

（2）从"连接方法"下拉菜单中选择 FTP。

（3）在"FTP 地址"文本框中，输入要将网站文件上传到其中的 FTP 服务器的地址。

FTP 地址是计算机系统的完整 Internet 名称，如 ftp.mindspring.com。请输入完整的地址，并且不要附带其他任何文本，特别是不要在地址前面加上协议名（如果不知道 FTP 地址，请与 Web 托管服务商联系）。

> ☞提示：端口 21 是接收 FTP 连接的默认端口。可以通过编辑右侧的"端口"文本框来更改默认端口号。保存设置后，FTP 地址的结尾将附加上一个冒号和新的端口号（例如，ftp.mindspring.com:29）。

（4）在"用户名"和"密码"文本框中，输入用于连接到 FTP 服务器的用户名和密码。

单击"测试"按钮，测试 FTP 地址、用户名和密码。

> ☞提示：对于托管站点，必须从托管服务商的系统管理员处获取 FTP 地址、用户名和密码信息。其他人无权访问这些信息，确切按照系统管理员提供的形式输入相关信息。

（5）默认情况下，Dreamweaver 会保存密码。如果希望每次连接到远程服务器时 Dreamweaver 都提示输入密码，请取消选择"保存"选项。

（6）在"根目录"文本框中，输入远程服务器上用于存储公开显示的文档的目录（文件夹）。

如果不能确定应输入哪些内容作为根目录，应与服务器管理员联系或将文本框保留为空白。在有些服务器上，根目录就是首次使用 FTP 连接到的目录。

（7）在 Web URL 文本框中，输入 Web 站点的 URL（例如，http://www.mysite.com）。Dreamweaver CS6 使用 Web URL 创建站点根目录相对链接，并在使用链接检查器时验证这些链接。

（8）如果仍需要设置更多选项，展开"更多选项"部分，如图3.8所示。

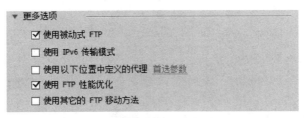

图 3.8　添加新服务器的"更多选项"界面

- 如果代理配置要求使用被动式 FTP，选择"使用被动式 FTP"。被动式 FTP 使本地软件能够创建 FTP 连接，而不是请求远程服务器来创建它。如果不确定是否使用被动式 FTP，请向系统管理员确认，或者尝试选中和取消选中"使用被动式 FTP"选项。

- 如果使用的是启用 IPv6 的 FTP 服务器，选择"使用 IPv6 传输模式"。随着 Internet 协议第6版(IPv6)的发展，EPRT 和 EPSV 已分别替代了 FTP 命令 PORT 和 PASV。因此，如果正试图连接到支持 IPv6 的 FTP 服务器，必须为数据连接使用被动扩展(EPSV)和主动扩展(EPRT)命令。有关详细信息，请参阅 www.ipv6.org。

- 如果希望指定一个代理主机或代理端口，选择"使用以下位置中定义的代理"。有关详细信息，单击"首选参数"链接转到"首选参数"对话框，然后从该对话框的"站点"类别中单击"帮助"按钮。

（9）单击"保存"按钮关闭"基本"界面。然后在"服务器"类别中，指定刚添加或编辑的服务器为远程服务器或测试服务器，或者同时为这两种服务器，如图 3.9所示。

名称	地址	连接	远程	测试
学院服务器	202.204.193.15	FTP	☑	☐

图 3.9　服务器列表

使用本地站点连接好远程服务器后，在"站点"面板中就可以对文件进行上传、下载操作，一般情况下都是选择 FTP 连接方式。

在"站点设置对象 mysite1"对话框中，除了一些基本的设置之外，还有"高级"选项卡，如图3.10所示。其各项说明如下：

- 维护同步信息：保持服务器与本地信息同步。

- 保存时自动将文件上传到服务器：选中该复选框，保存文件时自动将其上传到服务器。
- 启用文件取出功能：在打开文件时，自动设置为取出。
- 取出名称：输入取出文件的人员名称，输入后在站点窗口中取出文件时将显示该名称。
- 电子邮件地址：输入取出人员的电子邮件地址。

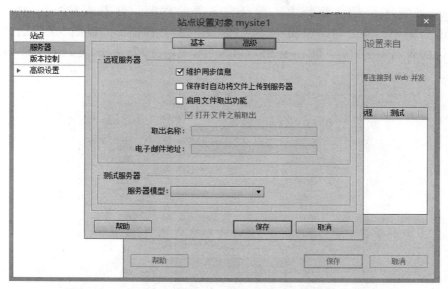

图 3.10　"站点设置对象 mysite1"对话框的"高级"选项卡

☞提示：文件取出功能在团队开发设计的环境中特别有用，通过设置文件的只读属性，可以方便工作组中的其他人员修改该文件。

2. SFTP 连接

如果代理配置要求使用安全 FTP，选中"使用安全 FTP (SFTP)"。SFTP 使用加密密钥和共用密钥来保证指向测试服务器的连接的安全。

☞提示：若要选择此选项，服务器必须运行 SFTP 服务。如果不知道服务器是否运行 SFTP，向服务器管理员确认。

在"站点设置"对话框中，选择"服务器"类别，然后单击"添加新服务器"按钮，添加一个新服务器或者选择一个现有的服务器，然后单击"编辑现有服务器"按钮。

接着在"服务器名称"文本框中指定新服务器的名称。该名称可以是所选择的任何名称。从"连接方法"弹出菜单中选择 SFTP。

其余选项与 FTP 连接的选项相同。有关详细信息，请参阅前面的"FTP 连接方式"部分。

☞注意：端口 22 是接收 SFTP 连接的默认端口。

3．FTPS 连接（Dreamweaver CS5.5）

SFTP 仅支持加密，与其相比，FTPS（FTP over SSL）既支持加密，又支持身份验证。

使用 FTPS 传输数据时，可选择将凭据加密，也可将传输到服务器的数据加密。此外，可选择对服务器的凭据和连接进行身份验证。对照 Dreamweaver 数据库中当前的一组可信 CA 服务器证书，验证服务器的凭据。证书颁发机构（CA）包括 VeriSign、Thawte 等公司，颁发经过数字签名的服务器证书。在图 3.7 中的"连接方法"下拉列表项中选择"FTP over SSL/TLS（隐式加密）"，则出现如图 3.11 所示的配置界面。

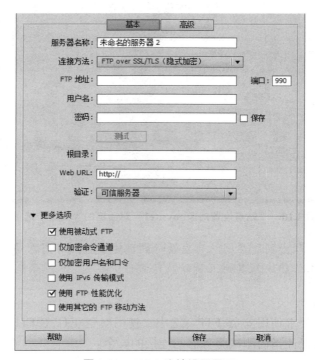

图 3.11　FTPS 连接设置界面

其各项说明如下：

（1）连接方法：FTP over SSL/TLS（隐式加密）——如果未收到安全性请求，则服务器终止连接；FTP over SSL/TLS（显式加密）——如果客户端未请求安全性，则服务器可选择进行不安全事务，或拒绝/限制连接。

（2）验证：下拉框中选项有"无（仅加密）"和"可信服务器"两个选项。

- "无（仅加密）"表示显示服务器的凭据（经过签名或自签名）。如果接受服务器的凭据，则向 Dreamweaver 中的证书存储 trustedSites.db 添加证书。下次连接到同一服务器时，Dreamweaver 将直接连接到该服务器。如果服务器上已更改了自签名证书的凭据，则将提示用户接受新的凭据。

- "可信服务器"选项对照 Dreamweaver 数据库中当前的一组可信 CA 服务器证书

验证所提供的证书。可信服务器的列表存储在 cacerts.pem 文件中。

☞提示：如果选择"可信服务器"，然后用自签名证书连接服务器，则会显示一条错误消息。

可以展开"更多选项"部分以设置更多选项。

（1）仅加密命令通道：如果只想将所传输的命令加密，则选择此选项。当所传输的数据已加密，或其中不含敏感信息时，请使用此选项。

（2）仅加密用户名和口令：如果只想将用户名和密码加密，则选择此选项。

单击"保存"按钮关闭"基本"屏幕。然后在"服务器"类别中，指定所添加或编辑的服务器是远程服务器、测试服务器还是两者皆是。

4．本地或网络连接

在连接到网络文件夹或在本地计算机上存储文件或运行测试服务器时使用此设置，如图 3.12 所示。

（1）服务器名称：在该文本框中指定新服务器的名称。该名称可以是所选择的任何名称。

（2）连接方法：选择"本地/网络"。

（3）单击"服务器文件夹"文本框旁边的文件夹图标，浏览并选择存储站点文件的文件夹。

（4）在 Web URL 文本框中输入 Web 站点的 URL（例如，http://www.mysite.com）。Dreamweaver 使用 Web URL 创建站点根目录相对链接，并在使用链接检查器时验证这些链接。

单击"保存"按钮关闭"基本"屏幕。然后在"服务器"类别中指定刚添加或编辑的服务器为远程服务器或测试服务器，或者同时为这两种服务器。

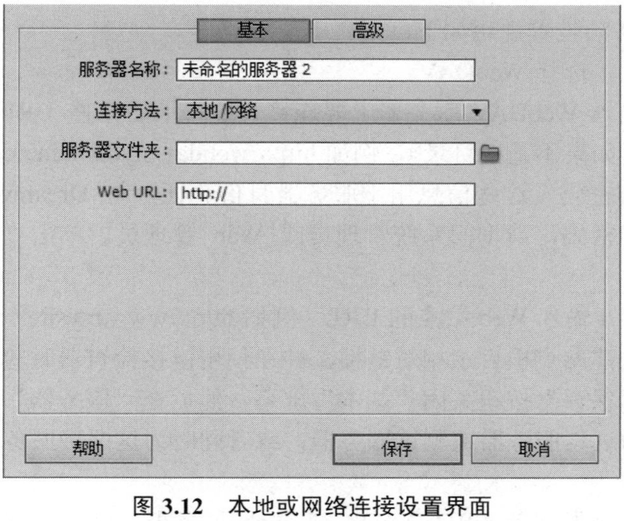

图 3.12　本地或网络连接设置界面

5. WebDAV 连接

如果使用基于 Web 的分布式创作和版本控制（WebDAV）协议连接到 Web 服务器，请使用此设置。其配置界面如图 3.13 所示。

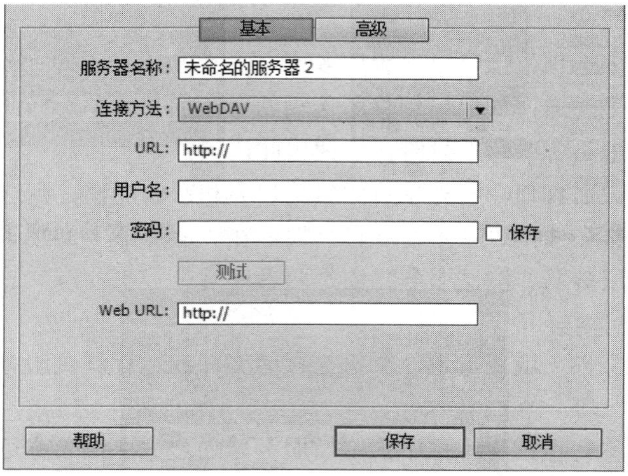

图 3.13　WebDVA 连接设置界面

对于这种连接方法，必须有支持此协议的服务器，如 Microsoft Internet Information Server (IIS) 5.0，或安装正确配置的 Apache Web 服务器。

> ☞提示：如果选择 WebDAV 作为连接方法，并且是在多用户环境中使用 Dreamweaver，则还应确保所有用户都选择 WebDAV 作为连接方法。如果一些用户选择 WebDAV，而另一些用户选择其他连接方法（例如 FTP），那么，由于 WebDAV 使用自己的锁定系统，因此 Dreamweaver 的存回/取出功能将不会按期望的方式工作。

图 3.13 中的各项设置说明如下：

（1）连接方法：选择 WebDAV。

（2）URL：输入 WebDAV 服务器上要连接到的目录的完整 URL。此 URL 包括协议、端口和目录（如果不是根目录），例如 http://webdav.mydomain.net/mysite。

（3）用户名和密码。这些信息用于服务器身份验证，与 Dreamweaver 无关。如果不能确定用户名和密码，请询问系统管理员或 Web 管理员。单击"测试"按钮测试连接设置。

（4）Web URL：输入 Web 站点的 URL（例如 http://www.mysite.com）。Dreamweaver 使用 Web URL 创建站点根目录相对链接，并在使用链接检查器时验证这些链接。

最后，单击"保存"按钮关闭"基本"屏幕。然后在"服务器"类别中指定刚添加或编辑的服务器为远程服务器或测试服务器，或者同时为这两种服务器。

6. RDS 连接

如果使用远程开发服务（RDS）连接到 Web 服务器，请使用此设置。对于这种连接方法，远程服务器必须位于运行 Adobe ColdFusion 的计算机上。其对话框如图 3.14 所示。

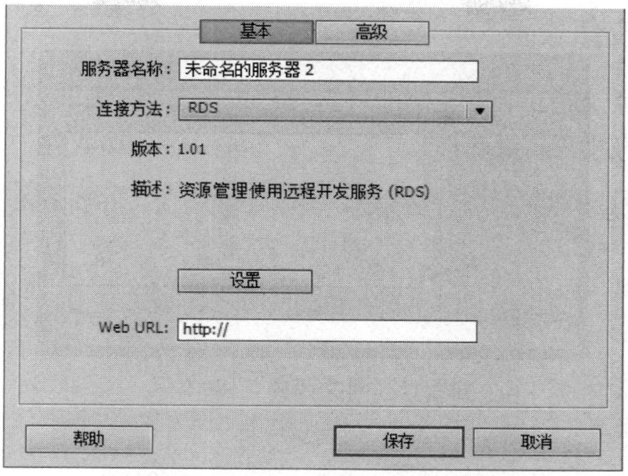

图 3.14　RDS 连接设置界面

在"连接方法"下拉列表中选择 RDS，然后单击"设置"按钮打开如图 3.15 所示的 "配置 RDS 服务器"对话框。

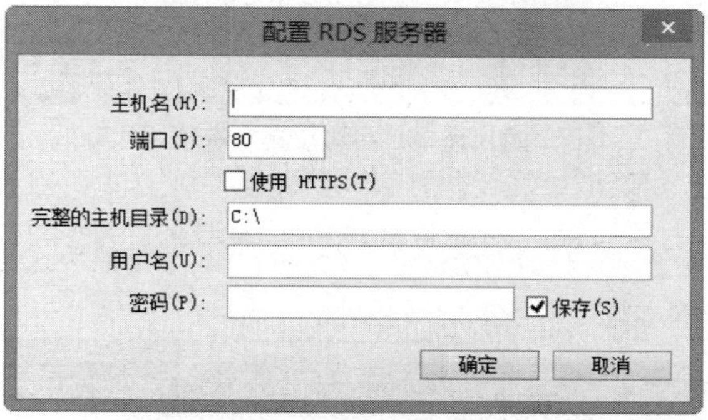

图 3.15　"配置 RDS 服务器"对话框

（1）主机名：输入安装 Web 服务器的主机的名称。主机名可能是 IP 地址或 URL。 如果不能确定，请询问管理员。

（2）端口：输入要连接的端口号。

（3）完整的主机目录：输入根远程文件夹作为主机目录，例如 C:\inetpub\wwwroot\ myHostDir\。

（4）用户名和密码：输入登录 RDS 服务器时的用户名和密码。

☞提示：如果在"ColdFusion 管理员"安全设置中设置了用户名和密码，则这些 选项可能不会出现。

单击"确定"按钮以关闭"配置 RDS 服务器"对话框。返回"RDS 连接"设置界 面，在 Web URL 文本框中输入 Web 站点的 URL（例如 http://www.mysite.com）。

Dreamweaver 使用 Web URL 创建站点根目录相对链接，并在使用链接检查器时验证这些链接。

3.2.3 站点的"高级设置"

打开站点设置对话框，单击左侧的"高级设置"选项，如图 3.16 所示，通过展开的子项可以配置站点的某些高级属性。

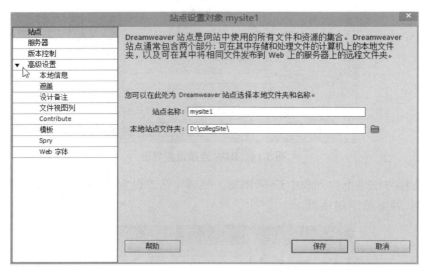

图 3.16 "高级设置"选项

1．本地信息

单击"本地信息"子项，打开如图 3.17 所示的"本地信息"选项设置界面，通过"本地信息"子项可以设置本地文件夹的下列属性。

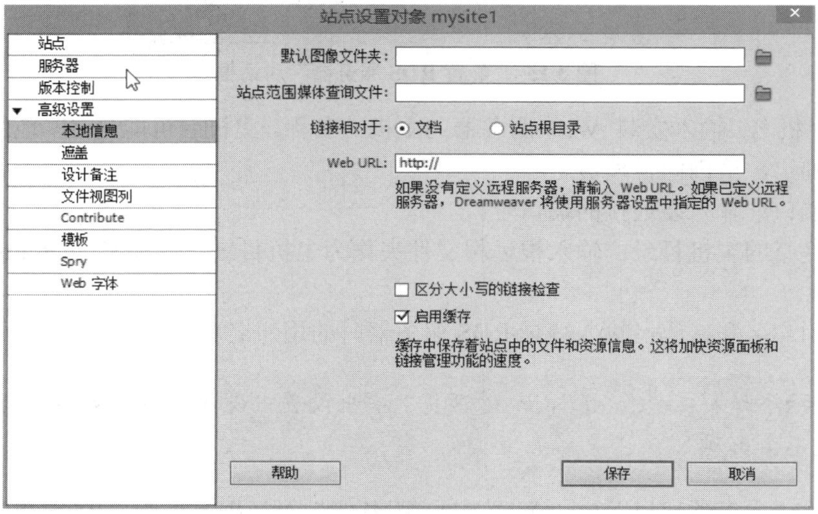

图 3.17 "本地信息"选项

（1）默认图像文件夹：站点中存储根目录下图像的文件夹。输入文件夹的路径或单击文件夹图标浏览并定位文件夹。将图像添加到文档时，Dreamweaver 将使用该文件夹路径。

（2）站点范围媒体查询文件：选择网站范围的媒体查询文件，Dreamweaver 能够将网站范围的媒体查询文件添加到网站定义中。

（3）链接相对于：在站点中创建指向其他资源或页面的链接时，需要指定 Dreamweaver 创建的链接类型。Dreamweaver 可以创建两种类型的链接：文档相对链接和站点根目录相对链接。默认情况下，Dreamweaver 创建文档相对链接。如果更改默认设置并选择"站点根目录"选项，请确保 Web URL 文本框中输入了站点的正确 Web URL。更改此设置将不会转换现有链接的路径，此设置仅应用于使用 Dreamweaver 以可视方式创建的新链接。

> ☞提示：使用本地浏览器预览文档时，除非指定了测试服务器，或在"编辑"→"首选参数"→"在浏览器中预览"中选择"使用临时文件预览"选项，否则，文档中通过站点根目录相对链接进行链接的内容将不会显示。这是因为浏览器不能识别站点根目录，而服务器能够识别。

（4）Web URL：Dreamweaver 使用 Web URL 创建站点根目录相对链接，并在使用链接检查器时验证这些链接。如果制作者不能确定正在处理的页面在目录结构中的最终位置，或者可能在以后会重新定位或重新组织包含该链接的文件，则站点根目录相对链接很有用。站点根目录相对链接指的是指向其他站点资源的路径为相对于站点根目录（而非文档）的链接。因此，如果将文档移动到某个位置，资源的路径仍是正确的。

例如，假设指定了 http://www.mysite.com/mycoolsite（远程服务器的站点根目录）作为 Web URL，而且远程服务器上的 mycoolsite 目录中包含一个图像文件夹（http://www.mysite.com/mycoolsite/images）。另外，假设 index.html 文件位于 mycoolsite 目录中。当在 index.html 文件中创建指向 images 目录中某幅图像的站点根目录相对链接时，该链接如下所示：

```
<img src="/mycoolsite/images/image1.jpg" />
```

该链接不同于文档相对链接，后者是如下简单形式：

```
<img src="images/image1.jpg" />
```

/mycoolsite/ 附加到图像源将链接相对于站点根目录的图像，而不是相对于文档的图像。假定图像位于图像目录中，图像的文件路径（/mycoolsite/images/image1.jpg）将始终是正确的，即使将 index.html 文件移到其他目录也是如此。

关于链接验证，要确定链接是站点内部链接还是站点外部链接，必须使用 Web URL。例如，如果 Web URL 为 http://www.mysite.com/mycoolsite，且链接检查器在页面上发现一个链接的 URL 为 http://www.yoursite.com，则检查器确定后一个链接为外部链接，并如此进行报告。同样，链接检查器使用 Web URL 来确定链接是否为站点内部链接，然后检查以确定这些内部链接是否已断开。

（5）区分大小写的链接检查：在 Dreamweaver 检查链接时，将检查链接的大小写与文件名的大小写是否相匹配。此选项用于文件名区分大小写的 UNIX 系统。

（6）启用缓存：指定是否创建本地缓存以提高链接和站点管理任务的速度。如果不选择此选项，Dreamweaver 在创建站点前将再次询问是否希望创建缓存。最好选择此选项，因为只有在创建缓存后"资源"面板（在"文件"面板组中）才有效。

2．遮盖

利用站点遮盖功能，可以从"获取"或"上传"等操作中排除某些文件和文件夹。还可以从站点操作中遮盖特定类型的所有文件（JPEG、FLV、XML 等）。Dreamweaver 会记住每个站点的设置，因此不必每次在该站点上工作时都进行选择。

可以指定要遮盖的特定文件类型，以便 Dreamweaver 遮盖以指定形式结尾的所有文件。例如，可以遮盖所有以 txt 扩展名结尾的文件。

（1）遮盖站点中的特定文件类型。其设计界面如图3.18所示。

图3.18　"遮盖"高级设置界面

"遮盖具有以下扩展名的文件"复选框：在框中输入要遮盖的文件类型，然后单击"确定"按钮。

例如，可以输入 jpg 以遮盖站点中名称以 jpg 结尾的所有文件。用一个空格分隔多个文件类型，不要使用逗号或分号。

最后在"文件"面板中，被遮盖的文件图标上就会显示一条红线穿过受影响的文件，指示它们已被遮盖。

☞提示：仍然可以对特定的已遮盖文件或文件夹执行操作，方法是：在"文件"面板上选择该项，然后对它执行操作。直接对文件或文件夹执行的操作会取代遮盖设置。

（2）取消遮盖站点中的特定文件类型。在图 3.18 所示的"遮盖"对话框中，执行下列操作之一可以取消对特定文件的遮盖。

方法一：取消选择"遮盖具有以下扩展名的文件"选项，可以取消对其下面的文本框中列出的所有文件类型的遮盖。

方法二：从文本框中删除特定文件类型，可以取消这些文件类型的遮盖。

红线从受影响的文件上消失，指示它们已被取消遮盖。

3．设计备注

设计备注是为文件创建的备注。设计备注与它们所描述的文件相关联，但存储在单独的文件中。对于添加了设计备注的文件，还可以在展开的"文件"面板中看到哪些文件具有设计备注，"设计备注"图标会出现在"备注"列中。

通常使用设计备注来记录与文档关联的其他文件信息，如图像源文件名称和文件状态说明。例如，如果将一个文档从一个站点复制到另一个站点，则可以为该文档添加设计备注，说明原始文档位于另一站点的文件夹中。

还可以使用设计备注来记录因安全原因而不能放在文档中的敏感信息。例如，可以记录某一价格或配置是如何选定的或哪些市场因素影响了某一设计决策等信息。

通过在"设计备注"类别中对站点启用和禁用设计备注。启用"设计备注"时，如果需要，还可以选择与他人共享设计备注，如图 3.19 所示。

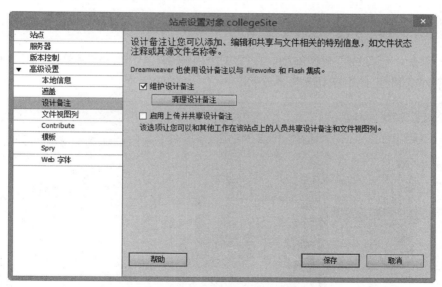

图 3.19　"设计备注"高级设置界面

（1）维护设计备注：此复选框用以启用设计备注（取消选择即禁用）。

（2）"清理设计备注"按钮：若要删除站点的所有本地设计备注文件，单击该按钮，然后单击"是"按钮（如果要删除远程设计备注文件，则需要手动删除它们）。

☞提示：**"清理设计备注"按钮只能删除 MNO（设计备注）文件。该命令不会删除_notes 文件夹或_notes 文件夹中的 dwsync.xml 文件。Dreamweaver 使用 dwsync.xml**

文件保存有关站点同步的信息。

（3）启用上传并共享设计备注：选中此复选框将与站点关联的设计备注与其余的文档一起上传。如果选择该选项，则可以和小组的其余成员共享设计备注。在上传或获取某个文件时，Dreamweaver 将自动上传或获取关联的设计备注文件。

如果未选择此选项，则 Dreamweaver 在本地维护设计备注，但不将这些备注与相关文件一起上传。如果独自在站点上工作，取消选择此选项可改善性能。当存回或上传文件时，设计备注并不会传输到远程站点，因此仍可以在本地为站点添加和修改设计备注。

4．文件视图列

在展开的"文件"面板中查看 Dreamweaver 站点时，有关文件和文件夹的信息将在文件视图列中显示。例如，可以看到文件类型或文件的修改日期。

通过"文件视图列"可以自定义在展开的"文件"面板中显示的文件和文件夹详细信息。可以通过以下操作对列进行自定义（某些操作仅适用于添加的列，不适用于默认列）：

（1）更改列的顺序，或将列重新排列。选择列名称，然后单击向上或向下箭头按钮来更改选定列的位置。

☞提示：可以更改除"名称"列之外任何列的顺序。"名称"列始终是第一列。

（2）添加、删除或更改详细列。在图 3.20 中选择一个列，然后单击加号（+）按钮添加一个列或减号（–）按钮删除一个列。

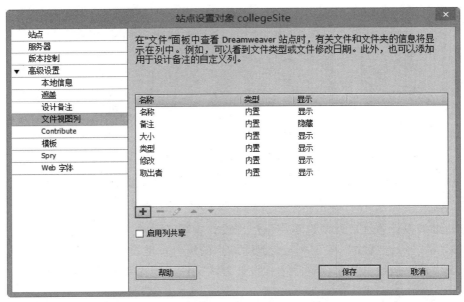

图 3.20 "文件视图列"高级设置界面

☞提示：单击减号（−）按钮将立即删除该列，且不经确认，因此在单击减号（−）按钮前，请务必弄清是否确实要删除该列。

添加一个列时，弹出如图 3.21 所示的对话框，在该图中的"列名称"框中输入列的名称。从"与设计备注关联"列表中选择一个值，或者输入自己的值。

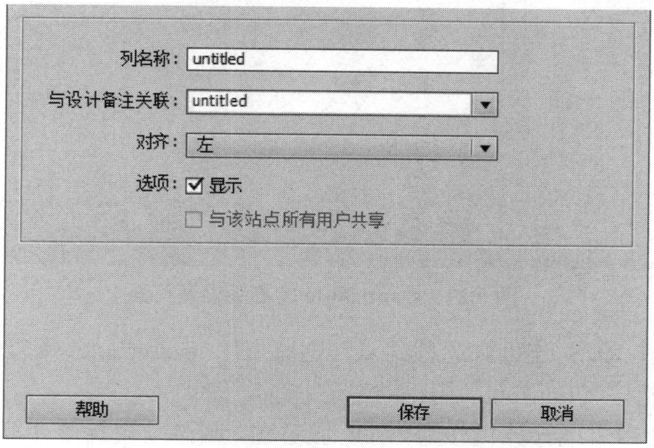

列名称：	untitled
与设计备注关联：	untitled ▼
对齐：	左 ▼
选项：	☑ 显示
	☐ 与该站点所有用户共享

帮助　　　　保存　　取消

图 3.21　"文件视图列"高级设置的添加列界面

☞提示：必须将一个新列与设计备注关联，"文件"面板中才会有数据显示。

接着选择一种对齐方式，以确定该列中的文本对齐方式。选择或取消选择"显示"复选框以显示或隐藏列。最后可以选择"与该站点所有用户共享"来与连接到该远程站点的所有用户共享该列。

5. Contribute

Adobe Contribute CS4 整合了 Web 浏览器和网页编辑器。它使用户的同事或者客户在浏览用户创建的站点中的某个页面时，如果他们有相应权限，则还可以编辑或更新该页面。Contribute 用户可添加和更新基本的 Web 内容，包括带格式的文本、图像、表格和链接。Contribute 站点管理员可限制普通用户（非管理员）在站点中能够进行的操作。

如果要使现有 Dreamweaver 站点可以供 Contribute 用户使用，则需要显式启用 Contribute 兼容性以使用与 Contribute 相关的功能，Dreamweaver 不提示用户这样做。但是，连接到已设置为 Contribute 站点（有管理员）的站点时，Dreamweaver 将提示用户启用 Contribute 兼容性，如图 3.22 所示。

并不是所有的连接类型都支持 Contribute 的兼容性功能。连接类型有下列限制：

（1）如果使用 WebDAV 连接到远程站点，则不能启用 Contribute 兼容性，因为这些源代码管理系统与 Dreamweaver 用于 Contribute 站点的"设计说明"和"签入/签出"系统不兼容。

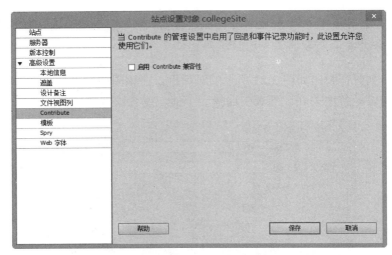

图 3.22　Contribute 的高级设置页面

（2）如果使用 RDS 连接到远程站点，则可启用 Contribute 兼容性，但必须先自定义连接，然后才能与 Contribute 用户共享它。

（3）如果要使用本地计算机作为 Web 服务器，则必须设置该计算机的 FTP 或网络连接（而非只是本地文件夹路径）为站点的第二服务器，才能与 Contribute 用户共享该连接。

在图 3.22 中，选择"启用 Contribute 兼容性"复选框后如果出现一个对话框，指示必须启用"设计说明"和"签入/签出"，则单击"确定"按钮。

如果尚未提供"存回/取出"联系信息，请在如图 3.23 所示的对话框中输入取出名称（即姓名）和电子邮件地址，然后单击"确定"按钮。

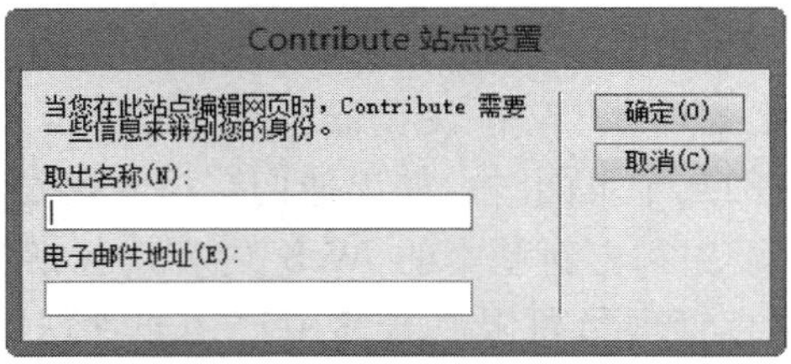

图 3.23　"Contribute 站点设置"对话框

这时，回退状态、CPS 状态、"站点根 URL"文本框和"在 Contribute 中管理站点"按钮都将显示在 Contribute 设置页面中，如图 3.24 所示。

如果在 Contribute 中启用了回退，则可回退到已在 Dreamweaver 中更改的文件的以前版本。检查"站点根 URL"文本框中的 URL，如有必要，则更正它。Dreamweaver 根据所提供的其他站点定义信息构造站点根 URL，但有时构造的 URL 不太正确。

接着单击"测试"按钮以确认输入的 URL 正确无误。

> ☞提示：如果现在已准备好发送连接密钥或执行 Contribute 站点管理任务，则跳过下面的步骤。

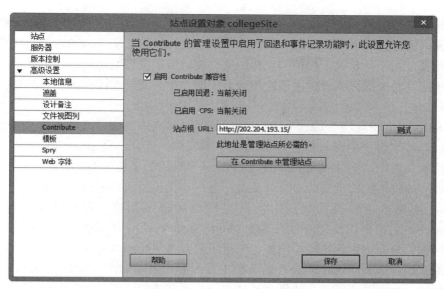

图 3.24 Contribute 站点设置

若要进行管理更改，单击"在 Contribute 中单击管理站点"按钮。注意，如果要从 Dreamweaver 中打开 Contribute 管理器，必须在装有 Dreamweaver 的那台计算机上安装 Contribute。

最后单击"保存"按钮，然后单击"完成"按钮。

如果要使用 Dreamweaver 管理 Contribute 站点，需要先启用 Contribute 兼容性，才可使用 Dreamweaver 启动 Contribute 以执行站点管理任务。

☞提示：必须将 Contribute 与 Dreamweaver 安装在同一台计算机上。

6．模板

模板是一种特殊类型的文档，用于设计"固定的"页面布局；然后用户便可以基于模板创建文档，创建的文档会继承模板的页面布局。设计模板时，可以指定在基于模板的文档中哪些内容是用户可编辑的。模板创作者可以在文档中包括数种类型的模板区域。

☞提示：使用模板可以控制大的设计区域，以及重复使用完整的布局。如果要重复使用个别设计元素，如站点的版权信息或徽标，可以创建库项目。

使用模板可以一次更新多个页面。基于模板创建的文档与该模板保持连接状态（除非以后分离该文档）。可以修改模板并立即更新基于该模板的所有文档中的设计。

如果模板文件是通过将现有页面另存为模板来创建的，则新模板在 Templates 文件夹中，并且模板文件中的所有链接都将更新以保证相应的文档相对路径是正确的。如果用户以后基于该模板创建文档并保存该文档，则所有文档相对链接将再次更新，从而依然指向正确的文件。

向模板文件中添加新的文档相对链接时，如果在属性检查器的链接文本框中输入路径，则输入的路径名很容易出错。模板文件中正确的路径是从 Templates 文件夹到链接文档的路径，而不是从基于模板的文档的文件夹到链接文档的路径。在模板中创建链接时就要使用文件夹图标或者使用属性检查器中的"指向文件"图标，以确保存在正确的链接路径。

　　Dreamweaver 8 以前的版本不对 Templates 文件夹中的文件进行更新（例如，假定在 Templates 文件夹中有一个名为 main.css 的文件，并且已将 href="main.css" 作为链接写入模板文件中，则 Dreamweaver 在创建基于模板的页面时不会更新此链接）。

　　Dreamweaver 8 对此行为进行了更改，这样，无论所链接文件从直观上体现的位置在何处，创建基于模板的页面时所有文档相对链接都将更新。在这种情况下，Dreamweaver 会检查模板文件中的链接（href="main.css"），然后在相对于新文档的位置的基于模板的页面中创建链接。例如，如果用户要在 Templates 文件夹的上一级创建基于模板的文档，Dreamweaver 会在新文档中写入形式为 href="Templates/main.css" 的链接。Dreamweaver 8 中的这一更新将破坏页面中那些由以下设计人员创建的链接，这些设计人员采用的是 Dreamweaver 以前的做法，即不更新指向 Templates 文件夹中的文件的链接。

　　Dreamweaver 8 之后的版本添加了一个用于启用和禁用更新相对链接行为的首选参数（这个特殊的首选参数仅适用于指向 Templates 文件夹中的文件的链接，不适用于一般链接）。默认行为是不更新这些链接，但是如果用户希望 Dreamweaver 在创建基于模板的页面时更新这种链接，则可以取消选择这个首选参数。

　　若要使 Dreamweaver 将文档相对路径更新为 Templates 文件夹中的非模板文件，请在"站点设置对象"对话框的"高级设置"下选择"模板"类别，然后取消选择"不改写文档相对路径"复选框，如图 3.25 所示。

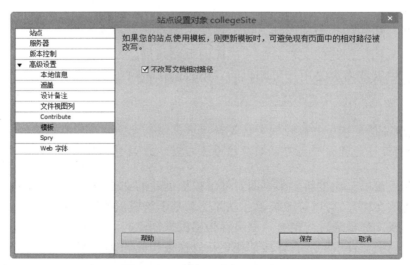

图 3.25　"模板"高级设置界面

7．Spry

Spry Widget 是一个页面元素，通过启用用户交互来提供更丰富的用户体验。Spry 构件在 Dreamweaver CC 及更高版本中被 jQuery 构件取代。Spry Widget 由以下几部分组成：

（1）Widget 结构：用来定义 Widget 结构组成的 HTML 代码块。

（2）Widget 行为：用来控制 Widget 如何响应用户启动事件的 JavaScript。

（3）Widget 样式：用来指定 Widget 外观的 CSS。

Spry 框架支持一组用标准 HTML、CSS 和 JavaScript 编写的可重用 Widget。用户可以方便地插入这些 Widget（采用最简单的 HTML 和 CSS 代码），然后设置 Widget 的样式。框架行为包括允许用户执行下列操作的功能：显示或隐藏页面上的内容，更改页面的外观（如颜色），与菜单项交互，等等。

Spry 框架中的每个 Widget 都与唯一的 CSS 和 JavaScript 文件相关联。CSS 文件中包含设置 Widget 样式所需的全部信息，而 JavaScript 文件则赋予 Widget 功能。当使用 Dreamweaver 界面插入构件时，会自动将这些文件链接到设计者的页面，以便构件中包含该页面的功能和样式。

与给定 Widget 相关联的 CSS 和 JavaScript 文件根据该 Widget 命名，因此，很容易判断哪些文件对应于哪些 Widget（例如，与折叠 Widget 关联的文件称为 SpryAccordion.css 和 SpryAccordion.js）。

当在已保存的页面中插入 Spry 构件、数据集或效果时，Dreamweaver 会在站点中创建一个 SpryAssets 目录，并将相应的 JavaScript 和 CSS 文件保存到其中。如果将 Spry 资源保存到其他位置，可以更改 Dreamweaver 保存这些资源的默认位置。其方法如下：在"站点设置"对话框中，展开"高级设置"并选择 Spry 类别，如图 3.26 所示。输入想要用于 Spry 资源的文件夹的路径并单击"确定"按钮。还可以单击文件夹图标浏览并定位到某个位置。

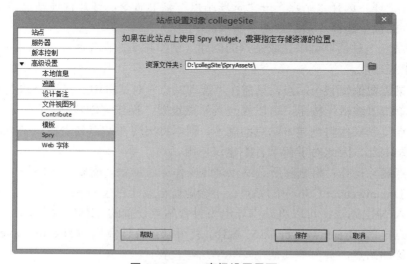

图 3.26　Spry 高级设置界面

8．Web 字体

如果在网站中使用了 Web 字体，需要在站点的"高级设置"的"Web 字体"分类中指定使用 Web 字体文件的位置信息，如图 3.27 所示，可以直接输入或者单击文件夹图标浏览选择。

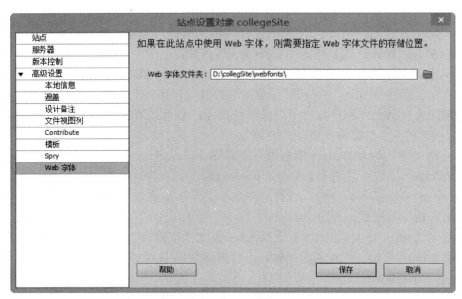

图 3.27　"Web 字体"高级设置界面

3.3　站点管理

创建本地站点之后，可以通过"管理站点"对话框对 Dreamweaver CS6 中创建的全部站点进行管理。选择"站点"→"管理站点"菜单命令，打开管理站点对话框，或者在"文件"面板中选择"站点管理"子项。

"管理站点"对话框可以完成站点的创建（请参见 3.2 节内容）、编辑、复制、删除、导入和导出等功能。

- 如果需要编辑某个站点，只需在"管理站点"对话框中选择这个站点的名称，然后单击"编辑"按钮，可以修改其站点设置，操作与创建站点的步骤类似。
- 站点复制操作将创建本站点的副本，副本将出现在站点列表窗口中。此操作容易引发混乱，因此对于初学者不建议使用。
- 站点删除操作：将删除所选站点，此操作无法撤销。需要注意的是，此操作仅删除 Dreamweaver CS6 中的站点，不会删除磁盘上的文件夹以及相关文件。
- 导入/导出站点：可以将站点导出为包含站点设置的 XML 文件，并在以后将该站点导入 Dreamweaver CS6。这样，就可以在各计算机和 Dreamweaver 的版本之间移动站点，甚至与其他用户共享这些设置。

通常需要定期对站点执行导出操作，这样即使该站点出现意外，还有它的备份副本。

若要导出站点，请执行以下操作：首先选择"站点"→"管理站点"菜单命令，打开"管理站点"对话框，在该对话框中选择要执行导出操作的一个或者多个站点（按住Ctrl 键单击每个站点，可以选中多个站点；若要选择某一范围的站点，请按住 Shift 键单击该范围中的第一个和最后一个站点），然后单击"导出"按钮，对于要导出的每个站点，在"导出站点"对话框中选择需要保存站点的位置，然后单击"保存"按钮，如图 3.28 所示。Dreamweaver CS6 会在指定位置将每个站点保存为扩展名为 ste 的 XML 文件。最后，单击"完成"按钮关闭"管理站点"对话框。

图 3.28 "导出站点"对话框

导入操作与之相反。

本节初步介绍了 Dreamweaver CS6 的站点管理功能，但是要真正体会到它的强大和快捷，还要在以后的学习、工作中慢慢体会。

3.4 使 用 站 点

3.4.1 管理文件

在"文件"面板上，从"站点"弹出式菜单中选择一个站点，就可以对相应的站点文件内容进行维护管理。图 3.29 选择了 mysite 站点。

在"文件"面板中按列排序的方法是单击要排序的列的标题。再次单击标题将反转之前列的排序方向（升序或降序）。

使用"文件"面板工具栏的工具可以方便地与远程服务端上的文件进行同步、获取、上传等操作，如图 3.30 所示。

单击工具栏中最右边的按钮 ![btn]（展开以显示本地和站点），弹出如图 3.31 所示的文件管理对话框。

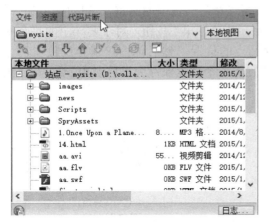

图 3.29 "文件"面板的站点维护   图 3.30 "文件"面板工具栏

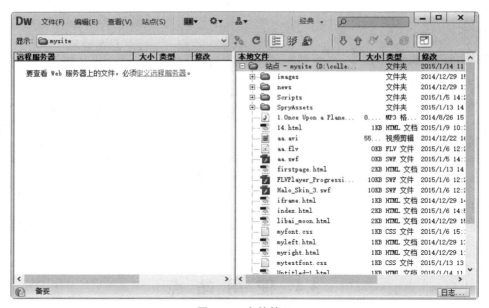

图 3.31 文件管理

在以前的 Dreamweaver CS6 版本中，"文件"面板称为"站点"面板。不论资源位于本地站点还是远程站点，都可以通过"文件"面板组织和管理站点文件和文件夹。另外，通过 Dreamweaver CS6 的"编辑"→"首选参数"菜单命令，打开"首选参数"对话框。在左侧的类别列表中选择"站点"，即会出现如图 3.32 所示的站点首选参数的选项，可以根据需要进行个性化配置。

通过"文件"面板可以直接对站点中的文件或者文件夹进行操作，十分方便。例如，可以打开文件，更改文件名，添加、移动或删除文件。下面具体讲解其主要操作。

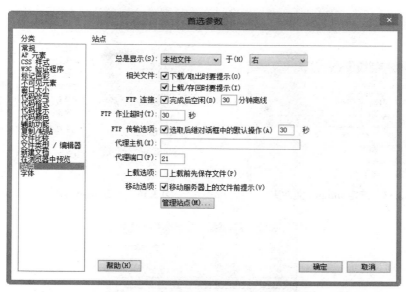

图 3.32 "首选参数"的"站点"设置

1. 查看站点中的文件

具体操作步骤如下:

（1）直接按 F8 键打开"文件"面板。

（2）在"站点"下拉列表框中选择要查看的站点，如图 3.33 所示。

（3）在"视图"下拉列表框中选择要查看的视图，选择本地站点还是远程站点，如图 3.34 所示。

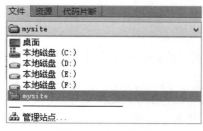

图 3.33 站点选择

图 3.34 视图选择

（4）在显示框中选中相应的文件，双击该文件的图标，或者右击该文件的图标，然后在快捷菜单中选择"打开"命令，该文档会在 Dreamweaver CS6 的"文档"窗口中打开。

2. 在站点中新建文件夹和文件

具体操作步骤如下:

（1）打开"文件"面板，选择要创建新文件夹或文件的根目录，如图 3.35 所示。

（2）在根目录图标上右击，在弹出的快捷菜单中选择"新建文件"或"新建文件夹"命令，如图 3.36 所示。

（3）Dreamweaver CS6 将自动创建名为 untitled.htm 的新文件或名为 untitled 的文件夹，并自动设置其名称为可改写状态，如图 3.37 所示。

（4）直接输入新的名称即可，如 old。

图 3.35　选定 images 文件夹

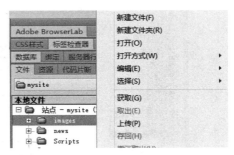

图 3.36　为 images 文件夹新建文件夹

图 3.37　新建文件夹 untitled 并且其名称处于可改写状态

3. 重命名文件或文件夹

重命名文件或文件夹有以下 3 种方法。

（1）在"文件"面板中选中要重命名的文件或文件夹，然后单击使其进入可改写状态，输入新的名称即可。

（2）在要重命名的文件或文件夹图标上右击，在弹出的快捷菜单中选择"编辑"→"重命名"菜单命令也可进入可改写状态，输入新的名称即可。

（3）先选中要重命名的文件或文件夹，再按 F2 键，也可进入可改写状态，输入新的名称即可。

4. 删除文件或文件夹

首先选中要删除的文件或文件夹，选中的文件或者文件夹背景为蓝色，按 Delete 键，在打开的确认对话框中单击"确定"按钮。也可以右击要删除的文件或文件夹图标，在弹出的快捷菜单中选择"编辑"→"删除"菜单命令，在打开的确认对话框中单击"确定"按钮确认删除即可。

5. 移动文件或文件夹

通过两种方法可以实现文件或者文件夹的移动。

（1）在"文件"面板中选择要移动的文件或文件夹，复制该文件或文件夹，然后粘贴在新位置，最后删除原文件或者文件夹。

（2）选中文件或文件夹后，将其拖到新位置。移动时，会弹出如图 3.38 所示的对话框，一般需要选择更新。刷新"文件"面板可以看到该文件或文件夹在新位置上。

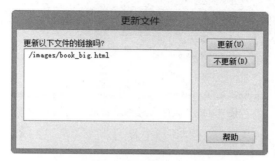

图 3.38 "更新文件"对话框

6. 刷新"文件"面板

如果站点文件较多，对于在"文件"面板中的操作，Dreamweaver CS6 不能及时自动刷新，导致使用者看到的还是操作前的内容，这种情况会引起操作混乱。所以，建议使用者在操作后手动刷新"文件"面板。要手动刷新"文件"面板，请先右击任意需要刷新的文件或文件夹，在弹出的快捷菜单中选择"刷新本地文件"菜单命令。也可以单击"文件"面板工具栏上的"刷新"按钮（或者按 F5 键）。

7. 在站点中查找最近修改的文件

在折叠的"文件"面板中，单击"文件"面板右上角的"选项"菜单，然后选择"编辑"→"选择最近修改的文件"菜单命令，如图 3.39 所示。这时会打开如图 3.40 所示的"选择最近修改日期"对话框。完成此对话框，最后单击"确定"按钮保存刚才的设置。

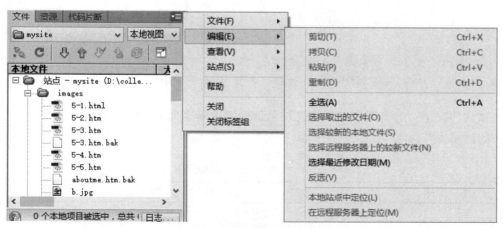

图 3.39 "选择最近修改日期"命令

通过上面的操作，Dreamweaver CS6 会在"文件"面板中高亮显示在指定时间段内修改的文件。

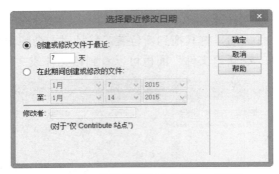

图 3.40 "选择最近修改日期"对话框

3.4.2 管理资源

资源包括存储在站点中的各种元素，如图像或影片文件。可以从各种来源获取资源，例如，可以在应用程序（如 Macromedia Fireworks 或 Macromedia Flash）中创建资源，从其他人那里接收资源，从剪辑作品 CD 或图片 Web 站点中复制资源。

1. 在"资源"面板中查看资源

可以使用"资源"面板查看和管理当前站点中的资源。"资源"面板显示与"文档"窗口中的活动文档相关联的站点资源。

☞提示：必须首先定义一个本地站点，然后才能在"资源"面板中查看资源。

"资源"面板提供两种列表：

（1）"站点"列表：显示站点的所有资源，包括在该站点的任何文档中使用的颜色和 URL。

（2）"收藏"列表：仅显示明确选择的资源。

在这两个列表中，资源被分成多个类别。"站点"列表和"收藏"列表都可用于除模板和库项目之外的所有资源类别。

☞提示：大多数"资源"面板操作在"站点"列表和"收藏"列表中的工作方式相同。但是，有几个任务只能在"收藏"列表中执行。

默认情况下，给定类别中的资源按名称的字母顺序列出。表 3.1 列出了"资源"面板中的常用操作。

表 3.1 "资源"面板常用操作

操 作	具 体 步 骤
打开"资源"面板	选择"窗口"→"资源"菜单命令。 在"资源"面板中默认情况下，"图像"类别处于选定状态
查看"站点"列表	在"资源"面板中，选择位于面板顶部的"站点"选项
查看"收藏"列表	在"资源"面板中，选择位于面板顶部的"收藏"选项 "收藏"列表为空，直到用户向其中显式添加资源

续表

操　作	具 体 步 骤
显示特定类别的资源	单击"资源"面板左侧相应的图标
按不同顺序列出资源	单击某个列标题。例如，若要根据类型对图像列表进行排序（以便使所有 GIF 图像在一起，所有 JPEG 图像在一起，等等），应单击"类型"列标题
预览资源	在"资源"面板中选取资源。面板顶部的预览区域将显示该资源的可视化预览。例如，当选择一个影片资源时，预览区域将显示一个图标。若要查看该影片，请单击预览区域右上角的"播放"按钮（绿色三角形）
更改列的宽度	拖动分隔两个列标题的线
更改预览区域的大小	向上或向下拖动拆分条（在预览区域和资源列表之间）

2．将资源添加到文档

可以将大多数类型的资源插入到文档中，方法是将它们拖动到"文档"窗口中的"代码"视图或"设计"视图，或者使用"插入"按钮，具体操作如下。

若要将资源插入文档，首先将插入点放置在"设计"视图中希望资源出现的位置。接着，在"资源"面板左侧选择要插入的资源的类型，在面板顶部选择"站点"或"收藏"，然后选择要插入的资源。

然后，执行下列操作之一。

（1）将资源从面板拖动到文档。可以将脚本拖动到"文档"窗口的文件头内容区域；如果该区域未显示，则选择"查看"→"文件头内容"菜单命令。

（2）在面板中选择资源，然后单击面板底部的"插入"按钮，资源即被插入文档中（如果资源为颜色，则该颜色将在插入点开始应用，也就是说，随后输入的内容将以该颜色显示）。

3.5　网页设计中的规范

网站的建设和管理是一对矛盾。快速建站往往会忽略一些小问题，从而使得网站的维护变得困难。

3.5.1　Dreamweaver CS6 中的命名原则

良好的命名对于网站开发起着至关重要的作用，如果对资源进行合理的命名，可以达到事半功倍的效果。无论是哪种命名规范，无论是对哪种资源进行命名，其核心思想都是"用最少的字母进行最全面的描述"，即"唯一性＋描述性"是命名的灵根本原则。网页设计的过程中，对各个方面进行命名的时候，不能不考虑命名原则。如果只注重制作的迅速与方便，必将为日后的修改或维护带来巨大的困难。

在 Dreamweaver CS6 中用户可以对一系列不同类型的对象进行命名，这些对象包括图片、层、表单、文件、数据库域等，这些对象将会被许多不同的工作引擎进行分析处理，这些工具包括各种浏览器、JavaScript 脚本解析器、网络服务器、应用程序服务器、查询语言等。

关于文件的命名，看似无足重轻，但实际上如果没有良好的命名原则进行必要的约束，随意命名，最终导致的结果就是整个网站或文件夹无法管理。所以，命名原则在这里非常重要。

在给文件和目录（文件夹）以及图片等其他资源命名时需要遵循以下原则。

1．唯一性

确保某对象的名称与其他对象不同，保证其独一无二的属性。例如，可以将某对象命名为 feedback_button_3。

2．小写

有些服务器和脚本解析器对文件名的大小写也进行检查，而为了避免因大小写引起的不兼容问题，建议用户在命名时全部使用小写文件名。

3．不带空格以及特殊字符

不同的解析器对空格等符号的解析结果不同，例如某些解析器会把空格视为某个十六进制的数值，因此建议用户使用不带空格的单词作为文件对象的名称。

在文件以及文件夹的命名中避免使用特殊符号，即不能包括\、/、：、、*、？、<、>等会导致网站不能正常工作的字符。用户在命名中可以随意使用 26 个英文字母以及 10 个阿拉伯数字，而不建议使用其他标点符号。

为了使某个对象的文件名独一无二，用户可以通过使用"_"符号来更加详细地描述文件名。在某些命名中，可以使用下画线将组成名称的各部分组合起来。例如，某对象的文件名可以是 jd_background_17。

文件夹的名称最好不要采用诸如"，、.；、："和空格等符号，这是因为在不同的操作系统平台上对这些符号的使用限制是不一样的。如果有必要进行命名区分，例如（以"我的家园/家园书屋"为例）：

wodejiayuan jiayshuwu2001 02 20

wodejiayuan-jiayshuwu2001-02-20

wodejiayuan_jiayshuwu2001_02_20

上边 3 组命名中，建议采用最后一种。按照栏目或日期进行命名，名称采用下画线连接，所有的操作系统均支持这种命名方式。

文件名的长度可以不限，但也不要太长，以致不便记忆。

4．以字母开始

有些浏览器不接受以数字开头的文件名。例如，在某些浏览器中的 JavaScript 脚本内部，如果使用 alpha23 这样的名称就不会出现问题，而如果使用 23alpha 这样的名称就可能会发生错误。

除了上述原则之外，还需要注意一些其他情况，如文件名与系统的冲突。某些文件名可能满足上述原则，但可能还会导致错误的发生，原因是因为它们与系统产生了冲突。

需要特别注意的是，网站文件或文件夹命名请尽量避免使用中文字符命名。

如果某个对象的名称无法被某个解析器识别，就有可能会导致错误的发生，更加麻烦的是用户可能很难发现出现问题的原因。例如某个具体的特效无法正确显示，或者是在某个特殊阶段无法正确显示，有时错误可能只会在某种特殊情况或在使用某个浏览器时发生，而在其他情况下保持正常，用户很难分析出错误是由于命名问题而导致的。

由于需要命名的对象的种类很多，对这些对象进行解析的引擎工具也很多，因此用户在给这些对象命名时应该遵循一个常规的标准，以确保普遍兼容性。命名的基本原则是：使用独一无二的、不带空格的小写名称，名称应由字母和数字组成，并以字母开始，名称中可以包含"_"符号。

在网页制作过程中，要求为目录和文件命名时都应遵循相应的规范，名称应能代表文件的意义，以便进行查找、修改。下面从网站命名规范、文件夹结构规范、内容编辑规范 3 个方面具体介绍网页制作的规范。

3.5.2　命名规范

1．文件/文件夹的命名规范

对文件/文件夹命名时除了遵循 3.5.1 节所述的 4 条基本原则之外，还要注意网站中文件/文件夹的名称最好不要用中文，而要用英文（缩写也可）或汉语拼音。文件夹命名一般长度不超过 20 个字符，命名采用小写字母。文件名称统一用小写的英文字母、数字和下画线的组合。

对于文件/文件夹的具体命名，可以参考以下几种方案。

（1）汉语拼音：根据文件或者文件夹的主要作用提取两个或者三个关键字，将提取的关键字的汉语拼音全拼作为名称。例如某高校网站中的校园新闻页面，提取的关键字可以是"新闻"两个字，然后使用 xinwen.htm 作为文件名称。

（2）拼音缩写：采用关键字的拼音首字母连接形成名称，还是以校园新闻页面为例，其文件名为 xyxw.htm。这些缩写词的使用会给站点的维护带来隐患。如 jxpt、xzjg，如果不告诉这是"教学平台"和"行政机构"的拼音缩写，其他人无法知道其确切含义。虽然这种形式看起来很简单，但是会导致团队合作开发以及网站上线后的运行维护困难加大，因此不建议使用这种方式。

（3）英文缩写：选取每个英文单词的首字母来命名网页或者文件夹，这种方法不常使用。

（4）英文单词：尽量用英文命名。例如，某公司的信息反馈文件夹可以起名 feedback，而"关于我们"文件夹起名为 aboutus，公司新闻页面命名为 news.htm。这种方法简单、明确、通用，使用范围非常广，推荐制作者使用。非常典型的例子是，几乎所有网站的登录页面都使用 login 作为网站后台登录页面的名称。

不论采用哪种命名方法，其作用无外乎两个：一是使得工作组的每一个成员能够轻松地理解每一个文件的意义，方便开发与维护；二是当在文件夹中使用"按名称排列"命令时，同一大类的文件能够排列在一起，以便进行查找、修改、替换等操作。

另外，使用 index.html 或者 index.htm 名称的文件一般是索引页，即首页。首页不制作具体内容，只起到跳转作用。

2．图片的命名规范

网页中使用的图片文件的命名一般采用"头部+尾部"两段式来命名。

（1）头部：表示此图片的大类性质。例如，网页顶部长方形位置处，一般是放置广告或者装饰性图案，通常取名为 banner；图片网站的标志性图片命名为 logo；网页中作为按钮的图片命名为 button；用作网页菜单的图片命名为 menu；用作边框的图片命名为 border，有时还会添加图片的位置信息，例如 left_border 表示左边框。

（2）尾部：用来表示图片的具体含义，通常使用英文字母表示。例如，banner_sohu.gif、banner_sina.gif、menu_aboutus.gif、menu_job.gif、title_news.gif、logo_police.gif、logo_national.gif、pic_people.jpg、pic_hill.jpg。这种命名方式使文件的含义一目了然，便于管理与查找。

3.5.3　文件夹结构规范

网站文件夹创建的原则是以最少的层次提供最清晰、简便的访问结构。根文件夹一般只存放 index.htm 以及其他必需的系统文件，每个主要栏目开设一个相应的独立文件夹。另外，同类型的文件最好放在同一个文件夹中，例如、把图片文件都放在 images 的文件夹中。

有些文件或者文件夹是为临时的目的而创建的，如一些短期的网站通告或促销信息、临时文件下载等，不要将这些文件和文件夹随意放置。一种比较理想的方法是创建一个固定的临时文件夹来放置各种临时文件，并且不定期地进行清理，将陈旧的文件及时删除。

通常，网站的 JS、ASP、PHP 等脚本存放在根文件夹下的 scripts 文件夹；CGI 程序存放在根文件夹下的 cgi-bin 文件夹；所有 CSS 文件存放在根文件夹下的 style 文件夹；每个语言版本存放于独立的文件夹。所有 Flash、AVI、RAM、QuickTime 等多媒体文件存放在根文件夹下的 media 文件夹；根文件夹下的 images 存放公用图片，每个文件夹下的私有图片存放于各自独立的 images 文件夹，例如：

```
\menu1\images
\menu2\images
```

3.5.4　内容编辑规范

网站的内容必须遵守我国《计算机信息网络国际联网安全保护管理办法（公安部令第 33 号）》的规定。

其中关于网站内容的规定如下：

第五条　任何单位和个人不得利用国际联网制作、复制、查阅和传播下列信息：

（一）煽动抗拒、破坏宪法和法律、行政法规实施的；

（二）煽动颠覆国家政权，推翻社会主义制度的；

（三）煽动分裂国家，破坏国家统一的；

（四）煽动民族仇恨、民族歧视，破坏民族团结的；

（五）捏造或者歪曲事实，散布谣言，扰乱社会秩序的；

（六）宣扬封建迷信、淫秽、色情、赌博、暴力、凶杀、恐怖，教唆犯罪的；

（七）公然侮辱他人或者捏造事实诽谤他人的；

（八）损害国家机关信誉的；

（九）其他违反宪法和法律、行政法规的。

3.6　上　机　实　践

一、实验目的

（1）掌握 Dreamweaver CS6 站点的创建步骤。

（2）掌握在已有文件夹上创建站点的方法。

二、实验内容

首先，创建实验准备所需的文件夹 mysite，其内部包含子文件夹 images；mysite 文件夹下有网页文件 index.html。接着创建网站。

三、实验步骤

定义站点也就是创建网站，可以将已有的文件夹转换成网站，也可以从零开始创建一个全新的站点。本实验是在已有文件夹的基础上创建站点。实验步骤如下：

首先在 D 盘（也可以是其他硬盘）根目录下创建 mysite 文件夹，在其内部创建 images 文件夹。将网站制作时需要的图片文件复制到 images 文件夹下，如图 3.41 所示。

接着启动 Dreamweaver CS6，新建 index.html 文件并保存。选择菜单栏的"站点"→"新建站点"命令。其余步骤请参考 3.2 节。

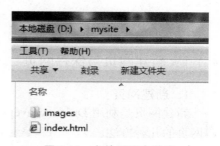

图 3.41　文件以及文件夹

3.7　习　　　题

1．请解释网站的概念。

2．如何创建一个本地站点？

3．通过"文件"面板，如何给已有的站点增加一个新的文件夹？

4．通过"文件"面板，如何从已有的站点重命名一个网页文件？

5．使用 Dreamweaver CS6 创建本地站点制作网页有什么优势？

6．在本地站点的根目录下，为建设网站需要的所有资源以及网页文件分别创建子目录进行管理有何利弊？

7．Dreamweaver CS6 站点和 Internet Web 站点有何不同？

8．设计一个站点并对站点进行相应的管理。

9．如何删除一个站点？

第 4 章

制作简单网页

创建好本地站点之后，接下来开始创建网页和进行页面属性设置等，从而掌握用 Dreamweaver CS6 进行网页设计的基本操作。本章学习要点包括新建、保存和预览网页，页面属性的设置，文本的编辑，熟悉常用的文本元素的使用等内容。在学习过程中要注意对 Dreamweaver CS6 工作环境的熟悉、基本操作的领会及掌握。

4.1 网页文件的基本操作

网页的基本操作包括新建网页、保存网页、预览网页、打开网页等。

4.1.1 新建网页与保存网页

1. 新建网页

新建网页是利用 Dreamweaver CS6 进行网页设计最常用到的操作之一。下面介绍新建网页的几种方法。

方法一：在启动 Dreamweaver CS6 时出现的起始页对话框中单击"创建新项目"下的 HTML 选项，就进入名为 Untitled-1 的空白页面的设计状态，如图 4.1 所示。

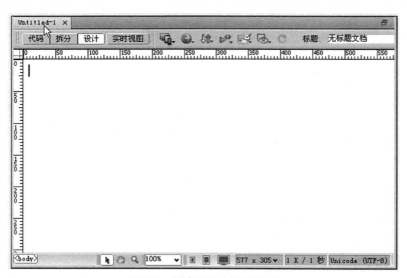

图 4.1 新建的空白页面文档

方法二：选择"文件"→"新建"菜单命令，出现"新建文档"对话框，如图 4.2 所示。在"新建文档"对话框中最左侧的栏中选择"空白页"，在"页面类型"列表中选择 HTML，然后选择"文档类型"为 HTML5，单击"创建"按钮。

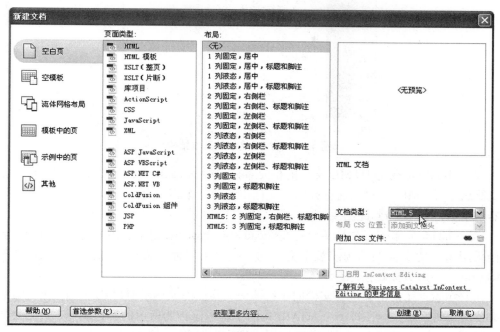

图 4.2 "新建文档"对话框

方法三：在"文件"面板中右击已经创建好的站点，在出现的快捷菜单中选择"新建文件"命令，在站点列表中会出现一个默认名称为 untitled.html 的网页文件。只要双击网页名字，就可以对它进行编辑和设计了。

☞提示：untitled 或诸如 untitled-1、untitled-2 等这类名字没有什么特殊意义，在实际的网页设计中尽量给文件选用更有一定明确意义的名字，即见名知意，这样方便以后对网页的编辑或修改。

以上新建的"空白"文档是指在页面的"设计"视图下页面是空的、没有内容的。但是当切换到"代码"视图下时，可以看到其内容并不是空的，而是已经有了几行 HTML 代码，这几行 HTML 代码就是 HTML 文档的基本结构，如图 4.3 所示。由此可以看出 HTML 文档主要包括文件头部分（<head> </head>）和文件主体部分（<body> </body>）两部分。

其中：

（1）<! doctype >声明位于文档中的最前面的位置，处于<html>元素之前，不区分大小写。此元素告知浏览器文档使用哪种 HTML 或 XHTML 规范。在 HTML5 中对元素进行了简化，只支持 HTML 一种文档类型。定义如下：<! doctype html>，doctype 声明非常简洁。

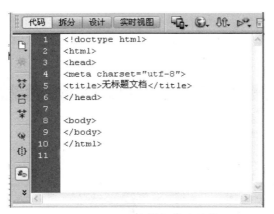

图 4.3　HTML 文档的基本结构

（2）<html>元素是 HTML 文件的根元素，表示 HTML 文档的开始。这个标记告诉浏览器这个 HTML 文档从这里开始。文档中最后一个标记是</html>，这个标记告诉浏览器这个 HTML 文档到此结束。

（3）<head>元素表示文档头。写在<head>与</head>标记中的内容是 HTML 文档头。文档头用来说明文档的标题和整个文档的一些公用属性。文档头部分的信息主要包括<meta>信息和网页标题信息。

（4）<meta>元素用于说明文档的字符编码。要正确地显示 HTML 页面，浏览器必须知道使用何种字符集。在每一个 HTML 页面中都应该指明所用的字符编码，否则会导致安全隐患。在 HTML5 中只需要使用 UTF-8 即可，例如图 4.3 中所示的<meta charset="utf-8">指明了页面的字符编码是 UTF-8。

（5）<title>元素中的文本是文档的标题。标题在浏览器的标题栏中显示，结束标记是</title>。

（6）<body>元素中的内容是 HTML 文档的主体，其中的内容将被显示在浏览器中，结束标记是</body>。

此外，HTML5 中还新增一些与结构相关的元素，下面就介绍其中的几个。

- <header>元素定义文档的页眉（如介绍信息）或页面中一个内容区块的标题。可以在一个文档中使用多个<header>元素。
- <footer>元素表示整个页面或页面中一个内容区块的脚注。一般来说，它会包含文档的作者、版权信息、创作日期、使用条款链接、联系信息等。可以在一个文档中使用多个<footer>元素。
- <nav>元素表示导航链接的部分。
- <article>元素表示文档中的一块独立的内容，如报纸中的一篇文章，或者来自博客文本，或者是论坛帖子、用户评论等。
- <section>元素定义文档或应用程序中的一个区段，如章节、页眉、页脚或文档中的其他部分。一般作为主题块列表，主要作用为对页面的内容进行分块或者对文章的内容进行分段。例如章节、带标签页的对话框上的每个标签页等。它可以与 h1、h2、h3、h4、h5、h6 等元素配合使用，标示文档结构。

- <aside>元素用来表示当前页面或文章的附属部分，也可以认为该内容与 article 的内容是分开的、相互独立的。例如用于摘录引用或用作文章的侧栏，也可以用来显示相关的广告宣传。
- <figure>元素用来表示网页上一块独立的内容。它有一个可选的<figcaption>标题。例如在页面上添加一个带标题的图像。

上述这些 HTML5 中新增的元素更加语义化，图 4.4 是使用部分新增元素进行页面设计的一个例子。设计者在设计页面时要习惯使用这些新元素，从而可以以一种更加语义化的方式来设计标准的 Web 布局。

```
8   <body>
9       <header>页眉部分</header>
10          <nav>导航部分</nav>
11      <header>文章标题</header>
12      <article>
13          内容1
14      </article>
15      <aside>
16          <h1>名词解释</h1>
17          <dl>
18              <dt>HTML</dt>
19              <dd>超文本标记语言(HyperText Markup Language,简称:HTML)是一种
用于创建网页的标准标记语言。</dd>
20          </dl>
21          <dl>
22              <dt>CSS3</dt>
23              <dd>CSS 用于控制网页的样式和布局。CSS3 是最新的 CSS 标准。</dd>
24          </dl>
25      </aside>
26      <footer>
27          <p>
28              <small>Copyright&copy; 2016 <address>david@sina.com</address></
small>
29          </p>
30      </footer>
31  </body>
```

图 4.4　HTML5 中新增的文档结构元素

2．保存文档

（1）选择"文件"→"保存"菜单命令。

（2）选择"文件"→"另存为"菜单命令。

（3）选择"文件"→"保存全部"菜单命令，可保存当前正在编辑的所有文档。

以上保存文档的操作均会打开"另存为"对话框，将文件保存在站点所指向的文件夹中。同时注意文件名的确定。

3．预览页面

设计好的页面要想在浏览器中查看运行效果，执行预览功能即可。预览网页的方法如下。

方法一：在"文档"工具栏单击 图标右下角的三角，从下拉列表中选择浏览器来预览网页。

方法二：选择"文件"→"在浏览器中预览"菜单命令。

方法三：按 F12 键可以启动主浏览器显示网页，按 Ctrl+F12 组合键可以启动次浏览器显示网页。

4．关闭文档

（1）选择"文件"→"关闭"菜单命令，即可关闭打开的当前文档。

（2）选择"文件"→"全部关闭"菜单命令，即可关闭所有打开的文档。

如果当前文档在修改后没有存盘，则会打开一个提示框，询问用户是否要保存文档。

4.1.2　打开网页

要打开一个网页文件，可以执行如下的方法。

方法一：启动 Dreamweaver CS6，在起始页对话框中的"打开最近的项目"列表中选择要打开的文件，或单击"打开"链接，在"打开文件"对话框中选择要打开的文件，然后单击"打开"按钮。

方法二：选择"文件"→"打开"菜单命令。

默认情况下，系统打开.html 格式的文件。除此之外，还可以打开多种格式的文件，例如.asp、.dwt、.js、.txt 等。打开方法是，在"打开文件"对话框的"文件类型"下拉列表中选择将要打开的文件类型即可。

4.2　设置页面属性

对于在 Dreamweaver 中创建的每个页面，都可以使用"页面属性"对话框指定布局和格式设置属性。"页面属性"对话框让设计者可以指定页面的默认字体系列和字体大小、页面标题、背景颜色和图像、边距、链接样式及页面设计的其他许多方面。打开"页面属性"对话框的方法有以下 4 种。

方法一：选择"修改"→"页面属性"菜单命令，如图 4.5 所示。

方法二：在未选择页面中任何内容的前提下，单击属性检查器中的"页面属性"按钮，如图 4.6 所示。

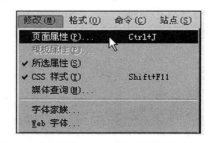

图 4.5　"修改"菜单中的"页面属性"命令

方法三：使用 Ctrl+J 组合键。

方法四：在文档窗口空白处右击，在弹出的快捷菜单中选择"页面属性"命令。

图 4.6　属性检查器中的"页面属性"按钮

1．外观（CSS）

在"页面属性"对话框的"分类"列表框中选择"外观(CSS)"选项，对话框右侧显示出相应的属性，如图 4.7 所示。

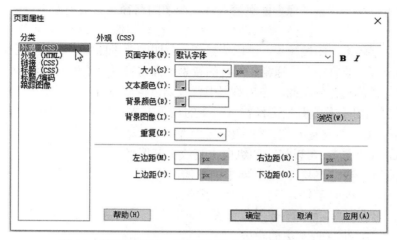

图 4.7 "页面属性"对话框中的"外观（CSS）"选项

各属性的作用如下：

（1）页面字体：指定在页面中使用的字体系列。从下拉列表框中选择页面文字的字体。如果没有要用的字体，可以单击选择下拉列表框中的"编辑字体列表"命令，在打开的"编辑字体列表"对话框中添加所需字体，如图 4.8 所示。首先从"可用字体"列表中选择某种字体，然后单击 ⟨⟨ 按钮即可。要继续添加其他字体到字体列表中，单击 ✚ 按钮。

图 4.8 "编辑字体列表"对话框

（2）大小：用于指定在页面中使用的字体大小。直接输入或从下拉列表框中选择字号。

（3）文本颜色：指定显示字体时使用的默认颜色。

（4）背景颜色：设置页面的背景颜色。单击"背景颜色"框并从颜色选择器中选择一种颜色。

（5）背景图像：用于设置整个网页的背景图片。单击"浏览"按钮，找到图像并将其选中。也可以在"背景图像"框中输入背景图像的路径。如果图像不能填满整个窗口，Dreamweaver 会平铺（重复）背景图像。另外，背景图像的选择要和页面内容相搭配。如果文档中文字较多，图像较少，可以选择颜色鲜明的背景图像；如果已经使用了多幅图像，背景图像应该淡雅一些。通常，网页的背景图像与背景色不能同时显示，如果同时在网页中设置背景色与背景图像，在浏览器中背景颜色将被覆盖，只显示网页背景图像。

（6）重复：用于设置背景图像在页面上的显示方式。其下拉列表框中有 4 个选项。

- no-repeat（不重复）：选项将仅显示背景图像一次。
- repeat（重复）：可以横向和纵向重复或平铺图像。
- repeat-x（横向重复）：可横向平铺图像。
- repeat-y（纵向重复）：可纵向平铺图像。

（7）左、右、上、下边距：用于设置网页的左右上下 4 个边距。默认情况下，网页内容和浏览器的边框保持一定的距离。

2. 外观（HTML）

如图 4.9 所示，在"页面属性"对话框的"分类"列表框中选择"外观（HTML）"选项，页面将采用 HTML 格式，而不是 CSS 格式。Dreamweaver 提供了两种修改页面属性的方法：CSS 或 HTML。Adobe 公司建议使用 CSS 设置背景和修改页面属性。

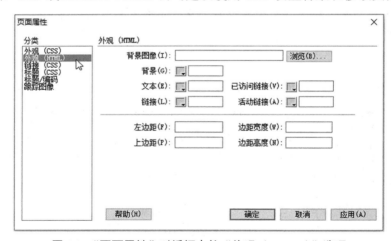

图 4.9 "页面属性"对话框中的"外观（HTML）"选项

（1）背景图像：设置背景图像。

（2）背景：设置页面的背景颜色。

（3）文本：指定显示字体时使用的默认颜色。

（4）链接：指定应用于链接文本的颜色。

（5）已访问链接：指定应用于已访问链接的颜色。

（6）活动链接：指定当鼠标（或指针）在链接上单击时应用的颜色。

（7）左边距、上边距：指定页面左边距和上边距的大小。

（8）边距宽度、边距高度：也是指定页面边距的大小。

设计者在设计页面时设置（7）、（8）两组值中的一组即可。

3．链接（CSS）

这里的链接就是指网页中的超链接，使用超链接可以在页面之间相互跳转。在"页面属性"对话框的"分类"列表框中选择"链接（CSS）"选项，对话框右侧显示出相应的属性，如图4.10所示。通过这些属性可以指定链接的字体、字体大小、颜色和其他项。然而，更多、更丰富的链接样式需要用到CSS样式表。该类中各属性的作用如下：

（1）链接字体：指定链接文本使用的字体系列。

（2）大小：设置链接文本的字体大小。

（3）链接颜色：设置链接文本的颜色。

（4）变换图像链接：设置当鼠标指针位于链接上时应用的颜色。

（5）已访问链接：设置访问过的链接的颜色。

（6）活动链接：设置当鼠标在链接上单击时的文字颜色。

（7）下划线样式：设置链接的下划线样式，其下拉列表框中有"始终有下划线""始终无下划线""仅在变换图像时显示下划线""变换图像时隐藏下划线"4个选项。设计时可以根据需要选择一种下划线样式。[1]

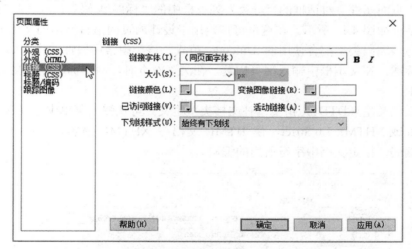

图4.10 "页面属性"对话框的"链接（CSS）"选项

4．标题（CSS）

选择"页面属性"对话框的"分类"列表框中的"标题（CSS）"选项，此时的"页面属性"对话框如图4.11所示。在这里可以指定页面标题的字体、字体大小和颜色。默认情况下，Dreamweaver的这6种标题都有一定的字体、大小和颜色，并且从标题1到标题6其文字大小是依次减小的。该类中各属性的作用如下。

---

[1] "下划线"的正确写法是"下画线"。本段因涉及软件界面操作，为便利读者，仍使用"下划线"的写法。其余情况均写做"下画线"。

（1）标题字体：指定标题使用的默认字体系列。

（2）标题1～标题6：指定最多6个级别的标题使用的字体大小和颜色。

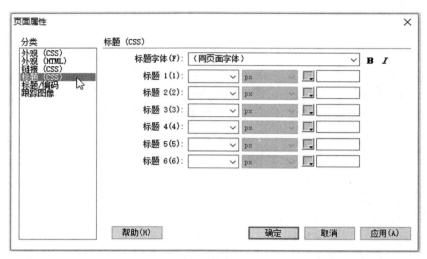

图4.11 "页面属性"对话框中的"标题（CSS）"选项

5．标题/编码

选择"页面属性"对话框的"分类"列表框中的"标题/编码"选项，此时的"页面属性"对话框如图4.12所示。在这里可指定用于设计网页的语言专用的文档编码类型，并可指定与该编码类型配合使用的Unicode范式。该类中常用属性的作用如下。

（1）标题：在文本框中输入网页标题，在浏览网页时，网页标题显示在浏览器窗口的标题栏中。

（2）文档类型（DTD）：指定一种文档类型定义。可从弹出菜单中选择XHTML 1.0 Transitional或XHTML 1.0 Strict，使HTML文档与XHTML兼容。

（3）编码：指定文档中字符所用的编码。

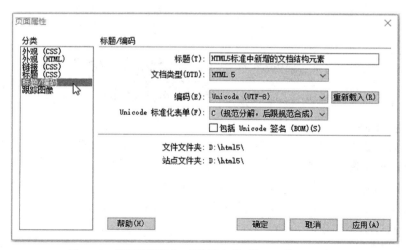

图4.12 "页面属性"对话框中的"标题/编码"选项

（4）重新载入：转换现有文档或者使用新编码重新打开它。

（5）Unicode 标准化表单：该属性只有在选择 UTF-8 作为文档编码时才启用。其中有 4 种 Unicode 标准化表单。最重要的是范式 C，因为它是万维网的字符模型最常用的范式。

☞提示：设置网页标题还可以使用以下方法。
方法一：在"文档"工具栏中的"标题"文本框中输入网页标题，如图 4.13 所示。
方法二：在"代码"视图中的<title> </title>标记内输入网页标题。

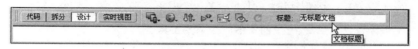

图 4.13 利用"文档"工具栏输入网页标题

6. 跟踪图像

在"页面属性"对话框的"分类"列表框中选择"跟踪图像"选项，对话框右侧显示出相应的属性，如图 4.14 所示。各属性的作用如下。

（1）跟踪图像：可以让用户在设计页面时插入作为参考的图像，在浏览器中显示时并不出现。

（2）透明度：设置跟踪图像的透明度。可以拖动其后的滑块进行设置。

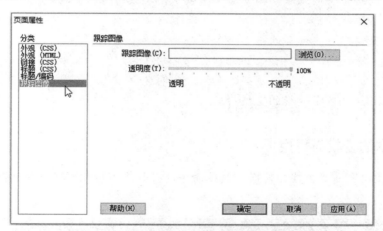

图 4.14 "页面属性"对话框中的"跟踪图像"选项

4.3 插 入 文 本

4.3.1 插入文本的方法

文本是网页信息的主要表达方式，所以对文本的控制以及布局在网页设计中占了很大的比重。网页中的文本可以在 Dreamweaver 的设计视图中直接输入，也可以通过复制已有文本（如 Word 文件或文本文件中已经写好的文本）到网页中。然后再根据页面中显示的需要对文本进行格式设置。

（1）键盘输入和复制粘贴文本。最简单的输入方法是键盘输入，也可以在其他程序或窗口中选中文本，将文本复制到剪贴板上，然后回到 Dreamweaver CS6 "设计"视图的文档窗口中，将其粘贴到光标所在位置。

（2）选择"插入"工具栏中的"文本"标签页，如图 4.15 所示。面板中有许多文本格式控制按钮，通过这些按钮可以方便地设置文本的格式。

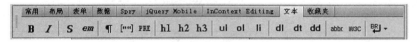

图 4.15 "文本"工具栏

在"设计"视图文档窗口中，直接按 Enter 键的效果相当于插入段落标记\<p\>，除了换行外，还会多空一行，表示一个新段落的开始；按 Shift+Enter 组合键相当于插入换行标记\<br\>，表示将在当前行的下面插入一个新行，但仍属于当前段落，并使用该段落的现有格式。

> ☞提示：默认情况下，Dreamweaver 中只能输入一个空格，不能连续输入多个。如果需要多个空格，可以使用以下 4 种方法。
>
> 方法一：将中文输入法切换为全角字符状态，这时就可以连续输入多个空格。
>
> 方法二：选择"插入"→HTML→"特殊字符"→"不换行空格"菜单命令，可以插入一个空格，再次选择此菜单命令可再插入一个空格。
>
> 方法三：在代码视图中输入\ （空格符的代码），多个\ 即表示多个空格。
>
> 方法四：选择"编辑"→"首选参数"菜单命令，在"常规"分类中的"编辑选项"中选中"允许多个连续的空格"。

4.3.2 文本的查找与替换

选择"编辑"→"查找和替换"菜单命令，打开"查找和替换"对话框，如图 4.16 所示。

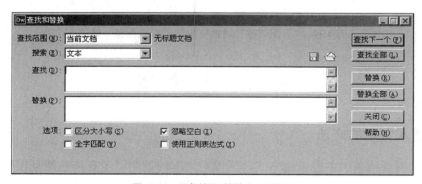

图 4.16 "查找和替换"对话框

该对话框内各项的作用如下。

（1）"查找范围"下拉列表框用来选择查找的范围。其中有 6 个选项，各选项的作用如下。

- 所选文字：将搜索范围限制在活动文档中当前选定的文本中查找。
- 当前文档：将搜索范围限制为活动文档。
- 打开的文档：搜索当前打开的所有文档。
- 文件夹：将搜索范围限制为特定文件夹。选择"文件夹"后，单击文件夹图标浏览并选择要搜索的文件夹。
- 站点中选定的文件：将搜索范围限制在"文件"面板中当前选定的文件和文件夹。
- 整个当前本地站点：将搜索范围扩展到当前站点中的所有 HTML 文档、库文件和文本文档。

（2）"搜索"下拉列表框用来选择查找内容的类型。其中有 4 个选项，含义如下。

- 源代码：在 HTML 源代码中搜索特定的文本字符串。
- 文本：在文档的文本中搜索特定的文本字符串。
- 文本（高级）：搜索在标签内或不在标签内的特定文本字符串。
- 指定标签：搜索特定标签、属性和属性值，例如所有 valign 设置为 top 的 td 标签。

（3）查找：在文本框用来输入要查找的内容。

（4）替换：在文本框用来输入要替换的字符。

（5）选项：扩展或限制搜索条件，4 个复选框的含义如下：

- 区分大小写：将搜索范围限制为与要查找的文本的大小写完全匹配的文本。
- 忽略空白：将所有空白视为单个空格以实现匹配。
- 全字匹配：选中它后，将搜索范围限制在匹配一个或多个完整单词的文本。
- 使用正则表达式：将搜索字符串中的特定字符和短字符串（如 ?、*、\w 和 \b）解释为正则表达式运算符。

（6）按钮的作用如下：

- 查找下一个：查找从光标处开始的第一个要查找的字符，查找完成后光标会移至查到的字符处。
- 查找全部：在"结果"面板组中打开"搜索"面板。如果正在单个文档中搜索，"查找全部"将显示搜索文本或标签的所有匹配项，并带有部分上下文。如果正在目录或站点中搜索，"查找全部"将显示包含该标签的文档列表。
- 替换：替换从光标处开始的第一个查找到的字符。
- 替换全部：在指定的范围内替换全部查找到的字符。

（7）完成查找或替换后，单击"关闭"按钮。

4.3.3 常用的文本编辑元素

1．段落元素

<p>元素用于将文档划分为段落。段落开始要用<p>，段落结束用</p>。

使用<p>元素会自动在其前后创建一些空白。浏览器会自动添加这些空白，在本书

后面学习了样式表后，设计者可以根据需要自行设定这些空白的大小。下面是段落元素的代码举例，预览效果如图4.17所示。

【例4.1】　段落元素的代码示例：

```
<body>
<p>这是段落。</p>
<p>这是另外一段落。</p>
<p>欢</p><p>迎</p><p>你</p>
</body>
```

2．换行元素

使用
标记插入换行符。换行标记
只是结束一行，并不开始新的段落。例如诗歌或地址中，换行的部分是属于原内容的。下面举例说明，预览效果如图 4.18 所示。

【例4.2】　换行元素的代码示例：

```
<body>
    <p>欢迎你，这里使用换行标签，开始<br>
   结束。
</p>
</body>
```

图4.17　例4.1预览效果

图4.18　例4.2预览效果

> ☞**提示**：所有元素都有结束标记，除了自闭合元素。换行元素就是自闭合元素（下面将要介绍到的水平线元素也是自闭合元素）。按照 XHTML 语法，使用反斜杠来自闭合，即在开始标记的右尖括号前面包含一个斜杠，如
、<hr />。HTML5 并不要求元素一定要闭合，选择哪种方式都可以，重要的是保持一致。

3．标题元素

一般文章都有标题、副标题等结构，HTML 中提供了相应的标题元素<h*n*>，用于设置网页中的标题文字，被设置的文字将以黑体或粗体的方式显示在网页中。其中 *n* 为标题的等级，取值为 1～6，因此共有 6 个等级的标题，即<h1>～<h6>，<h1>定义最大的标题，<h6>定义最小的标题。下面举例说明，预览效果如图 4.19 所示。

【例 4.3】 标题元素的代码示例：

```
<body>
<h1>欢迎,这是标题 1</h1>
<h2>欢迎,这是标题 2</h2>
<h3>欢迎,这是标题 3</h3>
<h4>欢迎,这是标题 4</h4>
<h5>欢迎,这是标题 5</h5>
<h6>欢迎,这是标题 6</h6>
</body>
```

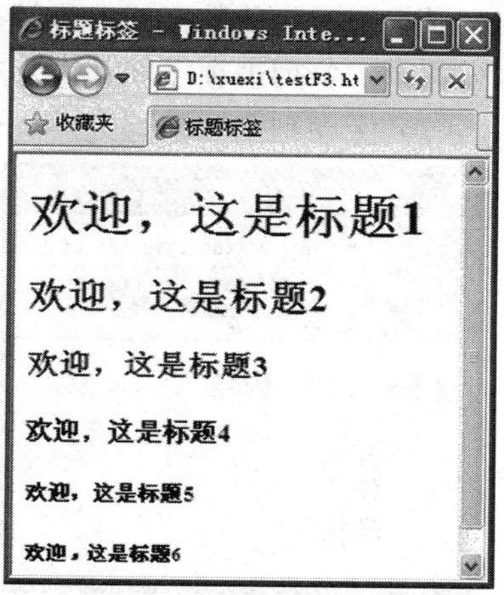

4.　<mark>元素

<mark>元素可以突出显示或高亮显示文字，例如在搜索结果中高亮显示搜索关键词。

图 4.19　例 4.3 预览效果

5.　<time>元素

<time>元素定义公历的时间（24 小时制）或日期，时间和时区偏移是可选的。该元素能够以机器可读的方式对日期和时间进行编码。<time>元素的主要属性如下。

- datetime 规定日期／时间。否则，由元素的内容给定日期／时间。
- pubdate 指示 <time> 元素中的日期／时间是文档（或 <article> 元素）的发布日期。

<time>元素的代码示例：

```
<body>
  <p>
  学生们在每天早上 <time>8:00</time> 上课。
  </p>
  <p>
  Tom 在 <time datetime="2017-12-25">圣诞节</time> 有个约会。
  </p>
</body>
```

6.　<details>元素

<details>元素提供了一个展开/收缩区域，<details>元素与<summary>元素配合使用。<summary>元素提供标题或图例。标题是可见的，并且在标题前有一个向右的箭头，当单击标题时箭头变为向下的箭头，同时会弹出有关节点内容的更多详细信息。

<details>元素的代码示例：

```
<details>
    <summary>HTML</summary>
    <p>超文本标记语言(HyperText Markup Language,简称 HTML)是一种用于创建网页的
标准标记语言。</p>
</details>
```

7.　列表元素

文字排版时，有时需要编排提纲或者列举项目，采用 HTML 提供的列表元素，能方

便地排列这些内容，使得文档更加清晰、有条理。列表分为有序列表和无序列表。有序列表通常用阿拉伯数字或字母等有序符号表示。无序列表通常用各种几何符号来表示其并列关系，各列表项之间并不存在顺序关系。

（1）无序列表元素。无序列表元素的标签是<ul> </ul>，列表项使用<li>元素。下面举例说明，预览效果如图 4.20 所示。

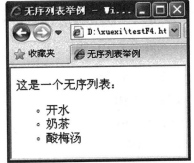

图 4.20　例 4.4 预览效果

【例 4.4】　无序列表元素代码示例：

```
<body>
<p>这是一个无序列表：</p>
<ul type="circle">
  <li>开水</li>
  <li>奶茶</li>
  <li>酸梅汤</li>
</ul>
</body>
```

type 属性用来规定列表符号类型，其取值有如下 3 种。

- type="disc"：采用实心圆作为每项符号，是 type 属性的默认值。
- type="circle"：采用空心圆作为每项符号。
- type="square"：采用小方块作为每项符号。

（2）有序列表元素。有序列表元素的标签是<ol> </ol>，列表项也使用<li>。其使用格式与无序列表基本相同，只是有序列表每个子项前用有序符号（字母或者数字）来区分。插入或者删除某个列表子项后，编号能自动调整。

<ol>元素的属性如下。

① type 用于设置编号的类型，其取值有 5 种：

- type="1"；列表项目采用数字标号(1，2，3，…)，是默认取值。
- type="A"：列表项目采用大写字母标号(A，B，C，…)。
- type="a"：列表项目采用小写字母标号(a，b，c，…)。
- type="I"：列表项目采用大写罗马数字标号(Ⅰ，Ⅱ，Ⅲ，…)。
- type="i"：列表项目采用小写罗马数字标号(i，ii，iii，…)。

② start 属性用于设置编号开始的数字，例如 start=3 表示从 3 开始编号。

③ reversed 属性设置列表编号是否逆序，该属性是布尔型的。

另外，在<li>标记中设定 value=n 来改变特定列表项目的编号，例如<li value="3">表示该列表子项的序号为 3。

下面举例说明有序列表的使用，预览效果如图 4.21 所示。

图 4.21　例 4.5 预览效果

【例 4.5】　有序列表元素的代码示例：

```
<body>
<ol type="A">
  <li>开水</li>
  <li value="4">奶茶</li>
  <li>酸梅汤</li>
</ol>
<ol reversed>
  <li>橡树</li>
  <li>苹果树</li>
  <li>桃树</li>
  <li>李树</li>
  <li>杏树</li>
</ol>
</body>
```

4.3.4　文本的属性检查器

在页面中选择要设置属性的文本，可以使用如下两种方法进行文本属性的设置。

1．"格式"菜单

单击"格式"菜单，如图 4.22 所示，可以设置文本的段落格式、对齐、颜色等。

2．属性检查器

在页面中选择要设置属性的文本，可以看到属性检查器的内容，属性检查器中有 <> HTML 和 CSS 两个选项，默认是 <> HTML 下的设置项目。下面分别介绍这两个选项面板中的常用内容。

（1）在属性检查器中单击 <> HTML 按钮，切换到文本 HTML 属性设置面板中，可以设置文本的标题格式、文本的粗体、斜体等，如图 4.23 所示。

图 4.22　使用"格式"菜单
设置文本属性

图 4.23　属性检查器的文本 HTML 属性设置面板

- 格式：该下拉列表框可以设置段落格式，主要用于设置标题级别。
- 类：在该下拉列表中可以选择已经定义的 CSS 样式为选中的文本应用。
- **B**：设置文本为粗体。
- **I**：设置文本为斜体。

- : 将选定内容以项目列表形式呈现。
- : 将选定内容以编号列表形式呈现。
- : 设置文字缩进，向左移两个单位。
- : 设置文字缩进，向右移两个单位。
- ID：可以为选中的文本设置 ID 值。

（2）在属性检查器单击 按钮，切换到文本 CSS 属性设置面板中，可以设置文本的字体、大小、颜色等，如图 4.24 所示。

图 4.24 属性检查器的文本 CSS 属性设置面板

- 目标规则：可以新建 CSS 样式规则、应用类和删除类（对已应用样式的文本删除其样式）。
- 编辑规则：单击该按钮可以创建 CSS 样式规则，或对现有 CSS 样式规则进行编辑修改。
- CSS 面板：单击该按钮可以打开"CSS 样式"面板。如果"CSS 样式"面板已经打开，则该按钮显示为不可用状态。"CSS 样式"面板是一个比属性检查器强大得多的编辑器，它显示为当前文档定义的所有 CSS 规则，Adobe 建议使用"CSS 样式"面板（而不是属性检查器）作为创建和编辑 CSS 样式规则的主要工具。
- 字体：设置文字的字体。Dreamweaver CS6 使用字体组合的方法取代了简单地给文本指定一种字体的方法。字体组合就是多个不同字体依次排列的组合。在设计网页时，可给文本指定一种字体组合。在浏览器中浏览该网页时，系统会按照字体组合中指定的字体顺序自动寻找用户计算机中安装的字体。采用这种方法可以照顾各种浏览器和安装不同操作系统的计算机。
- 大小：设置文字大小。
- 颜色：单击"文本颜色"按钮，打开文本颜色面板，利用它可以设置文本的颜色。也可以在按钮后的文本框中直接输入颜色代码。
- 文本对齐：选中页面内的文本后，单击"属性"检查器内中的相应按钮，从而实现文本段落的左对齐、居中对齐、右对齐和两端对齐。在 Dreamweaver CS6 中默认的文本对齐方式为左对齐。

☞提示：默认情况下，Dreamweaver 使用层叠样式表 (CSS) 设置文本格式。使用属性检查器应用于文本的样式将创建 CSS 规则，这些规则嵌入在当前文档的头部。

4.4 插入水平线

4.4.1 插入水平线的方法

水平线或称段落级主题分隔（例如故事中的场景变化，或参考书的一部分转换到另一个主题）。插入水平线的方法：在"文档"窗口中，将插入点放在要插入水平线的位置，选择"插入"→HTML→"水平线"菜单命令。

4.4.2 设置水平线的属性

在页面上插入水平线后，单击选择水平线，在属性检查器中显示出水平线的相关属性，如图 4.25 所示。

图 4.25 水平线的属性检查器

水平线的属性检查器中各选项的作用如下。

（1）"水平线"文本框：设置水平线的名称。

（2）"宽"和"高"文本框：设置水平线的宽度和高度。宽度的单位有两种："像素"和%。"像素"表示忽略窗口缩放，水平线在窗口中显示固定宽度；%（百分比）表示宽度占整个窗口的比例。调整窗口大小时，水平线将自动调整。

（3）"对齐"下拉列表框：设置水平线的对齐方式，主要有默认、左对齐、居中对齐和右对齐 4 个选项。

（4）"阴影"复选框：选中此复选框，水平线具有立体感。

（5）"类"：可用于附加样式表，或者应用已附加的样式表中的类。

> ☞提示：水平线的标记是<hr>。在代码中直接输入<hr>也可以在页面中插入一条水平线。另外，水平线的属性包括颜色的设置在 HTML5 中都不再支持，建议通过创建 CSS 样式来实现。

4.5 插入其他基本元素

4.5.1 插入日期

在页面中插入日期的操作方法如下。

（1）将光标放置在页面中需要插入日期的位置。

（2）执行下列操作之一：

- 选择"插入"→"日期"菜单命令。
- 将"插入"工具栏切换到"常用"选项卡，单击日期按钮📅。

（3）在打开的"插入日期"对话框中，选择星期格式、日期格式和时间格式，如图 4.26 所示。如果希望在每次保存文档时都更新插入的日期，选择"储存时自动更新"复选框。

4.5.2 插入特殊字符

在进行页面编辑时，一些特殊符号，如版权符号@、注册商标符号®、英镑符号£、左引号等也会用在网页中。在页面中插入特殊字符的方法如下：

（1）将光标放置在页面中需要插入特殊符号的位置。

图 4.26 "插入日期"对话框

（2）选择"插入"→HTML→"特殊字符"菜单命令即可。

4.5.3 插入文件头

文件头位于文档的头部，在\<head> \</head>元素之间。文件头元素是\<meta />，用于记录当前页面的相关信息，例如字符编码、说明、关键字等。

选择"插入"→HTML→"文件头标签"菜单命令，如图 4.27 所示。

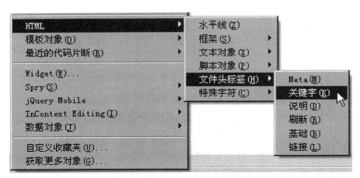

图 4.27 插入文件头标签菜单命令

要在页面添加关键字信息，选择"插入"→HTML→"文件头标签"→"关键字"菜单命令，在打开的"关键字"对话框中输入关键字，不同关键字之间用逗号分隔，如图 4.28 所示。单击"确定"按钮后关键字信息就添加好了。切换到代码视图，可以看到已经为页面添加了关键信息，如图 4.29 所示。

同样地，选择"插入"→HTML→"文件头标签"→"说明"菜单命令，可以为页面添加简要说明信息。此外，通过编写代码还可以为网页添加其他文档描述信息，如设计者信息，如图 4.29 所示。

图 4.28　插入关键字

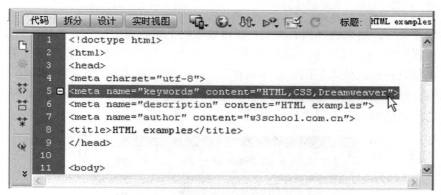

图 4.29　在页面中插入关键字

4.6　创 建 列 表

前面介绍了列表元素的使用，可以在代码视图中建立列表。本节介绍利用 Dreamweaver CS6 的属性检查器和菜单栏创建列表的方法。

1．创建列表

创建编号列表或项目列表的操作步骤如下。

（1）输入要创建列表的文字。

（2）全选文字，然后执行下列操作之一：

- 在属性检查器上单击图标 ▤ 创建编号列表，即有序列表，或单击图标 ☷ 创建项目列表，即无序列表。
- 选择"格式"→"列表"→"项目列表"菜单命令创建无序列表，如图 4.30 所示，或选择"编号列表"菜单命令创建有序列表。

2．修改列表属性

修改列表属性的操作步骤如下。

（1）将光标移到要修改属性的列表文字上，然后执行下列操作之一：

- 单击属性检查器中的 列表项目… 按钮。
- 选择 "格式"→"列表"→"属性"菜单命令。

（2）打开"列表属性"对话框，如图 4.31 所示。

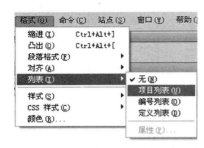

图 4.30　利用"格式"菜单创建列表　　　　图 4.31　"列表属性"对话框

- 列表类型：用来选择列表类型。在该选项的下拉列表中提供了"项目列表""编号列表""目录列表"和"菜单列表"4 个选项。其中"目录列表"和"菜单列表"类型只在较低版本的浏览器中起作用，在目前高版本浏览器中已失效，这里不再做介绍。如果在"列表类型"下拉列表中选择"项目列表"选项，此时"列表属性"对话框只可设置"列表类型""样式"和"新建样式"选项，如图 4.32 所示。

图 4.32　项目列表属性

- 样式：可以选择列表符号样式。如果在"列表类型"下拉列表中选择"项目列表"，则"样式"下拉列表框中有 3 个选项："默认""项目符号"和"正方形"。如果在"列表类型"下拉列表中选择"编号列表"，则"样式"下拉列表框中有 6 个选项："默认""数字(1, 2, 3…)""小写罗马字母""大写罗马字母""小写字母"和"大写字母"。
- 开始计数：在文本框内可输入起始数字或字母，编号将根据起始数字或字母自动排列。

4.7　在网页中使用颜色

1. 在网页中颜色的表示方法

在网页里，颜色常用两种表示方式。一种是用颜色名称表示，比如 red 表示红色。另一种是用十六进制的数值表示 RGB 的颜色值。

光有三原色：红色、绿色和蓝色，这 3 种色彩以不同比例混合就可以产生各种颜色，也就是常说的 RGB 色彩。

- R 即 red，红色。
- G 即 green，绿色。
- B 即 blue，蓝色。

RGB 标准取 8 位的颜色深度，即 2 的 8 次方，数值为 256，所以每种颜色的取值范围是 0～255，亦称为颜色深度。

在 HTML 语言中使用 6 位十六进制数字表示一种颜色，每两位从 00 到 FF（相当于十进制数字 0～255），代表一种颜色的浓度。按顺序前两位是红色的值，中间两位是绿色的值，最后两位是蓝色的值。00 代表颜色浓度最小，FF 代表颜色浓度最大。

在网页中颜色的代码以#号开头，后面是 6 位的十六进制数。比如白色的代码是#FFFFFF，黑色的代码是#000000，红色的代码是#FF0000。

2．关于网页安全色

在 HTML 中，颜色或者表示成十六进制值（如#FF0000），或者表示为颜色名称（red）。网页安全色是指以 256 色模式运行时，无论在 Windows 还是在 Macintosh 系统中，在 Netscape Navigator 和 Microsoft Internet Explorer 中都会显示相同的颜色。传统经验是，有 216 种常见颜色，而且任何结合了 00、33、66、99、CC 或 FF 数对（RGB 值分别为 0、51、102、153、204 和 255）的十六进制值都代表网页安全色。

但测试显示网页安全色仅有 212 种而不是 216 种，原因在于 Windows Internet Explorer 不能正确呈现以下 4 种颜色：#0033FF（0,51,255）、#3300FF（51,0,255）、#00FF33（0,255,51）和#33FF00（51,255,0）。

当第一次设置 Web 浏览器的外观时，大部分计算机只显示 256 色（8 位）。今天，大多数计算机都能显示数以万计或数以千万计的颜色（16 位和 32 位），所以如果是为使用当前计算机系统的用户开发站点时，完全没有必要使用网页安全调色板。

使用网页安全颜色调色板的一种情况是开发适用于替代 Web 设备，如 PDA 和手机显示屏的站点。许多这类设备只提供黑白色（1 位）或 256 色（8 位）显示屏。

Dreamweaver CS6 中的"立方色"（默认）和"连续色调"调色板使用 216 色网页安全调色板，从这些调色板中选择颜色会显示颜色的十六进制值。

若要选择网页安全色范围外的颜色，请单击 Dreamweaver CS6 颜色选择器右上角的"系统颜色拾取器"按钮打开系统颜色选择器。系统颜色选择器所处理的颜色不限于网页安全色。

Netscape Navigator 的 UNIX 版本使用与 Windows 和 Macintosh 版本不同的调色板。如果专门为 UNIX 浏览器开发（或者目标用户是使用 24 位显示器的 Windows 或 Macintosh 用户或使用 8 位显示器的 UNIX 用户），请考虑使用结合了 00、40、80、BF 或 FF 数对的十六进制值，这些值产生用于 Sun 系统的网页安全色。

4.8　上　机　实　践

一、实验目的

（1）掌握新建网页、打开网页、保存网页、预览网页的方法。

（2）掌握网页属性的设置方法。

（3）掌握网页中常用结构元素及其属性的使用方法。

（4）掌握常用的文字处理操作方法。

（4）掌握日期、水平线、特殊字符等基本元素的插入方法。

（6）掌握文件头（说明、关键字等）信息的作用及使用方法。

（7）掌握列表的创建方法以及列表元素的使用方法。

（8）掌握在网页中使用颜色的方法。

二、预览效果

本次实验的预览效果如图 4.33 所示。

图 4.33　实验参考页面

三、实验内容

根据图 4.33 所示的预览效果设计网页。在设计过程中，既要熟练掌握 Dreamweaver CS6 菜单的使用，也要熟知常用的 HTML 元素的使用。

操作提示：

（1）创建本地站点。

（2）新建网页。

（3）保存新建网页到本地站点文件夹中。

（4）设置网页标题为"制作一个简单网页"。掌握设置网页标题的几种方法。

（5）在网页输入文字，并在属性检查器或代码视图中设置文字标题、大小、颜色等，最终达到网页内容充实、排版美观的效果。

（6）掌握换行符、空格符等特殊字符的使用。

（7）在文档中插入水平线。

（8）掌握列表元素的使用及其常用属性。熟知列表符号的样式。

（9）制作版权信息文字，并插入版权元素。

（10）给网页添加关键字（HTML、CSS、Dreamweaver）。

（11）给网页添加说明："《背影》是纪实散文，写于 1925 年。"

4.9　习　　题

一、选择题

1．文件头元素包括 META、（　　）、"说明""刷新""基础"和"链接"。

　　A．网格　　　　　　B．标尺　　　　　　C．字体　　　　　　D．关键字

2．Dreamweaver CS6 中换行的快捷键是（　　）。

　　A．Enter　　　　　B．Shift +Enter　　C．Ctrl+Enter　　D．Alt+Enter

3．在"查找和替换"对话框中单击（　　）按钮，可以在"结果"面板组中打开"搜索"面板，显示搜索文本或标签的所有匹配项。

　　A．查找下一个　　B．查找全部　　　　C．替换　　　　　　D．替换全部

4．Dreamweaver CS6 中连续输入空格的快捷键是（　　）。

　　A．Space　　　　　B．Shift+Space　　C．Ctrl+Space　　D．Ctrl + Shift + Space

5．如果要给页面添加背景图像，应使用（　　）菜单命令。

　　A．"插入" → "图像"　　　　　　　　B．"修改" → "页面属性"

　　C．"修改" → "图像"　　　　　　　　D．"文件" → "打开"

6．下面表示换行元素的是（　　）。

　　A．
　　　　　B．</ br>　　　　　C．<li>　　　　　　D．</p>

7．在 HTML 代码中，（　　）表示版权符号。

　　A．©　　　　B． 　　　　　C．®　　　　　　D．«

二、填空题

1．在浏览器中预览页面的方法有_____、_____和_____。

2．在网页中红色的代码是_____。

3．HTML 文件中根元素是_____，该元素以_____起，以_____止。

4．在 Dreamweaver CS6 中，换行符的组合键是_____。

5．插入水平线还可以在"插入"工具栏中选择_____选项。

6．在属性检查器中设置文本对齐方式的按钮有 4 个，分别用于实现_____、_____、_____、_____。

7．在 Dreamweaver CS6 中，列表分为_____和_____两种。

三、简答题

1．如何创建一个新的空白文档？网页文档的扩展名是什么？

2．打开"页面属性"对话框有哪几种方法？

3．给网页设置"标题"有哪几种方法？

4．保存网页文档后，在文件夹中再次双击文件名会在 Dreamweaver 中打开它吗？要在 Dreamweaver 中打开它，应该怎样做？

5．新建的空白网页文档在设计视图下没有内容，在代码视图下，会看到已经有一些源代码在里面。请写出网页文档的基本结构是由哪几部分组成的，并做简单解释。

6．<p>和
的显示效果有何区别？

第 5 章

超 级 链 接

超级链接是 Internet 的核心技术，通过超级链接将各个独立的网页文件及其他资源链接起来，形成一个网络。网站往往由多个页面构成，如果页面之间彼此是独立的，那么网页就好比是孤岛，这样的网站是无法运行的。为了建立起网页之间的联系，必须使用超级链接。本章主要学习超级链接及属性的设置，以及锚记链接、邮箱链接、空链接、下载文件链接等不同链接样式的超级链接的制作方法。

5.1 超级链接概述

浏览网页时，某些网页中有些文字是蓝色（也可以自己设置成其他颜色），这些文字下面还可能有一条下画线。当移动鼠标指针到这些文字上时，鼠标指针就会变成一只手的形状，此时单击，就可以直接跳到与这些文字相链接的网页或 WWW 网站上去，如图 5.1 所示。

图 5.1 超级链接示例

超级链接在本质上属于一个网页的一部分，它是一种允许网页同其他网页或站点之间进行链接的元素，是网页中最重要、最根本的元素之一。各个网页链接在一起后，才能真正构成一个网站。访问者通过单击超级链接对象，就可以从一个网页跳转到目标对象。这个目标对象可以是另一个网页，也可以是相同网页上的不同位置，还可以是图片、电子邮件地址、文件、动画甚至是应用程序。

5.1.1　超级链接的分类

超级链接中由于单击而引起跳转的对象称为超级链接的载体，跳转到的对象称为链接目标。超级链接通常有两种分类方式。

方式一：按链接载体的特点，把链接分为文本链接与图像链接两大类。

- 文本链接：用文本作为链接载体，简单实用。
- 图像链接：用图像作为链接载体，能使网页美观、生动活泼，它既可以是指向单个模板的链接，也可以是根据图像不同的区域建立的多个链接。

方式二：按链接目标分类，可以将超级链接分为以下几种类型。

- 内部链接：链接目标是本站点的其他文档，用以实现在本站点内跳转。
- 外部链接：链接到本站点之外的其他站点或文档，通过这种链接可以跳转到其他站点。
- 锚点链接：连接到同一网页或不同网页中指定位置的链接，例如网页的顶部、底部或者其他特定位置。
- E-mail 链接：目标是一个电子邮件地址。
- 执行文件链接：链接网站中可执行的程序，常用于下载在线执行。

☞提示：超链接还可以分为动态超级链接和静态超级链接。动态超级链接指的是可以通过改变 HTML 代码来实现动态变化的超级链接。例如，可以实现将鼠标移动到某个文字链接上，文字就会像动画一样动起来或改变颜色的效果；也可以实现鼠标移到图片上，图片就产生反色或朦胧等的效果。而静态超级链接，顾名思义，就是没有动态效果的超级链接。

5.1.2　超级链接标签<a>

HTML 语言中使用标签<a>来表示一个超级链接，字母标签中的 a 为英文单词 anchor（锚）的首字母。有了标签<a>的存在，才有了今天丰富多彩的互联网，超级链接标签<a>是 HTML 语言中非常重要的一个标签。

HTML 超级链接标签<a>代表一个链接点，它的作用是把当前位置的文本或图片连接到其他的页面、文本或图像，这已众所周知，但关于它的语法结构可能有点鲜为人知，而要用活它则必须了解其语法结构。

标签<a>的基本语法：

```
<a href= "超级链接的目标文件">产生超级链接的文字</a>
```

访问者在浏览网页时，单击"产生超级链接的文字"就可以打开属性 href 设置的"超级链接的目标文件"。

【例 5.1】 到网页的超级链接。

```
<body>
<a href="index.htm">点击访问首页</a>
```

```
</body>
```

上面的语句将产生一个相同文件夹下的超级链接，链接的文件名为 index.html。没有特定声明的情况下，"点击访问首页"这几个字通常有下画线，并且显示成蓝色的文字，如图 5.2 所示。

图 5.2 例 5.1 的显示效果

对于标签<a>，除了 href 属性之外，还有很多参数需要根据实际情况加以设置，以实现不同的链接效果。下面详细介绍超级链接标签<a>的几个常用属性及其用法。

1. href 属性

href 是 hypertext reference 的缩略词，用于设定超级链接目标文件的地址（即链接地址）。通常链接地址必须为 URL 地址，如果没有给出具体路径，则为默认路径，和当前页的路径相同。

2. title 属性

很多情况下，超级链接的文字不足以描述所要链接的内容，超级链接标签提供了 title 属性，能很方便地给浏览者做出提示。title 属性的值即为提示内容，当浏览者的光标停留在超级链接上时，会在超级链接的附近显示 title 属性设置的提示信息，这样不会影响页面排版的整洁。

【例 5.2】 超级链接的提示信息。

```
<body>
<a href="intro.htm" title="笔记本参数指标">Think Pad X220</a>
</body>
```

当鼠标移到 Think Pad X220 这个链接上时，提示信息为"笔记本参数指标"，如图 5.3 所示。

3. target 属性

target 用于设置链接对象的显示方式，即指定打开链接的窗口。在默认情况下，超级链接打开新页面的方式是自我覆盖。根据浏览者的不同需要，读者可以指定超级链接打开新窗口的其他方式。超级链接标签提供了 target 属性进行设置，取值分别为以下 5 个。

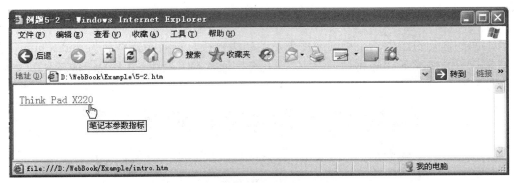

图 5.3　例 5.2 的浏览器效果

（1）_self：表示链接的对象在当前窗口打开，为默认设置，一般不需要设置。

【例 5.3】　在当前窗口打开链接对象。

```
<body>
 <a href="aboutme.htm" target="_self">关于我......</a>
</body>
```

图 5.4 为例 5.3 的初始页面，当鼠标单击超链接文本时，如图 5.5 所示，将会在当前
浏览器窗口打开并显示 aboutme.htm 页面，覆盖浏览器窗口原来显示的页面。注意，这
时候单击浏览器窗口的"后退"按钮可以返回单击之前的页面，即 5-3.htm 页面。

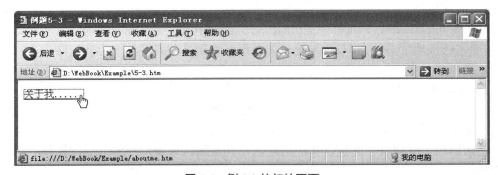

图 5.4　例 5.3 的初始页面

图 5.5　超级链接 target 设置为_self 的效果

（2）_blank：表示链接的对象将在一个新的窗口中打开。

【例 5.4】 在新窗口中打开链接对象。

修改例 5.3 的超级链接代码为

```
<a href="aboutme.htm" target="_blank">关于我......</a>
```

当鼠标单击超级链接文本时，将会新打开一个浏览器窗口并显示 aboutme.htm 页面，如图 5.6 所示，下面是鼠标单击超级链接之前的浏览器窗口，上面是单击之后的浏览器窗口。

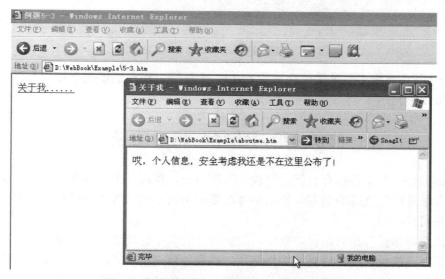

图 5.6 超级链接 target 设置为_blank 的效果

（3）_new：始终在同一个新的窗口打开链接的对象。

（4）_parent：表示链接的对象在上一级窗口打开，一般使用框架技术的网页会经常使用，具体使用方法请参考第 9 章的内容。

（5）_top：表示链接的对象在浏览器的整个窗口中打开，忽略任何框架。具体使用方法请参考第 9 章的内容。

4．其他属性

- onmouseover：与 onclick 类似，在鼠标移到链接点上时被触发。
- onmouseout：对应的事件在鼠标移出链接点后被触发。
- onclick：对应于一个事件，当链接点被单击后将触发这个事件，执行对应的子程序。

【例 5.5】 设置 onmouseover 属性。

```
<body>
<a href="other.htm" onmouseover="alert('鼠标悬停效果演示！')">链接</a>
</body>
```

例 5.5 设定了 onmouseover 参数。当鼠标移到这个链接上时，弹出一个警告对话框，并在对话框中显示"鼠标悬停效果演示！"文字，如图 5.7 所示。

图 5.7　超级链接 onmouseover 属性演示

<a>标签还有许多其他的属性，如 name、type 等，但一般情况下使用几率比较小，本书不做介绍。

5.2　绝对路径与相对路径

网络上每一个文件都有自己的存放位置和路径，理解一个文件与要链接的文件之间的路径关系是创建链接的根本。根据参考对象的不同，网络资源的路径一般分为绝对路径、相对路径两种。

理解绝对路径与相对路径的概念，对于设计网页中的超级链接是非常有帮助的。如果设置超级链接时使用了错误的文件路径，就会导致浏览器无法打开指定的文件，或做好的网页在本地机器上可以正常浏览，而把页面上传到其他机器（如服务器）上就会出现无法显示文件或图片等错误。

下面学习什么是绝对路径和相对路径。

5.2.1　绝对路径

使用计算机时，如果要找到某个文件，首先必须知道此文件的具体位置（计算机磁盘上的存储路径）。例如，路径 E:/mysite/news/index.html，说明 index.html 文件是在 E 盘的 mysite 目录下的 news 子目录中。类似于这样完整地描述文件位置的路径就是绝对路径。由于网站在本地制作测试完毕后需要发布在 Web 服务器上，而大多数情况下，发布者并不能选择服务器磁盘位置。这样，网站发布到 Web 服务器之后，就会由于路径问题导致无法打开超级链接文件。这也就是为什么当把 A 计算机上制作的网站复制到 B 计算机上的时候，某些页面无法浏览的原因。因此，制作超级链接时，不建议采用绝对路径。

网页制作时，可以使用一种称为 URL 的路径表示方法。例如，在网站中以类似 http://www.xxx.xxx的格式来确定文件位置的方式。这种方式常用于友情链接等需要跳转到其他站点的情况。

5.2.2　相对路径

制作网站时，需要访问的文件往往在同一个网站内，由于同一个网站下的每一个网页都位于同一个地址之下，因此，不需要为每一个链接输入完整的地址，只需要确定当前文件与站点根目录之间的相对路径就可以了。

相对路径是以当前文件所在路径为起点（参照），进行相对文件的查找。一个相对路径不包括协议和主机地址信息，它的路径与当前文件的访问协议和主机名相同，甚至有相同的文件夹。因此，相对路径通常只包含文件夹名和文件名，甚至只有文件名。可以用相对路径指向与源文件位于同一服务器或同一文件夹中的文件。此时，浏览器链接的目标文件处在同一服务器或同一文件夹下。

- 如果链接到同一文件夹下，则只需输入要链接文件的名称。
- 要链接到下级文件夹中的文件。只需先输入文件夹名，然后加 "/"，再输入文件名。
- 要链接到上一级文件夹中文件，则先输入 "../"，再输入文件名。

相对路径的用法：

```
herf="shouey.html"          shouey.html 是本地当前路径下的文件
herf="web/shouey.html"      shouey.html 是本地当前路径下 Web 文件夹下的文件
herf="../shouey.html"       shouey.html 是本地当前文件夹的上一级文件夹下的文件
herf="../../shouey.html"    shouey.html 是本地当前文件夹的上两级文件夹下的文件
```

下面举例说明：

假设 newsinfo.html 的路径是 D:\mysite\news\ newsinfo.html。index.html 的路径是 D:\mysite\ index.html，如图 5.8 所示。

在 index.html 中加入 newsinfo.html 超级链接的代码应该这样写：

```
<a href = "news/newsinfo.html">newsinfo.html</a>
```

其完整的代码参见例 5.6。

图 5.8 相对路径使用

【例 5.6】 相对路径。

```
<body>
<a href = "news/newsinfo.html">newsinfo.html</a>
</body>
```

反之，在 newsinfo.html 中加入 index.html 超级链接的代码应该这样写：

```
<a href = "../index.html">index.html</a>
```

那么，链接本地机器上的文件时，应该使用相对路径还是绝对路径？在绝大多数情况下使用相对路径比较好。例如，用绝对路径定义了链接，当把文件夹改名或者移动之后，那么所有的链接都要失效，这样就必须对所有网页文件的链接进行重新编排，而一旦将此文件夹移到 Web 服务器上时，需要重新改动的地方就更多了，那是一件很麻烦的事情。而使用相对路径，不仅在本地机器环境下适合，就是上传到网络或其他系统下也不需要进行多少更改就能准确链接。

5.2.3 创建超级链接

在 Dreamweaver CS6 中创建超级链接十分简单，首先要确定超级链接的源（起始），超级链接的源可以是文字、图像或其他对象。选定超级链接的源之后，可以通过以下方法设置链接。

方法一：直接在"属性"面板的链接栏输入要链接的目标。

如图 5.9 所示，链接到搜狐网，则在"链接"栏输入搜狐网的网址 http://www.sohu.com。

图 5.9 在"属性"面板直接输入要链接的对象

方法二：如果要链接本站点的其他文件，还可以单击"链接"栏旁边的文件夹图标，如图 5.10 所示，这样可以打开图 5.11 所示的"选择文件"对话框，在此对话框中使用浏览方式选择需要链接到的页面文件。

图 5.10 通过文件夹图标制作超级链接

图 5.11 "选择文件"对话框

方法三：如果要链接本站点的其他文件，还可以通过拖动"属性"面板"链接"栏的"指向文件"图标，直接指向要链接的目标网页文件，如图 5.12 所示。这种方法更加形象直观，操作简单。

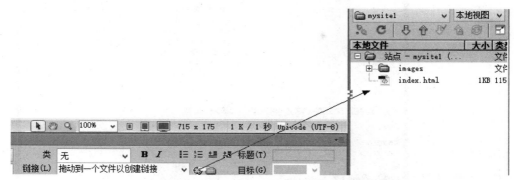

图 5.12 在"属性"面板直接拖曳"指向文件"图标指向要链接的对象

5.3 使用 Dreamweaver 制作各种超级链接

本节主要介绍各种典型超级链接的具体制作方法和步骤，链接的设置均可以通过属性面板来完成。

5.3.1 内部链接

内部链接指的是在同一个网站内部，不同的 HTML 页面或者资源之间的链接关系。在建立网站内部链接时，要明确哪个是主链接文件（即当前页），哪个是被链接文件。前面介绍了相对路径的概念，内部链接一般采用相对路径链接。

制作内部链接的具体步骤如下。

首先，在设计视图中通过鼠标拖曳选中需要制作超级链接的文本，如图 5.13 中的"新闻"，在"属性"面板中单击源文件旁边的黄色文件夹图标选择链接文件夹。这里在"选择文件"对话框中选择 news 文件夹下的 newsinfo.html 文件。

完成上述步骤以后，在设计视图中单击超级链接文字，在"属性"面板中可以设置此超级链接的目标，如图 5.14 所示，在下拉框中选择即可。

最后，保存对网页文件的操作，按 F12 键在浏览器中预览网页效果。

上述操作所产生的源代码可以在代码视图下查看，超级链接的代码为

```
<a href="news/newsinfo.html" target="_self">新闻</a>
```

5.3.2 外部链接

外部链接指的是跳转到当前网站外部，与其他网站中页面或其他元素之间的链接关系。例如，常见的"友情链接"就采用了外部链接。

最常用的外部链接格式是<a href="http://网址">。

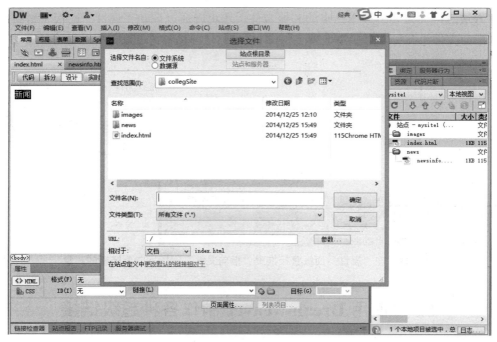

图 5.13　制作内部链接

图 5.14　设置内部链接的目标

　　制作外部链接时，在设计视图中选择需要制作外部链接的对象，然后在"属性"面板中的"链接"栏直接输入链接目标地址，如图 5.15 所示。

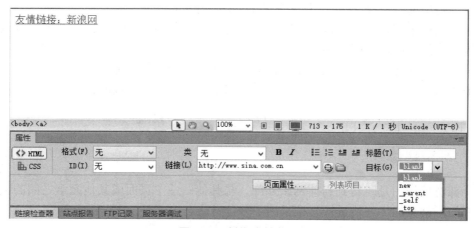

图 5.15　制作外部链接

在代码视图下可以看到源代码为

```
<a href="http://www.sina.com.cn" target="_blank">友情链接：新浪网</a>
```

5.3.3 锚记链接

通常，浏览器显示网页时，如果访问的网页内容比较多，必将导致页面很长。浏览时需要不断地拖动浏览器的滚动条才能看到网页下部的内容，既费时又费力。超级链接中有一种称为锚记（或者"锚点"）的链接，其功能类似书签，能帮助访问者快速定位到页面中感兴趣的部分。因此，超级链接中的锚记链接也称作书签链接。

制作时需要分两步完成。首先在网页中任意选定位置，超级链接标签<a>的 name 属性用于定义锚的名称，一个页面可以定义多个锚。然后制作超级链接，通过设置超级链接的 href 属性可以根据 name 跳转到对应的锚，注意，在锚名称前面要加#符号。

1．跳到本页面的锚记链接

第一步：制作锚记。

打开需要制作锚记的页面，在设计视图下，让鼠标光标停留在需要插入锚记的位置，选中需设置"锚记"的位置，执行菜单"插入"→"命名锚记"命令，弹出"命名锚记"对话框，输入锚记名称，然后单击"确定"按钮。锚记名称可以是字母、数字等，尽量做到见名知意，如图 5.16 所示。

制作锚点还可以通过插入工具栏完成。例如，**book_big.html** 网页是一个包含若干章节的书，可以在每一章的开头插入一个锚记，如 chap1、chap2 等。本例中，将网页"正文"部分的 "六月二十九 爪哇海上（1）"制作成锚点，首先将鼠标定位在"六月二十九 爪哇海上（1）"文字的前面，然后单击插入工具栏中的"命名锚点"图标，如图 5.17 所示。

图 5.16 "命名锚记"对话框   图 5.17 插入工具栏制作锚记

在弹出的"命名锚记"对话框中输入 chap1。设置锚点后，设计视图的相应位置处会出现一个金色书签的图标，其效果如图 5.18 所示。

代码视图中可以看到锚记的 HTML 源代码：

```
<a name="chap1" id="chap1"></a>六月二十九  爪哇海上(1)
```

第二步：制作锚记链接。

锚记链接即链接到网页锚记的超级链接。例如，单击 book_big.html 网页中"目录"部分的"六月二十九 爪哇海上（1）"文字，将本网页正文部分的"六月二十九 爪哇海上（1）"的内容展示在最佳位置。

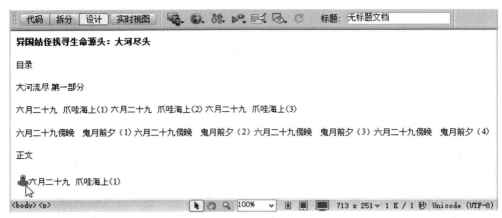

图 5.18　插入锚记后的效果

下面通过两种方法来具体实现。

方法一： 菜单法。

在设计视图下选中要制作锚记链接的对象，执行菜单"插入"→"超级链接"命令，在弹出的如图 5.19 所示的"超级链接"对话框中可以看到，刚才选中的文本已经自动显示在"文本"栏，因此只需单击"链接"栏右侧的下拉框，可以看到本网页中已经制作的锚点，选择需要链接的锚点子项即可，本例中选择#chap1。

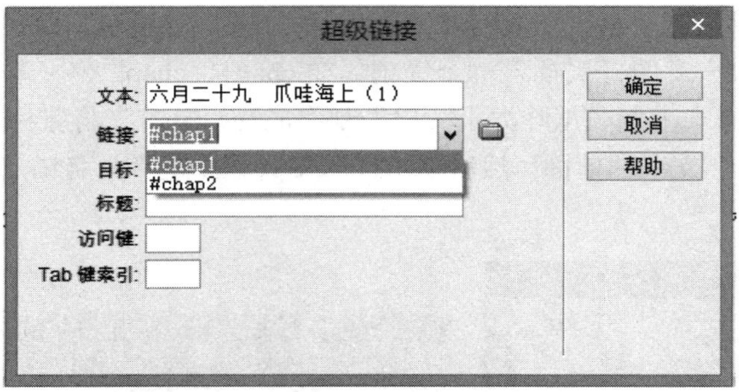

图 5.19　"超级链接"对话框

对文本对象制作锚点链接，推荐此方法。

代码视图中可以看到锚记的 HTML 源代码：

```
<a href="#chap1">六月二十九　爪哇海上（1）</a>
```

从上面的源代码可以看出，链接到锚点的超级链接的 href 属性值为前面定义的具体锚点的名称。

方法二： "属性"面板法。

在页面选择要建立锚链接的对象，接着在"属性"面板的"链接"栏文本框中输入需要跳转到的锚点名。注意，锚记名称前一定要加#字符。如图 5.20 所示，输入#chap2。

图 5.20　"属性"面板设置

2．链接到其他页面的指定内容位置

方法与上例类似，但在 href 参数中的链接点名称前要加上网页文件名。例如，有两个网页 index.htm 和 webpagecontent.htm。webpagecontent.htm 有两部分内容，现要在 index.htm 中制作一个超级链接，单击该链接后将转到 webpagecontent.htm 的第二部分内容上。可以这样来操作，首先在 webpagecontent.htm 第二部分内容开始的地方写上这样一句代码：<a name="锚点名称"></a>。然后在 index.htm 中制作一个超级链接，其代码为<a href=" webpagecontent.htm#锚点名称">webpagecontent 的第二部分内容</a>。

总结如下：

（1）在同一页面要使用链接的地址：

```
<a href="#锚点名称" target="窗口名称">超级链接标题名称</a>
```

（2）在不同页面要使用锚点链接的地址：

```
<a href="URL 地址#锚点名称" target="窗口名称">超级链接标题名称</a>
```

（3）定义锚点代码：

```
<a name="锚点名称"></a>
```

5.3.4　邮箱链接

浏览网页时，通常会看到如图 5.21 所示的超级链接。当鼠标单击之后，将启动客户机上的电子邮件管理软件（例如 FoxMail）自动给指定邮箱写信，并且联系人的地址已经写好。

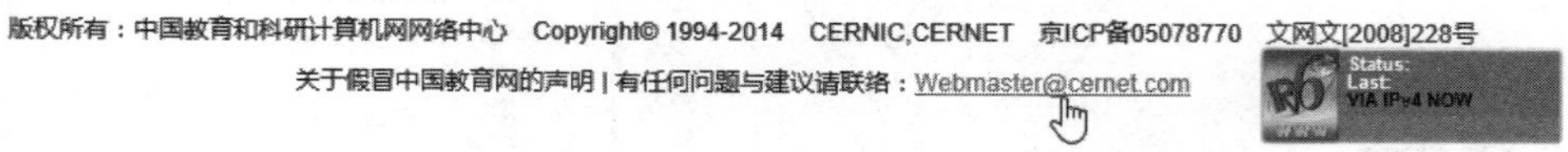

图 5.21　中国教育网（http://www.edu.cn/）网页底部的邮箱链接

电子邮箱超级链接也称为电子邮件超链接，简称邮箱链接，它直接设置链接目标指向邮箱，方便访问者直接发送邮件到指定的邮箱。

那么在 Dreamweaver CS6 中如何设置一个邮箱链接呢？

这里推荐两种常用方法。

方法一：选中需要制作邮箱链接的文本（如"联系我"），然后直接使用"属性"面板，在"链接"栏输入格式为 mailto:aaa@bbb.ccc 的内容即可，其中 aaa@bbb.ccc 为收件方的真实电子邮箱地址，如图 5.22 所示，输入 mailto:vicky@163.com。

    方法二：选中需要制作邮箱链接的文本，使用菜单"插入"→"电子邮件链接"命令，出现的对话框如图 5.23 所示，在"电子邮件"栏输入邮箱地址，然后单击"确定"按钮。也可以通过"插入工具栏"中的"电子邮件链接"图标打开图 5.23 所示的对话框。

图 5.22　"属性"面板设置方式　　　　　图 5.23　"电子邮件链接"对话框

在代码视图中可以看到邮箱链接的 HTML 源代码：

```
<a href="mailto:vicky@163.com">联系我</a>
```

5.3.5　下载文件链接

    网上冲浪时，访问者常常需要下载文件资源，那么如何制作这种下载文件超级链接呢?使用 Dreamweaver CS6 制作下载文件超级链接十分简单，按照本书前面制作超级链接的方法，只需要将"链接"栏设置为要下载的文件即可，如 web.rar。需要注意的是，一定要将链接文件上传至 Web 服务器，并且在设置"链接"时使用相对路径以及需要下载的文件全名。如果下载的文件是网页文件，那么需要提前将此网页文件压缩，将压缩文件设置为下载文件。

    制作文件下载链接时，首先制作好待下载的文件，将其放在站点中，选中链接对象，然后按照超链接制作方式使其链接到需要下载的文件。如图 5.24 所示，在设计视图下选中文本"文件下载"，然后通过"属性"面板的"指向文件"的方式指向 myfile.rar 文件。

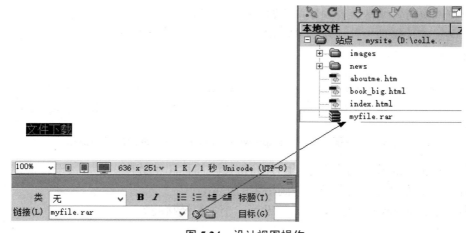

图 5.24　设计视图操作

完成上述步骤后保存，在代码视图中可以看到下载文件超级链接的 HTML 源代码：

```
<a href="myfile.rar">文件下载</a>
```

5.3.6　空链接

在图 5.25 中，设计视图的"学生世界"超级链接的"属性"面板中"链接"所对应的输入框中的默认值为一个#字符，这个#符号在网页设计中表示一个空链接。这种链接，在浏览器中浏览时可以看到超级链接的效果（鼠标移动到相应文字或图片上时，鼠标指针变为手形），但是单击后并不具备跳转功能，仍然停留在当前页面。

有些情况下，特别是网页制作初期，制作者并不希望用户单击超级链接标记时页面发生跳转，而只是设计这样一个超级链接效果，或者要跳转到的那个网页文件尚未完成，通过在"链接"输入框中

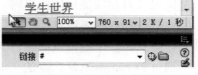

图 5.25　"设计"视图

输入#字符，放置一个空链接，等待以后确定跳转目标之后，再将"链接"输入框的值改为该网页文件名。在代码视图中可以看到空链接的 HTML 源代码：

```
<a href="#">学生世界</a>
```

5.3.7　图像超级链接

超级链接不仅能以文本为载体，也能以图像为载体。通常文本链接带下画线且与其他文字颜色不同，图像链接一般带有边框显示。用图像作链接时，只要把显示图像的标签<img>嵌套在<a href="url"></a>之间，就能实现图像链接的效果。当鼠标指向这个图像时会变成手状，单击这个图像可以访问指定的目标文件。

制作图像超级链接时，首先在设计视图中选中图像对象，然后通过单击"属性"面板的"指向文件"或者"浏览文件"图标选择此超级链接的目标文件，如图 5.26 所示为使用"指向文件"方法。

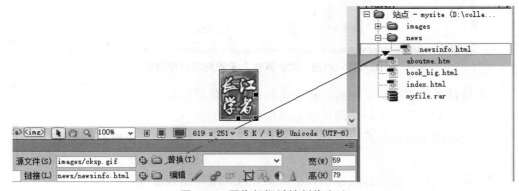

图 5.26　图像超级链接制作方法

在代码视图下可以看到图片超级链接的 HTML 代码：

```
<a href="news/newsinfo.html"><img src="images/cksp.gif" width="59"
    height ="79" border="0" /></a>
```

从上面的代码可以看出，图像超级链接只是将<img>标签所代表的图像嵌套在超级链接标签<a>中。

5.4　超级链接的显示效果设置

浏览具有超级链接的网页时，如果超级链接没有访问过，则显示为蓝色且带下画线（文本超链接），当单击页面中的链接时，页面跳转，此时单击浏览器的"后退"按钮，回到原始页面，文本链接的颜色变成了紫色（表示此链接已经被访问过）。

通过 Dreamweaver CS6 的页面属性可以设置超级链接的样式来区分超级链接文字与一般文字。另外，设置超级链接的样式还可以展示网页的个性化。

在编辑状态下，单击"属性"面板的"页面属性"按钮，进入"页面属性"设置对话框，选择左边"分类"中的"链接（CSS）"，如图 5.27 所示，可以设置链接字体和大小、链接颜色、变换图像链接、已访问链接、活动链接、下划线样式等。

图 5.27　通过"页面属性"设置超级链接效果

（1）链接颜色：指的是超级链接未访问时在浏览器中显示的颜色。

（2）已访问链接：指已访问过的超级链接显示的颜色。

（3）变换图像链接：指当鼠标经过或者放置在文字超级链接上时，超级链接显示的颜色。

（4）活动链接：指鼠标放在超级链接上并且左击时超级链接显示的颜色。

（5）下划线样式有 4 种选项，其后两种选项的含义分别为：

- 仅在变换图像时显示下划线：表示浏览器中的文本超级链接不显示下划线，仅当鼠标经过或者鼠标放置在超级链接上时显示下划线，鼠标移开之后没有下划线。
- 变换图像时隐藏下划线：与上面的选项效果相反。

☞提示：这种方式设置的超级链接样式只对本网页中的超级链接有效。

5.5　上 机 实 践

一、实验目的

（1）掌握超级链接的基本 HTML 源代码和种类。

（2）能熟练设置文本链接。

（3）能熟练设置锚点链接和邮箱链接。

二、实验内容

首先准备好实验所需要的 3 个网页：index.html、libai.html、tianmu.html。

首页 index.html 效果图如图 5.28 所示，文字显示在网页的左侧，单击"【诗人小传】"会在新的 IE 窗口打开 libai.html，单击"梦游天姥吟留别"会打开 tianmu.html，单击"长干行"会打开 tianmu.html，且跳转到 tianmu.html 网页的"长干行"处。此页面超级链接属性设置如下：当鼠标经过或者放置在超级链接上时显示下画线，未访问的超级链接颜色为#0066CC，已经访问过的链接颜色为#FF00CC，鼠标经过时的颜色为#66FF33，鼠标按下时的颜色为#FF0000。

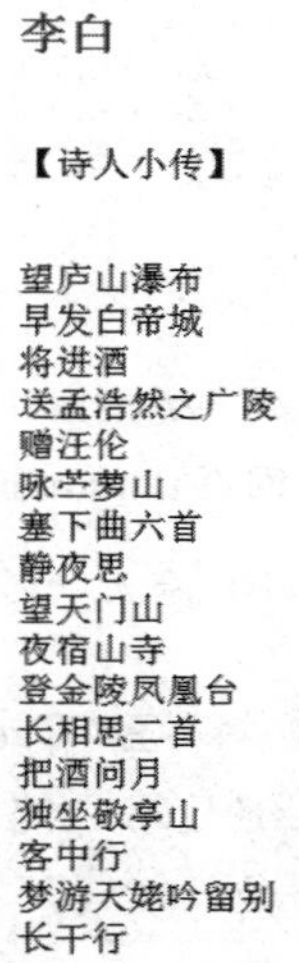

网页 libai.html 效果图如图 5.29 所示，文字内容居中。选中网页下部的文本"联系网站管理员"，在"属性"

李白

【诗人小传】

望庐山瀑布
早发白帝城
将进酒
送孟浩然之广陵
赠汪伦
咏苎萝山
塞下曲六首
静夜思
望天门山
夜宿山寺
登金陵凤凰台
长相思二首
把酒问月
独坐敬亭山
客中行
梦游天姥吟留别
长干行

图 5.28　网页 index.html 浏览器效果

面板的"链接"文本框中输入"mailto："，然后在它后面输入电子邮件地址，如 webmaster@163.com。

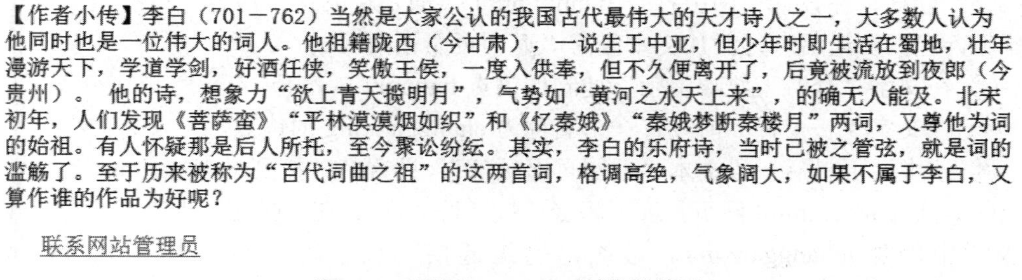

【作者小传】李白（701－762）当然是大家公认的我国古代最伟大的天才诗人之一，大多数人认为他同时也是一位伟大的词人。他祖籍陇西（今甘肃），一说生于中亚，但少年时即生活在蜀地，壮年漫游天下，学道学剑，好酒任侠，笑傲王侯，一度入供奉，但不久便离开了，后竟被流放到夜郎（今贵州）。他的诗，想象力"欲上青天揽明月"，气势如"黄河之水天上来"，的确无人能及。北宋初年，人们发现《菩萨蛮》"平林漠漠烟如织"和《忆秦娥》"秦娥梦断秦楼月"两词，又尊他为词的始祖。有人怀疑那是后人所托，至今聚讼纷纭。其实，李白的乐府诗，当时已被之管弦，就是词的滥觞了。至于历来被称为"百代词曲之祖"的这两首词，格调高绝，气象阔大，如果不属于李白，又算作谁的作品为好呢？

联系网站管理员

图 5.29　网页 libai.html 浏览器效果

网页 tianmu.html 效果图如图 5.30 所示，在文字"梦游天姥吟留别"处制作锚点 tianmu；在文字"长干行"前设置一个名称为 changganxing 的锚点。在网页下部添加一行文字"返回页面顶部"，单击返回锚点 tianmu。由于网页过长，图 5.30 只截取上半部分网页内容，下半部分格式与之一致。

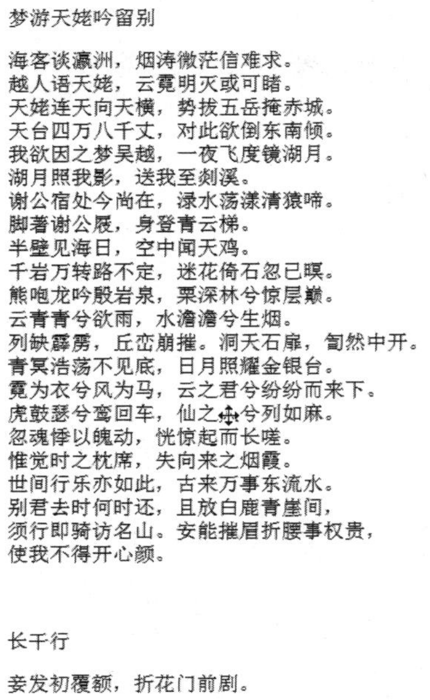

梦游天姥吟留别

海客谈瀛洲，烟涛微茫信难求。
越人语天姥，云霓明灭或可睹。
天姥连天向天横，势拔五岳掩赤城。
天台四万八千丈，对此欲倒东南倾。
我欲因之梦吴越，一夜飞度镜湖月。
湖月照我影，送我至剡溪。
谢公宿处今尚在，渌水荡漾清猿啼。
脚著谢公屐，身登青云梯。
半壁见海日，空中闻天鸡。
千岩万转路不定，迷花倚石忽已暝。
熊咆龙吟殷岩泉，栗深林兮惊层巅。
云青青兮欲雨，水澹澹兮生烟。
列缺霹雳，丘峦崩摧。洞天石扉，訇然中开。
青冥浩荡不见底，日月照耀金银台。
霓为衣兮风为马，云之君兮纷纷而来下。
虎鼓瑟兮鸾回车，仙之人兮列如麻。
忽魂悸以魄动，恍惊起而长嗟。
惟觉时之枕席，失向来之烟霞。
世间行乐亦如此，古来万事东流水。
别君去时何时还，且放白鹿青崖间，
须行即骑访名山。安能摧眉折腰事权贵，
使我不得开心颜。

长干行

妾发初覆额，折花门前剧。

图 5.30　网页 tianmu.html 浏览器效果

三、实验步骤

（1）新建 3 个空白 HTML 文档，将其分别保存为 index.html、libai.html、tianmu.html。

（2）在 Dreamweaver CS6 中打开 index.html 网页，单击设计视图，选中文本"【诗人小传】"。

执行菜单"插入"→"超级链接"命令，在对话框中将自动显示刚才选中的文本"【诗人小传】"。

① 在"链接"输入栏中单击右侧的黄色文件夹图标，打开"选择文件"对话框，在此对话框中选择超级链接的目标文件，本例中选择 libai.html 文件。

② 单击"目标"下拉选项框，由于实验要求在新的 IE 中打开目标网页，所以选择 _blank 选项。

③ 在"标题"输入栏中输入超级链接的标题，即提示性文本，其设置的内容为超级链接的 title 属性，本例中输入"李白生平简介"。

☞**提示**：在"Tab 键索引"文本框中输入 Tab 键顺序的编号。在"访问键"文本框中输入键盘等价键（一个字母）以便在浏览器中选择该超级链接。本例中不进行设置，感兴趣的读者可以自行设置并测试其效果。

（3）通过"属性"选项卡依次制作 index.html 页面倒数第一行与倒数第二行的超级链接，均链接到 tianmu.html 页面。

（4）在"文件"面板中，双击 libai.html 将此文件在设计视图中打开，将文本粘贴至设计视图，并按照自己的喜好进行调整即可。

（5）同样，在设计视图中打开 tianmu.html 页面，粘贴文本内容并按照图 5.30 的效果排版，在网页最后一行添加文本段落"返回页面顶部"。

① 在文字"梦游天姥吟留别"处制作锚点 tianmu。

② 在文字"长干行"前设置一个名称为 changganxing 的锚点。

③ 选中网页最后一段文本"返回页面顶部"，设置其链接到锚点 tianmu。

（6）打开 index.html 网页，选中超级链接"长干行"，在"属性"选项卡中的"链接"输入栏中增加#changganxing。最终，超级链接"长干行"的链接为 tianmu.html#changganxing，表示其跳转到 tianmu.html 网页的名为 changganxing 的锚点位置处。

5.6　习　　题

一、选择题

1．要将页面的当前位置定义成名为 myphoto 的锚点，下列定义方法中正确的是（　　）。

    A．<a href="myphoto"></a>　　　　B．<a href="#myphoto"> myphoto </a>

    C．<a name=myphoto>　　　　　　D．<a name="myphoto"></a>

2．在 HTML 中，（　　）不是链接的目标属性。

    A．_self　　　　B．new　　　　　C．_blank　　　　　D．_top

3．当超级链接指向后缀为（　　）的文件时，单击链接不打开该文件，而是提供给浏览器下载。

    A．ASP　　　　B．HTML　　　　C．RAR　　　　　D．CGI

4．若要在页面中创建一个图形超级链接，要显示的图形为 163.jpg，链接的地址为 http://www.163.com，以下用法中正确的是（　　）。

    A．<a href="http://www. 163.com">163.jpg</a>

    B．<a href="http://www. 163.com"><img src="163.jpg"></a>

    C．<img src="163.jpg"><a href ="http://www. 163.com"></a>

    D．<a href =http://www. 163.com><img src="163.jpg">

5．下列（　　）项是在新窗口中打开网页文档。

    A．_self　　　　B．_blank　　　　C．_top　　　　　D．_ parent

6．以下正确创建邮箱链接方法的是（　　）。

    A．<a href="webmaster@163.com">管理员</a>

    B．<a href="callto: webmaster@163.com">管理员</a>

    C．<a href="mailto: webmaster@163.com">管理员</a>

    D．<a href="Email: webmaster@163.com">管理员</a>

二、填空题

1．超级链接的 HTML 标记是＿＿＿＿＿＿＿＿。

2．写出常用的 3 个超级链接的目标：＿＿＿＿＿、＿＿＿＿＿＿＿、＿＿＿＿＿＿＿。

3．如果需要单击"联系我"文字给邮箱 youandme@163.com 发邮件，则"链接"栏应该输入＿＿＿＿＿＿＿＿＿＿＿＿＿＿＿＿＿＿＿＿。

三、简答题

1．如何去除链接的下画线？

2．如何设置页面的链接样式？

3．简要说明什么是相对路径、绝对路径。

4．设置锚点的语句是什么？

第6章

网页中使用图像

图像是网页中最重要的元素之一。纯文本的页面会显得单调、枯燥，缺乏吸引力，在文本的基础上，向网页中添加一些色彩绚丽的图像，产生图文并茂的显示效果，页面就会更加生动，富有吸引力。图像不但能美化网页，在页面中插入图像还可以传递更丰富的信息，加深浏览者的印象，也可以起到对文本内容的补充作用。本章学习在网页中插入图像、设置图像属性、图像标签、设置图像热区等内容。

6.1 插入图像概述

网页中常用的图像格式是 GIF、JPG 和 PNG。

GIF 意为 Graphics Interchange Format（图形交换格式），GIF 图片的扩展名是 gif。现在所有的图形浏览器都支持 GIF 格式，而且有的图形浏览器只识别 GIF 格式。GIF 图形文件以 256 种颜色重现真彩色的图像。它实际上是一种压缩文档，有效地减少了图像文件在网络上传输的时间。GIF 最适合显示色调不连续或具有大面积单一颜色的图像，例如导航条、按钮、图标、徽标或其他具有统一色彩和色调的图像。

JPEG 代表 Joint Photographic Experts Group（联合图像专家组），图片的扩展名为 jpg。JPEG 最主要的优点是能支持上百万种颜色，从而可以用来表现照片。它是一种针对相片影像而广泛使用的失真压缩标准方法。随着 JPEG 文件品质的提高，文件的大小和下载时间也会随之增加。通常可以通过压缩 JPEG 文件在图像品质和文件大小之间达到良好的平衡。

PNG 的英文名称为 Portable Network Graphics，即便携式网络图片。另有说法是名称来源于非官方的 PNG is Not GIF。PNG 是一种非失真性压缩位图图形文件格式。PNG 格式允许使用类似于 GIF 格式的调色板技术，支持真彩色图像，并具备阿尔法通道（半透明）等特性。PNG 格式图片因其高保真性、透明性及文件体积较小等特性，被广泛应用于网页设计、平面设计中。

下面对这 3 种图片格式进行两两比较。

（1）GIF 与 JPEG 格式图片对比。GIF 格式仅为 256 色，而 JPEG 格式支持 1670 万种颜色。如果颜色的深度不是那么重要或者图片中的颜色不多，就可以采用 GIF 格式的图片；反之，则采用 JPEG 格式。另外，GIF 格式文件解码速度快，而且能保持更多的图像细节；而 JPEG 格式文件虽然下载速度快，但解码速度较 GIF 格式慢，图片中鲜明的边缘周围会损失细节，因此，若想保留图像边缘细节，应采用 GIF 格式。

（2）JPEG 与 PNG 格式图片对比。JPEG 在照片压缩方面拥有巨大的优势，这方面无可替代，但是 JPEG 是有损压缩，图片质量会有损失。另外，一般屏幕截屏用 PNG 格式，其不但比 JPEG 质量高，而且文件大小还更小。

（3）GIF 与 PNG 格式图片对比。GIF 只在简单动画领域有优势（其实，GIF 256 色限制以及无损压缩机制导致高质量的动画的发布一般都使用 Flash 等格式），只要没有动画，PNG 完全可以取代 GIF。总的来说，GIF 分为静态 GIF 和动画 GIF 两种。GIF 是一种压缩位图格式，支持透明背景图像，适用于多种操作系统，"体形"很小，网上很多小动画都是 GIF 格式。其实 GIF 是将多幅图像保存为一个图像文件，从而形成动画，所以归根到底 GIF 仍然是图片文件格式。但 GIF 只能显示 256 色。和 JPEG 格式一样，这是一种在网络上非常流行的图形文件格式，网页中的动态图片一般都是 GIF 格式的。

在网络中，一般小图标的图片有很多采用 PNG 格式，PNG 是一种图片存储格式，可以直接作为素材使用，因为它有一个非常好的特点：背景透明。在制作图片时选择以什么格式输出，主要根据图片格式特性而定。

图像会使网页下载时间大大增加。要使网页变得精彩，除了网页上的内容精彩外，一定注意网页下载速度，重要措施就是选择适当的图像格式，合理控制图像的质量和容量。

6.1.1 插入图像

首先将光标定位在要插入图像的位置，然后就可以插入图像了。插入图像的方法有以下 3 种。

方法一：执行"插入" → "图像"菜单命令。

方法二：在"插入"工具栏的"常用"类别中单击"图像"按钮。如果此处显示的不是"图像"按钮，可以单击旁边的倒三角按钮，打开它的快捷菜单，然后单击该菜单中的"图像"按钮。

以上两种方法都可以打开"选择图像源文件"对话框，如图 6.1 所示。在"选择图像源文件"对话框选中图像文件后，单击"确定"按钮，即可将选定的图像插入到页面的光标处。将图像插入 Dreamweaver 文档时，HTML 源代码中会生成对该图像文件的引用。为了确保此引用的正确性，该图像文件必须位于当前站点中，否则预览网页时，该图像可能无法显示。如果图像文件不在当前站点中，Dreamweaver 会询问是否要将此文件复制到当前站点中。

在"选择图像源文件"对话框内，URL 文本框会给出该图像的路径。在"相对于"下拉列表框内，如果选择"文档"选项，则 URL 文本框内会给出该图像文件相对于当前网页文档的路径和文件名；如果选择"站点根目录"选项，则 URL 文本框内会给出以站点目录为根目录的路径。

方法三：在"文件"面板的当前站点中找到需要插入的图像，用鼠标左键拖放到页面中。同时会打开"图像标签辅助功能属性"对话框，如图 6.2 所示。可以在"替换文本"框中为图像输入一个名称或一段简短描述。"详细说明"文本框提供指向与图像相关（或提供有关图像的详细信息）的文件的链接。

图 6.1 "选择图像源文件"对话框

选中要编辑的图像，这时图像周围会出现几个黑色方形的小控制柄，如图 6.3 所示。用鼠标拖曳控制柄可以调整图像大小。

图 6.2 "图像标签辅助功能属性"对话框   图 6.3 在页面中选择图像

6.1.2 设置图像属性

在设计视图中，单击图像，即可选中图像，Dreamweaver CS6 系统会自动把属性检查器切换为图像属性检查器，可直接修改选中图像的属性，如图 6.4 所示。

图 6.4 图像的属性检查器

其中的参数简要介绍如下：

（1）ID：在属性检查器左上角会显示选中图像的缩略图，图像的右边会显示它的字节数。用户可以在 ID 文本框内输入图像的名称，以便在使用 Dreamweaver 行为（例如"交换图像"）或脚本撰写语言（例如 JavaScript 或 VBScript）时可以引用该图像。

（2）宽、高：图像的宽度和高度，以像素表示。在页面中插入图像时，Dreamweaver会自动用图像的原始尺寸更新这些文本框，也可以在文本框中输入数值来设定图像在页面中显示的大小。若要恢复原始值，请单击"宽"和"高"文本框标签，或单击用于输入新值的"宽"和"高"文本框右侧的重置为原始大小按钮 ⊘ 。

无论如何改变图像显示的宽度和高度，图像文件实际的大小是不变的，只是它在页面中的显示被缩放了。当要改变图像文件实际大小时，应该使用图像处理软件，如Fireworks。

（3）源文件：该文本框内给出了图像文件的路径和文件名。文件路径可以是绝对路径（如 file:///D|/myproject/top1.jpg，图像文件不在当前站点文件夹内），也可以是相对路径（如 shtix/images/mtop.jpg，图像文件在当前站点文件夹内）。单击"源文件"文本框右边的"浏览文件"按钮，打开"选择图像源文件"对话框，利用它可以更换图像。单击选择"源文件"文本框右边的"指向文件"按钮，拖动到站点内相应的图像文件上（如图 6.5 所示，可以看到有一条从"指向文件"按钮到站点中图像文件的一条线）后松开鼠标，即可将图像插入到页面上了。

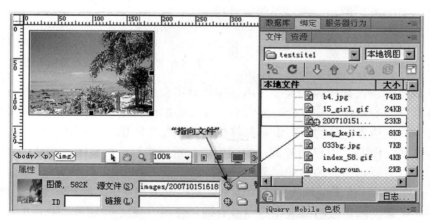

图 6.5　利用"指向文件"按钮直接从站点中选择图像文件

（4）链接：指定图像的超级链接。文本框内给出被链接文件的路径。可以在文本框内直接输入链接地址 URL，或者拖曳"指向文件"图标到"站点"面板要链接的文件上。还可以单击该文本框右边的"浏览文件"按钮，打开"选择文件"对话框，在对话框中选定要链接的文件。

超级链接所指向的对象可以是一个网页，也可以是一个具体的文件。设置图像链接后，用户在浏览网页时只要单击该图像，即可打开相关的网页或文件。

（5）替换：指定在只显示文本的浏览器或已设置为手动下载图像的浏览器中代替图像显示的替代文本。在某些浏览器中，当鼠标指针滑过图像时也会显示该文本。

（6）编辑：启动在"外部编辑器"首选参数中指定的图像编辑器并打开选定的图像。

（7）地图：该文本框下面有 3 个图形按钮，用于制作图形热区。

（8）目标：设置打开图像链接的文件显示位置（框架或窗口）。当前框架集中所有框架的名称都显示在"目标"列表中。也可选用下列保留目标名：

- _blank：将链接的文件加载到一个未命名的新浏览器窗口中。
- _parent：将链接的文件加载到含有该链接的框架的父框架集或父窗口中。如果包含链接的框架不是嵌套的，则链接文件加载到整个浏览器窗口中。
- _self：将链接的文件加载到该链接所在的同一框架或窗口中。此目标是默认的，所以通常不需要指定它。
- _top：将链接的文件显示在整个浏览器窗口中。如果网页为框架文件，则删除所有框架。

6.1.3　编辑图像

Dreamweaver CS6 提供了基本的图像编辑功能，包括重新取样、裁剪、优化和锐化图像等。设计者无须使用外部图像编辑应用程序（例如 Fireworks 或 Photoshop）即可修改图像。

1．使用"图像"属性检查器的图像编辑工具

打开包含要编辑的图像的页面，选择图像，利用网页中"图像"属性检查器的图像编辑工具，如图 6.6 所示，可以对图像进行编辑。图像编辑工具中各项的作用如下。

图 6.6　"图像"属性检查器中的图像编辑工具

（1）编辑图像设置：在"图像优化"对话框中进行编辑并单击"确定"按钮。

（2）裁剪：裁切图像的大小。所选图像周围会出现裁剪控制点，调整裁剪控制点直到边界框包含的图像区域符合所需大小。在边界框内部双击或按 Enter 键裁剪选定内容，所选位图的边界框外的所有像素都将被删除，保留图像中的其他对象。

（3）重新取样：对已调整大小的图像进行重新取样，提高图片在新的大小和形状下的品质，以与原始图像的外观尽可能地匹配。

（4）亮度和对比度：修改图像中像素的对比度或亮度。这将影响图像的高亮显示、阴影和中间色调。修正过暗或过亮的图像时通常使用"亮度/对比度"对话框，在"亮度/对比度"对话框中拖动亮度和对比度滑块调整设置。值的范围为–100～100。

（5）锐化：通过增加图像中边缘的对比度调整图像的焦点，使图像更清晰。在"锐化"对话框中通过拖动滑块控件或在文本框中输入一个 0～10 的值来指定 Dreamweaver 应用于图像的锐化程度。

☞提示：选择"修改"→"图像"菜单命令，也可以实现裁剪、锐化、重新取样等图像编辑功能。

2．设置外部图像处理软件

在 Dreamweaver 中工作时，可以在外部图像编辑器中打开选定的图像。在保存了编辑完的图像文件返回到 Dreamweaver 时，可以在"文档"窗口中看到对图像所做的任何更改。设置外部图像处理软件为 Dreamweaver CS 外部图像处理软件的方法如下。

（1）通过执行以下操作之一打开"首选参数"对话框中的"文件类型/编辑器"：

● 选择"编辑" → "首选参数"菜单命令，打开"首选参数"对话框。然后从左侧的类别列表中选择"文件类型/编辑器"选项，如图 6.7 所示。

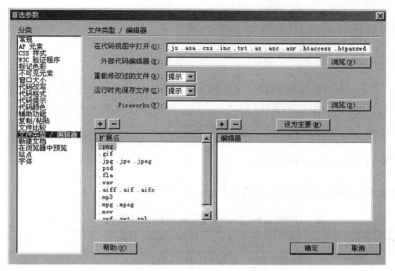

图 6.7　设置外部图像处理软件

● 选择"编辑"→"使用外部编辑器编辑"菜单命令。

（2）在"扩展名"列表中，选择要为其设置外部编辑器的文件扩展名。

（3）单击"编辑器"列表上方的添加（+）按钮。

（4）在"选择外部编辑器"对话框中，找到要作为此文件类型的编辑器启动的应用程序。

（5）在"首选参数"对话框中，如果希望该编辑器成为此文件类型的主编辑器，则单击"设为主要"按钮。当编辑此图像类型时，Dreamweaver CS6 自动使用主编辑器。

（6）如果想要为此文件类型设置其他编辑器，则重复第（3）步和第（4）步。

3．用外部图像处理软件编辑网页图像

在设置了外部图像编辑器后，启动外部图像编辑器对页面中的图像进行编辑，可使用下述方法之一：

（1）按住 Ctrl 键双击页面中的图像。

（2）选中网页图像，再单击"图像"属性检查器中的"编辑"按钮。

（3）右击要编辑的图像，然后选择菜单命令"编辑以"→"浏览"并选择编辑器。

☞提示：在如图 6.7 所示的"首选参数"对话框中还可以设置编辑器打开哪些文件类型，并且可以选择多个图像编辑器。例如，可以设置首选参数在要编辑 GIF 图像时启动 Fireworks，而在要编辑 JPG 或 JPEG 图像时启动另一个图像编辑器。

6.2 图像的 HTML 标签

<img>标签定义 HTML 页面中的图像。

6.2.1 基本语法

使用图像标签<img>的语法形式如下：

<img src="图像文件地址" alt="对该图像的简要描述">

<img>标签有两个必需的属性：src 和 alt。其中，src 属性指明了图像源文件所在的路径和文件名。这个图像文件可以是本地机器上的图像文件，也可以是位于远端主机上的图像文件。alt 属性规定了图像的替代文本。

6.2.2 图像标签<img>的属性

图像标签<img>的常用属性如表 6.1 所示。

表 6.1　图像标签<img>的常用属性

属　　性	描　　述	属　　性	描　　述
src	图像的源文件	height	图像的高度
alt	规定图像的替代文本	title	图片的描述与进一步说明
width	图像的宽度		

其中搜索引擎对图片内容的判断主要靠 alt 属性，且 alt 属性是必须添加的。所以在图片 alt 属性中以简要文字说明，同时包含关键词，也是页面优化的一部分。title 是对图片的说明和额外补充，如果需要在鼠标经过图片时出现文字提示，应该用属性 title。在使用<img>标签时，最好将 alt 和 title 属性都写全，从而保证在各种浏览器中都能正常使用。

在 HTML5 中该元素的 border、align、vspace、hspace 属性不再被支持，这些功能需要通过 CSS 样式来实现。

下面举例说明图像标签<img>的使用，预览效果如图 6.8 所示。

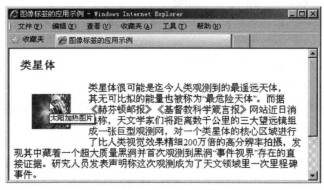

图 6.8　例 6.1 预览效果

【例 6.1】

...

```
<h3>类星体</h3>
<img src="images/s1.jpg" alt="太阳加热" width="66" height="61"
title="太阳加热图片" >
```

　　类星体很可能是迄今人类观测到的最遥远天体，

　　其无可比拟的能量也被称为"最危险天体"。而据《赫芬顿邮报》《基督教科学箴言报》网站近日消息称，天文学家们将距离数千公里的三大望远镜组成一张巨型观测网，对一个类星体的核心区域进行了比人类视觉效果精细 200 万倍的高分辨率拍摄，发现其中藏着一个超大质量黑洞并首次观测到黑洞"事件视界"存在的直接证据。研究人员发表声明称这次观测成为了天文领域里一次里程碑事件。

　　它们由体积很小、质量很大的核与核外的广延气晕构成，可能是目前人类所发现的最遥远天体，而其核心辐射出巨大的能量，激发气体产生连续光谱，再叠加上强而宽的发射线 ——导致结果是，类星体虽然身在数十亿光年以外，直径也算小到可怜，却比正常星系亮 1000 来倍，以致对人类来讲，其亮度与银河系里恒星差别不大。

```
<br />
```
...

6.3　插入图像对象

　　本节主要介绍插入鼠标经过图像和图像占位符。

6.3.1　插入鼠标经过图像

　　鼠标经过图像就是当浏览者的鼠标指针经过一个图像时立即显示另一个图像，当鼠标离开时又恢复原来的图像。鼠标没有指向图像时显示原始图像。单击鼠标还可以跳转到其他链接页面。也就是说这种效果是由两幅图像来完成的，即主图像（当首次载入页时显示的图像）和次图像（当鼠标指针经过主图像时显示的图像）。插入鼠标经过图像的方法有两种：

　　方法一：选择"插入" → "图像对象" → "鼠标经过图像"菜单命令。

　　方法二：在"插入"面板的"常用"类别中，单击"图像"按钮，然后选择"鼠标经过图像"命令。

　　下面以方法二为例介绍插入鼠标经过图像的操作步骤。

　　（1）在"插入"面板的"常用"类别中，单击"图像"按钮，然后选择"鼠标经过图像"命令，如图 6.9 所示。

　　（2）打开"插入鼠标经过图像"对话框，如图 6.10 所示。其中：

- 原始图像：页面加载时要显示的图像。在文本框中输入路径，或单击"浏览"按钮并选择一个图像。
- 鼠标经过图像：是当浏览者的鼠标滑过这一图像时显示出的另一个图像，单击其右侧的"浏览"按钮，并选择要在载入页面时显示的

图 6.9　选择"鼠标经过图像"命令

图像，或在文本框中输入图像文件的路径。

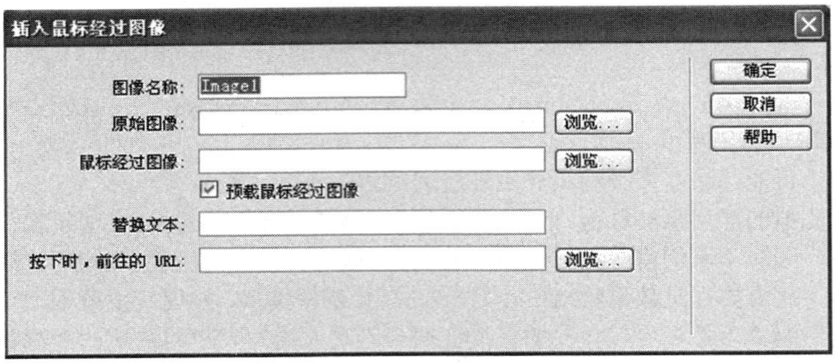

图 6.10 "插入鼠标经过图像"对话框

- 预载鼠标经过图像：选中此复选框，可使 Dreamweaver 将图像预载入浏览器缓冲区中，以便用户将鼠标指针经过图像时不发生延迟。
- 替换文本：为使用只显示文本的浏览器的访问者输入描述该图像的文本。
- 按下时，前往的 URL：是用户单击鼠标经过图像时要打开的文件，在文本框中输入路径或单击"浏览"按钮并选择该文件。如果不为该图像设置链接，Dreamweaver 将在 HTML 源代码中插入一个空链接（#），该链接上将附加鼠标经过图像行为。如果删除该空链接，鼠标经过图像将不再起作用。

☞提示：原始图像和鼠标经过图像应大小相等；否则，浏览器显示时自动将鼠标经过图像的大小调整为原始图像的大小。

要在浏览器中预览效果，在"设计"视图中不能看到鼠标经过图像的效果。

6.3.2　插入图像占位符

图像占位符是在准备好将最终图形添加到页面之前使用的图像。页面设计时可应用图像占位符先将图像的位置预留出来，以便在网页中添加其他对象，加快网页制作速度。图像占位符不是在浏览器中显示的图像。在发布站点之前，应该用适用于 Web 的图像文件（例如 GIF 或 JPEG 图像）替换所有添加的图像占位符。

1．插入图像占位符

插入图像占位符的操作步骤如下。

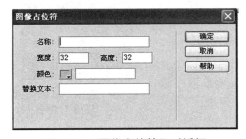

图 6.11　"图像占位符"对话框

（1）在"文档"窗口中，将插入点放置在要插入图像占位符的位置。

（2）执行下列操作之一：

- 在"插入"面板的"常用"类别中，单击"图像"按钮，然后选择"图像占位符"命令。
- 选择"插入"→"图像对象"→"图像占位符"菜单命令。

（3）在"图像占位符"对话框中，为图像占位符选择选项，如图 6.11 所示。
其中：

- 名称（可选）：在文本框中输入要作为图像占位符的标签文字显示的文本。如果
  不想显示标签文字，可将此文本框留空。名称必须以字母开头，并且只能包含字
  母和数字，不允许使用空格和高位 ASCII 字符。
- 宽度、高度（必选）：以像素为单位输入数字以设置图像大小。
- 颜色（可选）：使用颜色选择器选择一种颜色，或者输入颜色值。
- 替换文本（可选）：为使用只显示文本的浏览器的访问者输入描述该图像的文本。

单击"确定"按钮，文档中即会出现图像占位符。HTML 代码中将自动插入一个包
含空 src 属性的图像标签。

2．设置图像占位符属性

若要设置图像占位符的属性，在"文档"窗口中选择图像占位符，属性检查器的内
容如图 6.12 所示。

图 6.12　"图像占位符"的属性设置

其中：

- 宽、高：以像素为单位设置图像占位符的宽度和高度。
- 源文件：指定图像的源文件。对于图像占位符，此文本框为空。单击"浏览"按
  钮来为图像占位符选择替换图像。
- 链接：为图像占位符指定超级链接。将"指向文件"图标拖到"文件"面板中的
  某个文件，单击文件夹图标浏览到站点上的某个文档，或手动输入 URL。
- 替换：指定只显示文本的浏览器或已设置为手动下载图像的浏览器中代替图像显
  示的替代文本。在某些浏览器中，当鼠标指针经过图像时也会显示该文本。
- 创建：启动 Fireworks 以创建替换图像。如果计算机上还没有安装 Fireworks，
  则"创建"按钮将被禁用。
- 颜色：可以为图像占位符指定颜色。

6.4　创建图像地图

图像地图指已被分为多个区域（或称热点）的图像；当用户单击某个热点时，会发生
某种动作（例如，打开一个新文件）。热区可以链接到不同的网页、URL 或其他资源中。

1．为图像添加热点区域

在"文档"窗口中，选择图像，在属性检查器中可以看到如图 6.13 所示内容。
使用不同的热点工具可以定义不同的热点形状。创建热点后，出现热点属性检查器。

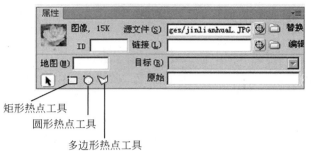

矩形热点工具
圆形热点工具
多边形热点工具

图 6.13　热点的基本形状

- 选择矩形热点工具，并拖至图像上，创建一个矩形热点。
- 选择圆形热点工具，并拖至图像上，创建一个圆形热点。
- 选择多边形热点工具，在各个顶点上单击，定义一个不规则形状的热点，然后单击箭头工具封闭此形状。

☞提示：按住 Shift 键，拖动矩形工具拖出的是一个正方形热点。圆形热点工具只能定义正圆形的热点。选择多边形工具，在各个顶点上单击，定义一个不规则形状的热点，然后单击箭头工具封闭此形状。

2．热点属性检查器

为图像添加热点后，选择绘制的热点，在属性检查器中会自动显示热点的相关属性，如图 6.14 所示。

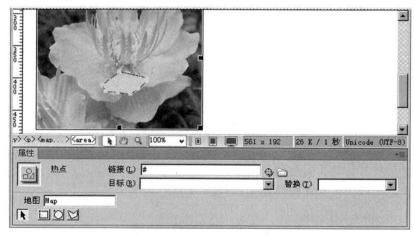

图 6.14　图像热点的属性检查器

（1）在"地图"文本框中为该图像地图输入唯一的名称。如果在同一文档中使用多个图像地图，要确保每个地图都有唯一的名称。

（2）单击"链接"文本框右侧的文件夹图标，浏览并选择在用户单击该热点时要打开的文件，或者直接在文本框中输入此文件的名称。

（3）在"目标"下拉列表中选择一个窗口，在该窗口中打开链接文件。当前文档中所有已命名框架的名称都显示在此下拉列表中。只有当所选热点包含链接后，目标选项才可用。

- _blank：将链接的文件载入一个未命名的新浏览器窗口中。
- _ parent：将链接的文件载入含有该链接的框架的父框架集或父窗口中。如果包含链接的框架不是嵌套的，则链接文件载入整个浏览器窗口中。
- _self：将链接的文件载入该链接所在的同一框架或窗口中。此目标是默认的，所以通常不需要指定它。
- _top：将链接的文件载入整个浏览器窗口中，因而会删除所有框架。

（4）在"替换"文本框中，输入希望在纯文本浏览器或设为手动下载图像的浏览器中作为替换文本出现的文本。有些浏览器在用户鼠标指针经过该热点时，将此文本显示为工具提示。

（5）"指针热点工具"按钮：用于选择已经建立的热点。如果要选择多个热点，按住 Shift 键，单击要选择的所有热点；如果要选择整个图像上的所有热点，按下 Ctrl+A 组合键。

3．编辑热点

编辑热点包括以下操作：

（1）改变热点大小/形状：应用"指针热点工具"选择图像上的热点后，热点轮廓线上会显示控制点，拖动控制点可以改变热点的大小/形状。

（2）移动热点：用鼠标直接拖动热区，可以实现移动热区。

（3）删除热点：按下 Del 键可删除所选热点。

（4）对齐热点：选择要对齐的热点，右击后从快捷菜单中选择热点的对齐方式。

4．图像地图的标签

标签<map name=" " id=" ">用来定义图像地图的名称。如<map name="Map" id="Map">定义图像地图的名称为 Map。

标签<area shape=" " coords=" " href=" " alt=" " >用于定义不同形状的热点区域。其中：

（1）shape：定义图像地图区域的形状。取值有 rect（矩形）、circle（圆形）、poly（多边形）。

（2）coords：设定区域坐标。

（3）href：设定热区的链接地址。

（4）alt：替代文字。

6.5　上 机 实 践

一、实验目的

（1）掌握网页中图像标签的使用。

（2）掌握图像的插入以及图像属性检查器的使用。

（3）掌握图像热点区域设置。

二、预览效果

本次实验的预览效果如图 6.15 所示。

阅读时光——朱自清《荷塘月色》片断

这几天心里颇不宁静。今晚在院子里坐着乘凉，忽然想起日日走过的荷塘，在这满月的光里，总该另有一番样子吧。月亮渐渐地升高了，墙外马路上孩子们的欢笑，已经听不见了；妻在屋里拍着闰儿，迷迷糊糊地哼着眠歌。我悄悄地披了大衫，带上门出去。

沿着荷塘，是一条曲折的小煤屑路。这是一条幽僻的路；白天也少人走，夜晚更加寂寞。荷塘四面，长着许多树，蓊蓊郁郁的。路的一旁，是些杨柳，和一些不知道名字的树。没有月光的晚上，这路上阴森森的，有些怕人。今晚却很好，虽然月光也还是淡淡的。

路上只我一个人，背着手踱着。这一片天地好像是我的；我也像超出了平常的自己，到了另一世界里。我爱热闹，也爱冷静；爱群居，也爱独处。像今晚上，一个人在这苍茫的月下，什么都可以想，什么都可以不想，便觉是个自由的人。白天里一定要做的事，一定要说的话，现在都可不理。这是独处的妙处，我且受用这无边的荷香月色好了。

曲曲折折的荷塘上面，弥望的是田田的叶子。叶子出水很高，像亭亭的舞女的裙。层层的叶子中间，零星地点缀着些白花，有袅娜地开着的，有羞涩地打着朵儿的；正如一粒粒的明珠，又如碧天里的星星，又如刚出浴的美人。微风过处，送来缕缕清香，仿佛远处高楼上渺茫的歌声似的。这时候叶子与花也有一丝的颤动，像闪电般，霎时传过荷塘的那边去了。叶子本是肩并肩密密地挨着，这便宛然有了一道凝碧的波痕。叶子底下是脉脉的流水，遮住了，不能见一些颜色；而叶子却更见风致了。

月光如流水一般，静静地泻在这一片叶子和花上。薄薄的青雾浮起在荷塘里。叶子和花仿佛在牛乳中洗过一样；又像笼着轻纱的梦。虽然是满月，天上却有一层淡淡的云，所以不能朗照；但我以为这恰是到了好处——酣眠固不可少，小睡也别有风味的。月光是隔了树照过来的，高处丛生的灌木，落下参差的斑驳的黑影，峭楞楞如鬼一般；弯弯的杨柳的稀疏的倩影，却又像是画在荷叶上。塘中的月色并不均匀；但光与影有着和谐的旋律，如梵婀玲上奏着的名曲。

图 6.15　在网页中使用图像

三、实验内容

根据图 6.15 所示的预览效果设计网页，在网页中插入图像、输入文字，并实现图文混排效果。

操作提示：

（1）在网页中使用图像，应先将要使用的图像复制到站点文件夹的相应位置。

（2）对网页中插入的图像创建图像热点区域，热区形状不限。

（3）在网页中输入文字，设置文本的属性。

（4）网页中鼠标指针移到图像上后有提示文字。

6.6　习　　题

一、选择题

1. 对热点区域，下列操作中的（　　）不能执行。

A．移动　　　　　　　　B．删除

C．对齐　　　　　　　　D．添加颜色

2．图像标签<img>中的属性 alt 表示（　　　）。

　　A．设置图文混排效果　　　　B．设置图像大小

　　C．为图像添加替换文本　　　D．图像的排列方式

3．以下说法正确的是（　　　）。

　　A．图像上不能设置超级链接

　　B．一个图像上只能设置一个超级链接

　　C．一个图像上能设置多个超级链接

　　D．鼠标移动到设置了超级链接的图像上仍然显示箭头形状

4．以下关于网页中的图像的说法不正确的是（　　　）。

　　A．图像可以作为超级链接的起始对象

　　B．HTML 语言可以描述图像的大小、对齐等属性

　　C．HTML 语言可以直接描述图像上的像素

　　D．网页中的图像并不与网页保存在同一个文件中，每个图像单独保存

5．标签<area shape=" " coords=" " href=" "　alt=" ">中可以定义不同形状的热点区域，热点区域形状不包括（　　　）。

　　A．triangle　　　　　　B．rect　　　　　　C．poly　　　　　　D．circle

二、填空题

1．为图像添加热点，可使用_____、_____和_____3 种热点编辑工具。

2．图像标签<img>中的 src 属性是指_____。

3．_____是在准备将最终图像添加到网页文档前而使用的图像。

4．插入鼠标指针经过图像需要准备_____张图片。

三、简答题

1．网页中经常使用哪几种格式的图像文件？

2．<img>标签的常用属性中 alt 和 title 有什么区别？

3．简述插入图像占位符的方法。

4．如何建立图像热点？

5．如何在 Dreamweaver 中编辑图像？

6．列举在网页中插入图像的方法（至少写出 3 种）。

7．如何为图像热点建立链接？

第7章

表格的使用

表格是网页中非常重要的元素。学习本章内容，要理解表格在网页设计中的作用，掌握 Dreamweaver 中表格的基本操作，能熟练掌握在表格中添加内容的方法。

7.1 表 格 概 述

表格是现代网页制作的一个重要组成部分，在 Internet 上浏览网页时，许多页面都使用了表格技术。表格由不同行和列的单元格组成，常用于组织和显示数据信息，直观清晰。表格之所以重要还有一个原因：它可以实现网页的精确排版和定位。由于 HTML 的表格使用非常灵活，许多较复杂的页面布局也可利用表格来完成。

在开始制作表格之前，首先来了解一下表格的各个部分以及相关术语，如图 7.1 所示。

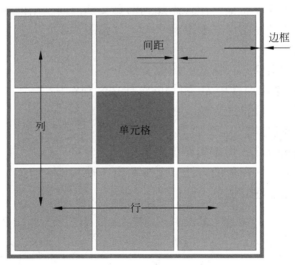

图 7.1　表格的相关术语

从图 7.1 可以看出，一张表格（table）横向称为行（row），纵向称为列（column），行列交叉部分称作单元格（cell）。一个单元格中的内容和此单元格的边框之间的距离称作边距。两个相邻的单元格之间的距离称为间距。整张表格的边线称作表格的边框（border）。

7.1.1 表格的作用

1．组织数据

使用 HTML 表格最初的目的是为了按行和列来组织数据。对于表格型数据，应该使用表格显示。使用表格来组织表现表格型数据，这是表格诞生的本意。

图 7.2 是网页中用表格组织、显示数据的典型情况，从该表格很清晰地看到各主要图书销售商的图书销售排行。图 7.3 是以表格显示的奥迪某款车的基本参数。

上海书城销售榜	卓越亚马逊销售榜	当当网销售榜	豆瓣最受关注图书榜
1. 史蒂夫·乔布斯传	1. 因为痛，所以叫青春	1. 党的十七届六中全会…	1. 乡关何处
2. 可怕的心理学	2. 你若安好便是晴天	2. 好妈妈胜过好老师	2. 鲤·变老
3. 货币战争4	3. 这些都是你给我的爱2	3. 你若安好便是晴天	3. 绿皮火车
4. 人体经络穴位使用图册	4. 直到世界尽头	4. 不一样的卡梅拉	4. 长歌行02
5. 理想丰满	5. 时寒冰说：欧债…	5. 于丹：重温最美古诗词	5. 数学之美
6. 重遇未知的自己	6. 百年孤独	6. 遇见未知的自己	6. 特别的一天
7. 中国震撼	7. 我的第一本专注力…	7. 人上人	7. 王二的经济学故事
8. 大家都有病	8. FBI教你读心术	8. 熟女那二的私房生活	8. 妖绘卷
9. 2012中国自助游	9. 小狗钱钱	9. 风语（2）	9. 叫魂
10. 西点军校送给男孩…	10. 好妈妈胜过好老师	10. 蓝毛衣	10. 自由

图 7.2　表格组织数据实例 1

▼ 基本参数	2011款奥迪A1 1.4T ⊠
	urban
生产时间(年式)	2011
发动机位置	前置
驱动形式	前驱
等速油耗(L/100km)	4.7
综合油耗(L/100km)	5.5
最高车速(km/h)	203
整车质保	2年/6万公里

图 7.3　表格组织数据实例 2

2．页面布局

设计网页的时候，往往需要考虑网页中元素的摆放位置，HTML 表格可以包含图片、按钮、列表甚至其他表格。正因为如此，表格也可以作为设计网页布局的工具。

通常情况下，网页制作者在设计网页时，会借助表格实现网页的布局和定位，以便安排网页各部分的内容。通过设置表格宽度、高度、彼此之间的比例大小等，就可以把不同的网页部分要分别"框"在不同的单元格中以达到页面的平衡效果，从而突出网页的层次性和空间性。HTML 表格采用网格状的结构，可方便地对齐和放置内容。在进行网页设计的开始，每一个页面就好像一张白纸。网页中运用表格会使网站内容更有层次感、空间感，网站结构分明。大多数情况下，表格做布局时将表格边框设置为不可见。
图 7.4 是一个使用表格制作的页面的实例。

图 7.4　表格布局网页

7.1.2　表格标签

HTML 表格包括行、列和单元格，这与其他程序中使用的表格相似。HTML 中有多个与表格相关的标签，表 7.1 只列出了常用的标签以及作用。

表 7.1　HTML 中与表格相关的常用标签及其作用

HTML 标签	作　　用
table	定义表格
caption	定义表格标题
tr	定义表格的行
th	定义表头单元格
td	定义一个单元格

表格由表头、行和单元格组成，这些元素分别用不同的 HTML 标签来定义。通过 <table> 标签来定义表格，然后再通过 <tr> 标签来定义表格的行，每行中的单元格由 <td> 或者 <th> 来定义，通常使用 <th> 标签定义表头单元格，如果表格需要标题，还可以通过 <caption> 标签来定义。

一个基本的表格结构如下：

```
<table width="393" height="166" border="1">
  <caption>
    表格标题
  </caption>
  <tr>
    <th width="114" scope="col">TH1</th>
    <th width="131" scope="col">TH2</th>
    <th width="126" scope="col">TH3</th>
  </tr>
  <tr>
    <td align="center"> TD1</td>
    <td align="center"> TD2</td>
    <td align="center"> TD3</td>
  </tr>
  <tr>
    <td align="center"> TD4</td>
    <td align="center"> TD5</td>
    <td align="center"> TD6</td>
  </tr>
  <tr>
    <td align="center"> TD7</td>
    <td align="center"> TD8</td>
    <td align="center"> TD9</td>
  </tr>
</table>
```

从上面的源代码可以看出，一个基本表格由<table>标签开始定义，<caption>标签定义表格的标题，接着标签<tr>定义表格的行，代码中有 4 对<tr> </tr>，所以该表格有 4 行，该表格在 IE 中的结构如图 7.5 所示。

表格标题

TH1	TH2	TH3
TD1	TD2	TD3
TD4	TD5	TD6
TD7	TD8	TD9

图 7.5 一个基本的表格结构

【例 7.1】 一个表格显示数据的部分网页代码如下。

```
<body>
<table width="586" border="1" bordercolor="#0000CC">
  <caption>2012 年 1-3 月北京气温</caption>
  <tr>
    <th width="84"> </th>
    <th width="142">平均最高气温</th>
```

```
    <th width="138">平均最低气温</th>
    <th width="194">月平均降水量</th>
  </tr>
  <tr>
    <th>1 月</th>
    <td align="center">2</td>
    <td align="center">-9</td>
    <td align="center">3mm</td>
  </tr>
  <tr>
    <th>2 月</th>
    <td align="center">5</td>
    <td align="center">-6</td>
    <td align="center">6mm</td>
  </tr>
  <tr>
    <th>3 月</th>
    <td align="center">12</td>
    <td align="center">0</td>
    <td align="center">9mm</td>
  </tr>
</table></body>
```

在浏览器中的结果如图 7.6 所示。

2012年1-3月北京气温

	平均最高气温	平均最低气温	月平均降水量
1月	2	-9	3mm
2月	5	-6	6mm
3月	12	0	9mm

图 7.6　例 7.1 的浏览器预览效果

1．<table>标签

成对出现的标签<table>和</table>用于定义表格，一个表格的所有内容都放在这两个标签之间。它具有多个属性，例如背景颜色、图像、对齐、边框等，具体内容可以参考表 7.2。

表 7.2　表格属性

属性	取值（代码）	与表格有关的参数			
		table（表格）	th（表头）	tr（行）	td（单元格）
align	center	表格居中	文字居中	整行单元格文字居中	文字居中
	left	表格居左	文字居左	整行单元格文字居左	文字居左
	right	表格居右	文字居右	整行单元格文字居右	文字居右
border	数字	表格、单元格		—	

续表

属性	取值（代码）	与表格有关的参数			
		table（表格）	th（表头）	tr（行）	td（单元格）
colspan	数字	—	横向合并	—	横向合并
rowspan	数字	—	纵向合并	—	纵向合并
valign	top	—	文字居顶	单元格文字居顶	文字居顶
	bottom	—	文字居底	单元格文字居底	文字居底
	middle	—	文字纵向居中	单元格文字纵向居中	文字纵向居中
	baseline	—	文字沿基线对齐	单元格文字沿基线对齐	文字沿基线对齐
width	数字或百分比	表格宽	表头宽	表格宽	单元格宽
height	数字或百分比	表格高	表头高	行高	单元格高
cellpadding	数字	单元格边界与单元格内容的间距	—	—	—
cellspacing	数字	相邻单元格边界的间距	—	—	—
bgcolor	背景颜色	表格背景	表头背景	表格行背景	单元格背景
background	背景图片	背景图片	背景图片	背景图片	背景图片

【例 7.2】 表格属性设置示例一。

```
<body>
<table  width="586"  border="3"  align="center"  bordercolor="#000000"
bgcolor="#CCCCCC">
  <caption>
    2012 年 1-2 月北京气温
  </caption>
  <tr>
    <th width="84" height="34"> </th>
    <th width="142" scope="col">平均最高气温</th>
    <th width="138" scope="col">平均最低气温</th>
    <th width="194" scope="col">月平均降水量</th>
  </tr>
  <tr>
    <th>1 月</th>
    <td align="center"> 2 </td>
    <td align="center">-9</td>
    <td align="center">3mm</td>
  </tr>
  <tr>
    <th>2 月</th>
    <td align="center">5</td>
    <td align="center">-6</td>
    <td align="center">6mm</td>
```

```
    </tr>
  </table>
  </body>
```

此例中<table width="586" border="3" align="center" bordercolor="#000000" bgcolor=
"#CCCCCC">通过<table>标签的属性对表格样式和大小进行设置，表示此表格宽为 586 像
素（也可以使用百分比），表格边框宽度 3 个像素，水平居中对齐，表格边框颜色为#000000，
表格背景颜色为#CCCCCC。按 F12 键预览该表格在 IE 中的效果，如图 7.7 所示。

2012年1-2月北京气温			
	平均最高气温	平均最低气温	月平均降水量
1月	2	-9	3mm
2月	5	-6	6mm

图 7.7　例 7.2 浏览器预览效果

【例 7.3】　表格属性设置实例二。

```
<title>基本表格</title>
<style type="text/css">
<!--
.STYLE1 {color: #FFFFFF}
.STYLE5 {color: #FFFFFF; font-weight: bold; font-size: 24px; }
-->
</style>
</head>
<body>
<table width="613" height="177" border="3" align="center" cellpadding=
    "10" cellspacing="5" bordercolor="#000000" background="../images/
    1083825_102609055_2.jpg" bgcolor="#CCCCCC">
  <caption>
    2012 年 1 月北京气温
  </caption>
  <tr>
    <th width="84" height="34"><span class="STYLE1"></span></th>
    <th width="142" scope="col"><span class="STYLE1">平均最高气温</span>
        </th>
    <th width="138" scope="col"><span class="STYLE1">平均最低气温</span>
        </th>
    <th width="194" scope="col"><span class="STYLE1">月平均降水量</span>
        </th>
  </tr>
  <tr>
    <th><span class="STYLE1">1 月</span></th>
    <td align="center"><span class="STYLE5"> 2 </span></td>
    <td align="center"><span class="STYLE5">-9</span></td>
    <td align="center"><span class="STYLE5">3mm</span></td>
```

```
    </tr>
</table>
```

此例中<table width="613" height="177" border="3" align="center" cellpadding="10" cellspacing="5" bordercolor="#000000" background="../images/1083825_102609055_2.jpg" bgcolor="#CCCCCC">设置表格的属性，表格高度 177 像素，并且通过 background 属性设置表格背景图像为 1083825_102609055_2.jpg，通过 cellpadding 设置表格的单元格内容与本单元格边框之间的距离为 10 个像素，通过 cellspacing 设置单元格与单元格之间的间距为 5 个像素。该表格在 IE 中的浏览效果如图 7.8 所示。

图 7.8　例 7.3 的浏览器预览效果

2．<caption>标签

标签<caption>和</caption>用于建立表格的标题，并使用 align 属性定义标题的位置。align 属性有 4 个值：top（标题放在表格的上方）、bottom（标题放在表格的下方）、left（标题放在表格的左上方）、right（标题放在表格的右上方）。一个表格只能有一个标题。

例如，代码<caption align=bottom>颜色与颜色值对应表</caption>表示表格标题在表格的下面并且居中显示。

3．<th>标签

<th>标签用于建立表头，表头是表格中行或列的标题，即表项的名称。使用<th>可以在表的第一行或第一列加表头，表头内容写在<th>和</th>之间，显示时将采用粗体字以产生醒目的效果。

在表格的第一行加表头的格式如下：

```
<th>表头 1</th><th>表头 2</th><th>表头 3</th>
```

在表格的每一行的第一列加表头的格式如下：

```
<th>表头 1</th><td>表项 1</td><td>表项 2</td><td>表项 3</td>
```

4．<tr>标签和<td>标签

它们用于表格行与单元格的定义。

表格的内容是由行定义标签<tr>和</tr>以及单元格定义标签<td>与</td>来确定的。</tr>可以省略，即一个新的<tr>开始，表示前一个<tr>的结束。

构造表格时，每个<tr>标签产生一行，表格有多少行就应有多少个<tr>标签；表格的单元格数则由<th>或<td>的个数而定。如果表格的单元格中无任何内容，则使用无内容的<th> </th>或<td> </td>标签符即可。

7.1.3 HTML 中表格格式设置的优先顺序

当在"设计"视图中对表格进行格式设置时，可以设置整个表格或表格中所选行、列、单元格的属性。如果将整个表格的某个属性（例如背景颜色或对齐方式）设置为一个值，而将单个单元格的属性设置为另一个值，则单元格格式设置优先于行格式设置，行格式设置又优先于表格格式设置。

表格格式设置的优先顺序如下：

（1）单元格。

（2）行。

（3）表格。

例如，如果将单个单元格的背景颜色设置为蓝色，然后将整个表格的背景颜色设置为黄色，则蓝色单元格不会变为黄色，因为单元格格式设置优先于表格格式设置。

☞提示：当设置列的属性时，Dreamweaver 更改对应于该列中每个单元格的<td>标签的属性。

7.2 使用 Dreamweaver CS6 创建表格

在 Dreamweaver CS6 中，不仅可以导入外部的数据文件，还可以将网页中的数据表格导出为纯文本的数据。

在设计视图中，确定表格的插入位置，然后通过下面两种方法之一创建表格。

方法一：单击插入工具栏中的"表格"按钮，如图 7.9 所示，系统会弹出"表格"对话框。

方法二：选择菜单"插入"→"表格"命令，出现的"表格"对话框如图 7.10 所示，也可以直接通过快捷键 Ctr+Alt+T 打开"表格"对话框。

图 7.9 "表格"按钮　　　　　　　　　图 7.10 "表格"对话框

"表格"对话框中分为 3 部分：上面是"表格大小"部分，中间是"标题"部分，下面是"辅助功能"部分。表 7.3 是对"表格大小"部分选项设置的说明。

表 7.3　"表格大小"部分选项设置

选　　项	对应属性名	取　　值
行数	tr	数字，表示新建表格的行数
列	td 或者 th	数字，定义新建表格的列数
表格宽度	width	数字，定义表格的宽度，通过下拉框选择以像素或百分比为单位
单元格边距	cellpadding	数字，定义单元格内容和单元格边界之间的距离
单元格间距	cellspacing	数字，定义相邻单元格边界的间距
边框粗细	border	数字，定义表格边框的宽度。输入的值越大，表格边框越粗。如果输入 0，则在浏览时表格的边框线不可见

☞注意：输入"表格宽度"时在其右侧文本框中输入表格的宽度值，然后在右侧下拉列表中选择一个度量单位。如果用像素，这个宽度是表格的绝对宽度值；如果选择百分比，这是相对大小，也就是表格大小会随着浏览器窗口大小的改变而变化。

"标题"部分有 4 种选项，其含义分别如下：
- 无：表示此表格没有表格标题，即无<th>标签构成的单元格。
- 左：表示表格每行第一列单元格均由<th>构成。
- 顶部：表示表格第一行所有单元格由<th>构成。
- 两者：表示表格第一行以及第一列均由<th>构成。

"辅助功能"部分选项的含义如下：
- 标题：设置表格的标题，即 caption，如果不需要标题可以不填。
- 摘要：该文本框用于对表格加标注，其内容用于设置表格标签的 summary 属性，在 IE 中浏览网页时不显示，查看源代码可以看到，一般可以不填写。

如果开始不能确定表格某些属性的值，可以使用默认值。以后可以通过"属性"面板进行修改。

完成"表格"对话框的设置，单击"确定"按钮，"设计"视图会出现满足刚才设置的表格。通过这种方式创建的表格往往结构简单，样式单一，并不能满足设计者的要求。所以，通常需要对这个基本表格进行调整和设置，例如调整大小、行数或者列数，合并单元格，设置单元格属性，等等，下面介绍表格的基本操作。

7.3　表格的基本操作

7.3.1　设置表格/单元格的基本属性

1. 设置表格属性

首先选中需要操作的表格对象，选择方法有如下几种。

方法一：将鼠标移到表格外框线上，当指针尾部出现⊞标志时，单击选中整个表格。

　　方法二：将鼠标移到表格内框线，当鼠标指针变为⇕形状或↔形状时，单击选中整个表格。

　　方法三：将光标置于表格内的任意单元格内，选择"修改"→"表格"→"选择表格"菜单命令。

☞**注意**：选中整个表格时，"属性"面板会显示表格的属性，如图7.11所示。

图7.11　表格的"属性"面板

　　在表格的"属性"面板中显示的这些表格属性有几项和前面在创建表格时打开的"表格"对话框中的属性是一样的。因此如果对创建表格时设置的表格行、列或宽、高有更改要求，可以在表格的"属性"面板中直接进行重新设置。

　　对于表格的大小，除了使用表格的"属性"面板设置宽和高之外，如果不是精确要求，可以通过调节手柄直接在设计视图中调整，如图7.12所示，首先在设计视图中选中待调节的表格，表格右、下及右下角会出现黑色点（■符号），这是调整表格的高和宽的调整柄。光标移到点上就可以分别调整表格的高和宽。另外，移到表格的边框线上也可以调整表格大小。

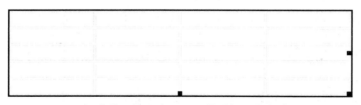

图7.12　在设计视图中通过调节手柄调整表格大小

2．设置单元格属性

　　将光标置于单元格中，"属性"面板中显示单元格属性设置项，如图7.13所示。在该面板中可以对选定的某个单元格或某几个单元格设置属性，其说明如表7.4所示。

图7.13　单元格的"属性"面板

表 7.4　单元格的"属性"面板中各属性说明

属　性	说　明
ID	为当前单元格指定 ID
类	指定表格所用的 CSS 类
B	设置单元格内文字加粗显示
I	设置单元格内文字以斜体显示
≣	为单元格内元素添加图形项目符号，也就是为其添加<ul><li></li></ul>标记
≣	为单元格内元素添加数字项目符号，也就是为其添加<ol><li></li></ol>标记
彗 彗	为单元格内元素添加或删除内缩区块
链接	为选中的单元格元素添加超级链接
水平	设置单元格内元素的水平排版方式，可选值有 left（居左）、center（居中）、right（居右）
垂直	设置单元格内元素的垂直排版方式，可选值有 Top（顶端对齐）、Middle（居中对齐）、Bottom（底端对齐）、Baseline（基线对齐）
宽	指定单元格的宽度
高	指定单元格的高度
不换行	标记单元格中较长的文本是否换行，处于选中状态表示不换行，否则为自动换行显示
背景颜色	为选中的单元格设置背景颜色
洋	对当前的单元格进行拆分，只在选中一个单元格时可用
☰	合并当前选中的单元格，只在同时选中多个单元格时可用
页面属性	打开页面设置对话框

☞**提示**：选定单元格的方法有以下两种：

（1）按住 Ctrl 键的同时，鼠标单击要选择的单元格，可以选择多个单元格。

（2）将光标置于单元格中，单击文档窗口左下角标签选择器中的<td>标签。

还要提示一点，对整个表格操作和对一个单元格操作的时候，相应的"属性"面板是不同的。

7.3.2　添加/删除行或列

1．添加行或列

将光标定位在表格中的任意一个单元格内，执行如下操作之一：

- 选择菜单栏中的"修改"→"表格"→"插入行"命令，可在当前行之上添加行。
- 选择菜单栏中的"修改"→"表格"→"插入列"命令，可在当前列左侧添加列。
- 选择菜单栏中的"修改"→"表格"→"插入行或列"命令，弹出"插入行或列"对话框，如图 7.14 所示。

在这个对话框中，可以选择是插入行还是插入列，并且在"行数"（或"列数"）选项中可以输入插入行或列的数量，还可以确定"位置"是在所选

图 7.14　"插入行或列"对话框

行上面还是下面（或所选列左侧还是右侧）。还可以通过快捷菜单方式进行增/删行或者列的操作。

首先在设计视图中选中一行或者一列，方法如下：

（1）选中一行：把光标移到该行的最左边单元格的左面，光标会变成箭头状➡，单击就可以选中一行。

（2）选中一列：把光标移到该列的最上边单元格的上面，光标会变成箭头状⬇，单击可以选中一列。

（3）右击，在弹出的快捷菜单中选择"表格"命令，会出现表格的基本操作，如图 7.15 所示，根据菜单提示选择需要的操作即可。

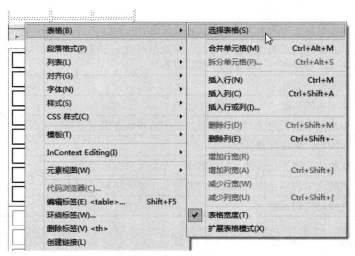

图 7.15　表格快捷菜单

2．删除行或列

删除行或列的操作方法和添加行或列的操作方法相似。

（1）选择菜单"修改"→"表格"→"删除行"命令，将删除光标所在行。

（2）选择菜单"修改"→"表格"→"删除列"命令，将删除光标所在列。

（3）删除行或列也可以通过快捷菜单执行，具体操作请参照添加行或列的内容。

7.3.3　合并与拆分单元格

1．合并单元格

有些情况下，需要创建跨多行、多列的单元格来完成复杂的表格结构。通过在<th>或<td>标签中设置 rowspan 或 colspan 属性，实现单元格跨行或者跨列。

跨多列的语法如下：

```
<th colspan=列数>  或者  <td colspan=列数>
```

colspan 表示跨越的列数，例如 colspan=2 表示这一格的宽度为两个列的宽度。

跨多行的语法如下：

`<th rowspan=行数>`　或者　`<td rowspan=行数>`

rowspan 指跨越的行数，例如 rowspan=2 就表示这一格跨越表格两个行的高度。

利用这一功能可制作出较为复杂的表格。下面的 HTML 代码产生一个具有多层表头的表格：

```
<body>
    <table border=2 width="95%">
        <caption>跨行跨列的表格例</caption >
        <tr><th rowspan=2>
          <th colspan=2 bordercolor=red>平均<th rowspan=2>其他<br/>
          类号<th colspan =2>性能
        <tr><th>数据 1<th>数据 2<th>MAX<th>MIN
        <tr align=left><th>A级(高级)<td>1.9<td>0.03<td>0.34<td>3.3<td>0.3
         <tr align=right><th rowspan=2>B级<td>1.7<td>8<td>66<td>89<td>88
    </table>
</body>
```

需要特别说明的是，rowspan="2"属性是声明此单元格与它下边的单元格纵向合并，合并几个单元格由数值和下边有几个单元格决定。同样，colspan="2"属性声明此单元格与它右边的单元格横向合并，合并几个单元格由数值和右边有几个单元格决定。上例中为第二行第四个单元格产生向下单元格合并和第三行第二个单元格产生向右单元格合并。

【例 7.4】　跨行跨列的表格实例。

```
<body>
<table border=1 bordercolor="#333333">
<caption> 全年级成绩清单 </caption>
<tr>
<th rowspan="2"> 姓名 </th>
<th rowspan="2"> 性别 </th>
<th colspan="3"> 成绩 </th>
</tr>
<tr>
<th> 高数 </th>
<th> 物理 </th>
<th> 英语 </th>
</tr>
<tr>
<td> 李宁 </td>
<td> 男 </td>
<td> 98 </td>
<td> 97 </td>
<td> 94 </td>
</tr>
```

23

```
<tr>
<td> 张玉 </td>
<td> 女 </td>
<td> 87 </td>
<td> 83 </td>
<td> 89 </td>
</tr>
</table>
</body>
```

上面的例子中，<th rowspan="2"> 姓名</th>中的 rowspan="2"属性是声明此单元格与它下边的单元格纵向合并，<th colspan="3"> 成绩 </th>代码中的 colspan="3"属性声明此单元格与它右边的两个单元格横向合并（共计 3 个单元格合并成一个单元格）。按 F12 键在 IE 中预览，其效果如图 7.16 所示。

如果不熟悉 HTML 源代码，可以在 Dreamweaver CS6 的设计视图中通过鼠标操作，实现单元格的跨行/跨列合并。

首先选中要合并的单元格，按住左键不放，向下拖曳选中两（或者是多）个单元格，如图 7.17 所示。

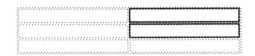

图 7.16　例 7.4 浏览器预览效果　　　　图 7.17　选择要合并的单元格

然后执行下列操作之一：

（1）选择菜单 "修改"→"表格"→"合并单元格"命令。

（2）右击选中的单元格，在弹出的快捷菜单中选择"表格"→"合并单元格"命令，如图 7.18 所示。

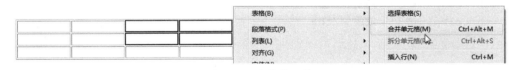

图 7.18　合并单元格

（3）在展开的属性面板中选择合并单元格按钮，如图 7.19 所示，将表格中选择的单元格合并。合并结果如图 7.20 所示。

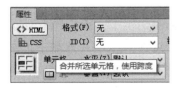 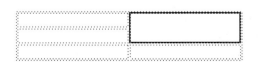

图 7.19　合并单元格按钮　　　　图 7.20　在设计视图中合并单元格的结果

2．拆分单元格

将光标置于要拆分的单元格内，执行下列任一操作即可：

（1）选择菜单 "修改"→"表格"→"拆分单元格"命令。

（2）右击要拆分的单元格，在弹出的快捷菜单中选择"表格"→"拆分单元格"命令。

（3）单击"属性"面板中的"拆分"按钮，如图 7.21 所示，弹出"拆分单元格"对话框，如图 7.22 所示。在该对话框中确定对当前单元格如何拆分（首先通过单选按钮确定拆分方式，然后在行数或者列数输入框中输入拆分成的单元格的数目），单击"确定"按钮。

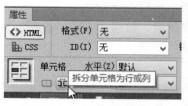
图 7.21　拆分单元格按钮

图 7.22　"拆分单元格"对话框

7.3.4　使用扩展表格模式编辑表格

扩展表格模式临时向文档中的所有表格添加单元格边距和间距，并且增加表格的边框以使编辑操作更加容易。利用这种模式，可以选择表格中的项目或者精确地放置插入点。

例如，可以扩展一个如图 7.23 所示的标准模式下的表格，以便将插入点放置在图像的左边或右边，从而避免无意中选中该图像或表格单元格，图 7.24 是扩展表格模式下的表格效果。

图 7.23　标准模式下的表格

图 7.24　扩展表格模式下的表格

☞**注意**：一旦做出选择或放置插入点，应该回到设计视图的标准模式进行编辑。诸如调整大小之类的一些可视操作在"扩展表格"模式中不会产生预期结果。

1．切换到扩展表格模式

如果使用的是代码视图，请选择菜单"查看"→"设计"命令或"查看"→"代码和设计"命令（在代码视图下无法切换到扩展表格模式）。

执行下列操作之一：

- 选择菜单"查看"→"表格模式"→"扩展表格模式"命令。
- 在"插入"面板的"布局"类别中，单击"扩展"按钮。

"文档"窗口的顶部会出现标有"扩展表格模式"的条。

2．切换到标准模式

执行下列操作之一：

- 在"文档"窗口顶部标有"扩展表格模式"的条中单击"退出"。
- 选择菜单"查看"→"表格模式"→"标准模式"命令。
- 在"插入"面板的"布局"类别中，单击"标准模式"按钮。

7.4　在表格中添加内容

7.4.1　添加网页元素

创建好表格结构后，就可以向单元格中添加内容，例如前面讲到的插入文本、插入图像、制作超级链接等。

在单元格中插入这些元素通常有如下两种方法。

方法一：通过"插入"菜单。

方法二：使用"插入"工具栏。

对于单元格中添加的内容，应注意根据实际显示效果合理设置元素的对齐方式，另外还要注意，单元格中的内容也可以设置水平、垂直对齐方式（一般通过"属性"面板设置）。

1．表格的对齐

表格的对齐指表格在页面中的对齐方式。

表格在页面中的对齐方式可在<table>标记符中使用 align 属性，其取值有 left、center 和 right。默认值为 left，即在页面中左对齐。当表格与文字混合编排时，则文件中安排在表格后面的文字会显示在表格的右边或左边，形成文字环绕表格的效果。

2．单元格中内容的对齐

单元格内容的对齐包括水平方向上的对齐和垂直方向上的对齐。设置数据水平方向对齐要在表格内容标记符<th>、<td>中使用 align 属性。其取值可以是 center、left、right。

垂直对齐则是使用 valign 属性，其取值为 top（单元格顶部）、bottom（单元格底部）、middle（垂直方向的中部）、baseline（同单元格基线一致）。

【例 7.5】 单元格对齐方式。

```
<title>无标题文档</title>
<style type="text/css">
<!--
.STYLE2 {font-size: 12px}
-->
</style>
</head>
<body>
<table width="60%" border="1" bordercolor="#999999">
 <tr> <td colspan="3" align="center" class="STYLE2"> 
  <p>广州介绍</p>
  <p> </p></td></tr> <tr>
   <td width="48%" height="227" valign="top"><table width="312" height=
   "223" cellpadding="0" cellspacing="0">
    <tr>
     <td width="72"><span class="STYLE2">中文名称：</span></td>
     <td width="232" align="left"><span class="STYLE2">广 州 </span>
  </td>
    </tr>
    <tr>
     <td><span class="STYLE2">外文名称：</span></td>
     <td align="left"><span class="STYLE2">GuangZhou，Canton</span>
  </td>
    </tr>
    <tr>
     <td><span class="STYLE2">别名：</span></td>
     <td align="left"><span class="STYLE2">五羊城 、 羊城 、 穗城 、 花城
</span></td>
    </tr>
    <tr>
     <td><span class="STYLE2">行政区类别：</span></td>
     <td align="left"><span class="STYLE2">国家中心城市，副省级城市，省会
</span></td> </tr>
    <tr>
     <td><span class="STYLE2">所属地区：</span></td>
     <td align="left"><span class="STYLE2">中国华南</span></td>
    </tr>
    <tr>
     <td><span class="STYLE2">下辖地区：</span></td>
     <td align="left"><span class="STYLE2">越秀、荔湾、天河、海珠区等</span>
  </td> </tr>
    <tr>
     <td><span class="STYLE2">政府驻地：</span></td>
     <td align="left"><span class="STYLE2">越秀区</span></td>
    </tr>
    <tr>
```

```
            <td><span class="STYLE2">电话区号：</span></td>
            <td align="left"><span class="STYLE2">020</span></td>
        </tr>
        <tr>
            <td><span class="STYLE2">邮政区码：</span></td>
            <td align="left"><span class="STYLE2">510000</span></td>
        </tr>
        <tr>
            <td><span class="STYLE2">地理位置：</span></td>
            <td align="left"><span class="STYLE2">珠江三角洲</span></td>
        </tr>
        <tr>
            <td><span class="STYLE2">面积：</span></td>
            <td align="left"><span class="STYLE2">7,434.4平方千米</span></td>
        </tr>
        <tr>
            <td><span class="STYLE2">人口：</span></td>
            <td align="left"><span class="STYLE2">1,270.08 万 （2010 年）
</span></td>
        </tr>
    </table></td><td colspan="2">
        <p class="STYLE2"><img src="images/4gz.jpg" width="220" height="165"
align="left" />广州，古称番禺或南海，现中国第三大城市，中国南大门，中国国家中心市，
是国务院定位的国际大都市。广州美食享誉世界。广州的标志是"五羊"。地处广东省南部，珠江三
角洲的北缘，濒临南中国海，珠江入海口，毗邻港澳，海上丝绸之路的起点。广东省省会，华南地
区经济、金融、贸易、文化、科技和交通枢纽、教育中心。中国南方最大、历史最悠久的对外通商
口岸，世界著名的港口城市之一，中国历史文化名城。中国最主要的对外开放城市之一，作为对外
贸易的窗口，外国人士众多，被称为"第三世界首都"，是全国华侨最多的大城市。</p>
    </td></tr></table><p> </p><p> </p>
</body>
```

此例中第一行合并单元格，且单元格内容水平、垂直均设置居中对齐；右侧采用结合图片对齐方式，设置其效果为图文混排。其在 Dreamweaver CS6 设计视图中的效果如图 7.25 所示。

图 7.25 例 7.5 单元格对齐方式举例

7.4.2　嵌套表格

单元格中除了添加上述元素外，甚至还可以添加完整的表格，称为嵌套表格。其操作非常简单，首先在设计视图下，将鼠标放置在需要添加完整表格的单元格中，然后参考 7.2 节的内容，在此单元格中添加一个表格即可。例 7.5 中的网页左侧也采用了嵌套表格，例 7.6 是一个简洁的嵌套表格实例。

【例 7.6】　嵌套表格实例。

```html
<body>
<table width="31%" height="74" border="1" bordercolor="#333333">
  <tr>
    <th width="23%"><img src="images/baby.gif" width="90" height="70"
/></th>
    <th width="77%">
    <table width="101%" height="74" border="1" bordercolor="#000033">
    <tr>
      <th> </th>
      <th> </th>
      </tr>
    <tr>
      <th> </th>
      <td> </td>
      </tr>
    <tr>
      <th> </th>
      <td> </td>
      </tr>
    </table></th></tr>
  <tr>
    <td align="center"><a href="mailto:vicky@163.com">联系我</a></td>
    <td> </td>
  </tr></table>
</body>
```

此例中，单元格 `<th>` 中嵌套一个 3 行 2 列的完整表格，浏览器中的效果如图 7.26 所示。

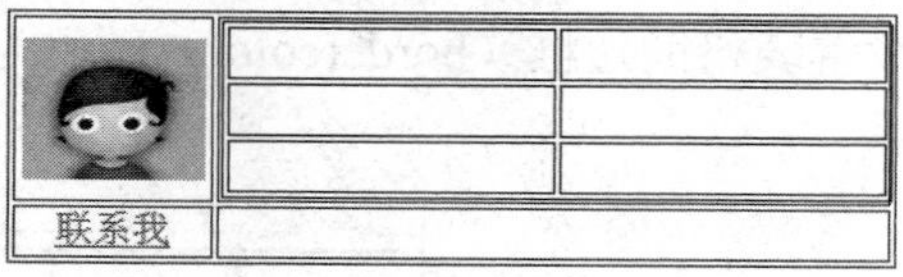

图 7.26　例 7.6 浏览器预览效果

7.5　特殊效果表格

1．细线表格

当定义表格的边框为 1(border="1")时，表格线的效果如图 7.27 所示，并不是需要的细线表格。如果进一步设置 cellspacing="0"，其效果如图 7.28 所示，实际的边框粗细是 2px，并不是期望的 1px 的细线表格。

这里推荐两种制作细线表格的方法。

方法一： 利用表格的暗边框（bordercolordark）和亮边框（bordercolorlight）属性做细线表格。

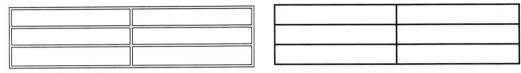

图 7.27　表格效果 1　　　　　　　　图 7.28　表格效果 2

按 Ctrl+Alt+T 组合键打开"表格"对话框，设置表格间距（cellspacing）为 0，边框（border）为 1。

选中表格后按 F9 键，展开"标签检查器"面板组，在"属性"面板中设置暗边框（bordercolordark）为白色#FFFFFF，亮边框（bordercolorlight）为黑色#000000，如图 7.29 所示。

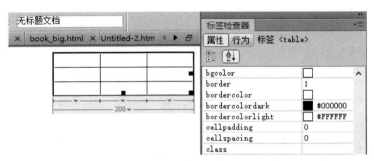

图 7.29　"属性"面板设置

方法二： 设置表格的 CSS 属性 border-collapse 为 collapse。

按 Ctrl+Alt+T 组合键打开"表格"对话框，设置同方法一。选中表格，然后按 F9 键展开"标签检查器"面板组，在"属性"面板中的 style 栏中输入"border-collapse:collapse;"，设置表格的边框（bordercolor）颜色为黑色#000000，如图 7.30 所示。

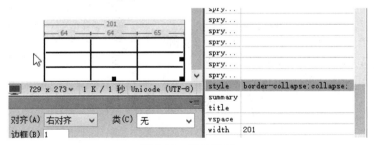

图 7.30　属性设置

2．间隔表格

间隔表格就是单元格之间存在一定的距离，每个单元格从显示效果看自成一体。具体操作步骤如下：

（1）打开"表格"对话框，插入 3 行 3 列的表格，设置"边框粗细"为 0，"单元格边距"为 1，"单元格间距"为 6。

（2）选择所有单元格，打开单元格"属性"面板，设置单元格的背景为#0000FF，如图 7.31 所示。

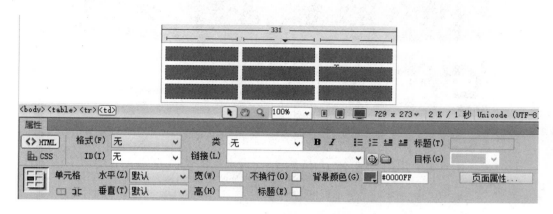

图 7.31　设置单元格背景色

（3）在每个单元格中插入一个 1 行 1 列的嵌套表格，"边框粗细"为 0，"单元格边距"为 0，在"属性"面板上设置嵌套表格的背景色为#FFFFFF。完成后其预览效果如图 7.32 所示。

图 7.32　间隔表格效果

7.6　使用表格设计页面布局

HTML 中有多种安排页面内容、设计页面布局的方法，表格就是其中之一。对于初学者而言，表格可以方便灵活地排版，可以把相互关联的信息元素集中定位。

在创建复杂网页时，初学者往往需要通过表格嵌套来布局页面。一般外部的大表格多采用绝对像素，并且不显示表格边框（也可以根据实际需要设置）；单元格可以安排不同的内容，甚至可以嵌套表格，嵌套的表格多采用百分比，这样定位出来的网页才不会由于显示器分辨率的差异而引起混乱。

用表格设计页面布局的思路是：由总表格规划整体的结构，由嵌套的表格负责各个子栏目的排版，并插入到表格的相应位置，这样就可以使页面的各个部分有条不紊、互不冲突，看上去清晰整洁。

图 7.33 是某网页在浏览器中的效果图，下面以它为例来学习如何使用表格进行网页布局。

　　对于此网页，首先抽象出其页面结构简化图，如图7.34所示（可以设计为多种结构），制作一个3行1列的表格，然后将其第二行的单元格拆分成左右两个，对其左侧部分进一步细化。这样就可以通过两层嵌套表格完成图7.35所示的网页效果。

图 7.33　表格布局效果

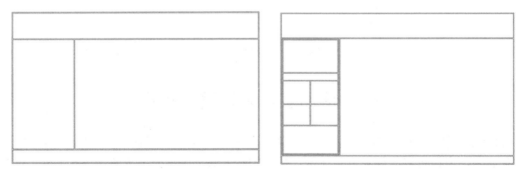

图 7.34　网页结构简化图　　　　　　　　图 7.35　细化网页结构图

经过第二步细化后，其 HTML 源代码如下。

```
<body>
<table width="800" height="500" border="1" align="center" bordercolor
="#000000">
  <tr>
    <td height="84" colspan="2"></td>
  </tr>
  <tr>
```

```
<td   width="25%"   height="356"><table   width="100%"   height="384"
border="1" bordercolor="#000000">
    <tr>
      <td height="112" colspan="2" valign="top"><p> </p></td>
    </tr>
    <tr>
      <td height="22" colspan="2"> </td>
    </tr>
    <tr>
      <td height="76"> </td>
      <td> </td>
    </tr>
    <tr>
      <td height="68"> </td>
      <td> </td>
    </tr>
    <tr>
      <td height="94" colspan="2" valign="top"><p><br />
      </p></td>
    </tr>
  </table></td>
  <td width="75%"><blockquote>
  <p class="STYLE2"><br />
    </p>
    </blockquote></td>
 </tr>
 <tr>
  <td colspan="2"> </td>
 </tr>
</table>
<p> </p>
</body>
```

7.7　上机实践

一、实验目的
（1）掌握表格的创建、结构调整与美化方法。
（2）熟悉表格与单元格的主要属性及其设置。
（3）掌握在表格和单元格中插入文字或图片的方法。
（4）掌握表格排序方法。

二、实验内容
其最终效果如图 7.36 所示。

学号	语文	数学	总分
1002	87	85	172
1001	81	67	148

图 7.36　实验最终效果

三、实验步骤

首先，在 Dreamweaver CS6 中新建一个文档。将插入点置于需要插入表格的位置。选择"插入"→"表格"菜单命令，打开"表格"对话框。

在"表格大小"中输入如下数据：行为 3，列为 4，表格宽度为 500 像素，边框粗细为 1 像素，单元格边距为 1 像素，单元格间距为 1 像素，标题选择"顶部"。

然后单击"确定"按钮。在设计视图下单击相应的单元格，输入相关的表格数据：

- 在表格的第一行输入如下数据：学号、语文、数学、总分。
- 在表格的第二行输入如下数据：1001、87、85、172。
- 在表格的第三行输入如下数据：1002、81、67、148。
- 选中表格的每一列，将其宽度设为 100 像素，高度设为 100 像素，水平对齐为"居中"，垂直对齐为"居中"。
- 选择整个表格，打开"属性"面板，将边框颜色改为"红色"。
- 选择整个表格，然后选择"命令"→"排序表格"菜单命令，弹出"排序表格"对话框，进行如下设置：按"列 4"排序，顺序为按"数字排序"及"降序"，单击"确定"按钮，如图 7.37 所示。

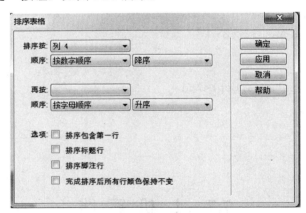

图 7.37　"排序表格"对话框

按 Ctrl+S 键保存该网页。

按 F12 键预览最终效果。

7.8　习　　题

一、选择题

1. 用于设置表格背景颜色属性的是（　　　）。

    A．background   B．bgcolor   C．bordercolor   D．backgroundcolor

2．以下标记中，用于定义一个单元格的是（   ）。

    A．<td>和</td>   B．<tr>和</tr>

    C．<table>和</table>   D．<caption>和</caption>

3．在 HTML 的<th>和<td>标记中，不属于 valign 属性的是（   ）。

    A．top   B．middle   C．low   D．bottom

4．要使表格的边框不显示，应设置 border 的值是(   )。

    A．1   B．0   C．2   D．3

5．HTML 中合并两个单元格应该使用的属性是（   ）。

    A．colspan   B．nowrap   C．colwrap   D．nospan

二、填空题

1．在 HTML 中标记<th bgcolor=#FF0000 width=100 nowrap>的作用是_____。

2．用于设置表格背景颜色属性的是_____。

3．设置一个 1 行 2 列的表格，并且不显示边框，其代码为_____。

三、简答题

1．如何选取整个表格？如何选取某个单元格？

2．单元格边距是指什么？单元格间距是指什么？

3．使用"布局模式"的方法是怎样的？

4．请把下面的表格转换为 HTML 代码。

列车时刻表

站名	到站时间	开车时刻
北京	10:30	10:50
上海	14:20	14:50

    其中，要求页面背景色为白色，网页标题为"列车时刻表"，表宽 500 像素，表的第一行为表头，单元格内容居中，字体大小为 12px。

第 8 章

Div 与 AP Div 的应用

使用 Div 进行网页排版布局是网页设计制作的趋势，通过 CSS 样式可以轻松控制 Div 的位置，从而实现多种不同的布局方式。AP Div 可以理解为浮动于网页上方的 Div，Dreamweaver CS6 中的 AP Div 实际上是来自 CSS 中的定位技术，只不过 Dreamweaver CS6 使其可视化，既可以将 AP Div 前后放置，隐藏某些 AP Div 而显示其他 AP Div，还可以在页面上移动 AP Div。AP Div 体现了网页技术从二维空间向三维空间的延伸，也是一种新的发展方向。使用 AP Div 可以在网页中实现许多特殊的效果。

8.1　在网页中插入 Div 概述

8.1.1　关于 Div 标签

Div 在使用时以<div></div>的形式出现。可以把 Div 看作一个容器，能够放置内容，即：<div>文档内容</div>。

在传统的表格式的布局中完全依赖于表格对象 table 进行页面的排版布局设计。在页面中绘制一个由多个单元格组成的表格，在相应的表格中放置内容，通过表格单元格的位置控制，达到实现布局的目的。而现在，设计者更多使用 Div+CSS 布局页面，Div 是这种布局方式的核心对象。

8.1.2　在网页中插入 Div

在页面中插入 Div，执行以下操作。

（1）在"文档"窗口的设计视图中，将插入点放置在要显示 Div 标签的位置。

（2）执行下列操作之一：

● 选择"插入"→"布局对象"→"Div 标签"菜单命令。

● 在"插入"面板的"布局"类别中，单击"插入 Div 标签"按钮。

（3）打开"插入 Div 标签"对话框，如图 8.1 所示。在其中完成以下设置。

● 插入：用于选择 Div 标签的插入位置。在这里选择"在插入点"选项。

● 类：选择要应用于标签的样式。

● ID：设置 Div 标签的名称。如果附加了样式表，则该样式表中定义的 ID 将出现在列表中。也可以在文本框中手工输入 Div 标签的名称，如图 8.2 所示，ID 名称设置为 news。

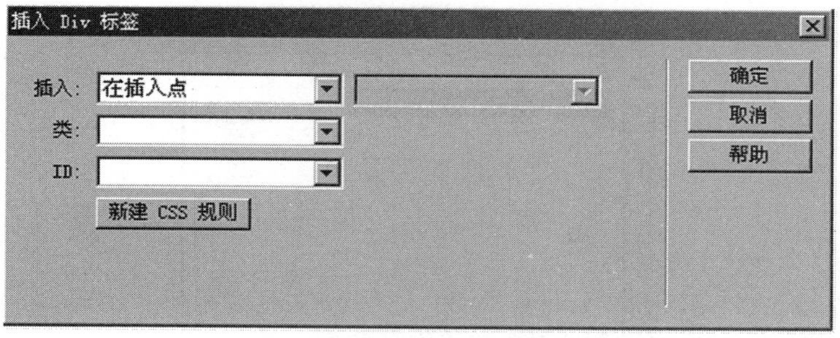

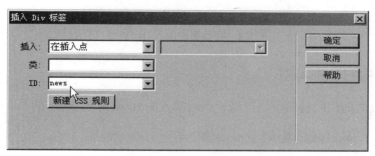

图 8.1 "插入 Div 标签"对话框

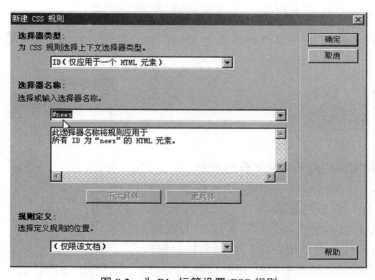

图 8.2 设置 Div 标签的名称

- 新建 CSS 规则。打开"新建 CSS 规则"对话框,如图 8.3 所示,为 ID 名称为 news 的 Div 标签设置 CSS 规则。

图 8.3 为 Div 标签设置 CSS 规则

(4) 单击"确定"按钮,即可在网页中插入一个 Div 标签。如图 8.4 所示。Div 标签以一个框的形式出现在文档中,并带有占位符文本。当指针移到该框的边缘上时,Dreamweaver 会高亮显示该框。

(5) 删除 Div 标签边框内的提示文字,然后输入要添加的内容即可。

图 8.4　在页面中插入 Div 标签

8.1.3　Div 的 HTML 标签

切换到页面的代码视图中，可以看到刚插入的 ID 名称为 news 的 Div 的代码：

`<div id="news">`此处显示 id"news"的内容`</div>`

可以对`<div>`标签应用 class 或 id 属性，但是更常见的情况是只应用其中一种。这两者的主要差异是，class 用于某一类元素，而 id 用于标识单独的唯一的元素。在`<div>`标签中使用 class 属性的代码如下：

`<div class="class 名称">`Div 标签中的内容`</div>`。

此外，`<div>`标签内还可以加入其他属性，如style、title 等。

8.1.4　编辑 Div 标签

Div 标签只是把内容标识为一个区域,而对内容添加样式则由 CSS 样式表来完成。

1. 查看和编辑应用于 Div 标签的规则

（1）执行以下操作之一以选择 Div 标签：

- 单击 Div 标签的边框。
- 在 Div 标签内单击，然后按两次 Ctrl+A 键。
- 在 Div 标签内单击，然后从"文档"窗口底部的标签选择器中选择 div 标签。

（2）应用于 Div 标签的规则显示在"CSS 样式"面板中，如图 8.5 所示。如果"CSS 样式"面板尚未打开，选择"窗口"→"CSS 样式"菜单命令可以打开它。

（3）根据需要进行 CSS 样式编辑。

图 8.5　Div 标签的"CSS 样式"面板

2. 更改 Div 标签的高亮颜色

在设计视图中将指针移到 Div 标签的边缘上时，Dreamweaver 将高亮显示标签的边框。如果需要，可以启用或禁用高亮显示功能，或者在"首选参数"对话框中更改高亮颜色，操作方法如下。

（1）选择"编辑"→"首选参数"菜单命令，打开"首选参数"对话框。

（2）从左侧的"分类"列表中选择"标记色彩"选项。

（3）进行以下任一更改，然后单击"确定"按钮。

- 若要更改 Div 标签的高亮颜色，单击"鼠标滑过"颜色框并使用颜色选择器来选择一种高亮颜色，或在文本框中输入高亮颜色的十六进制值。

- 若要对 Div 标签启用或禁用高亮显示功能，选中或取消选中"鼠标滑过"的"显示"复选框。

☞**提示**：这些选项会影响当指针滑过时 Dreamweaver 高亮显示的所有对象，例如表格。

8.1.5 Div 的嵌套

Div 对象除了可以直接放入文本或其他标签，还可以多个 Div 标签嵌套使用。

在网页中插入一个 Div 标签，再次单击"插入"面板的"布局"类别中的"插入 Div 标签"按钮，打开"插入 Div 标签"对话框，在"插入"选项的下拉列表中，选择要在网页中插入 Div 的位置，如图 8.6 所示。

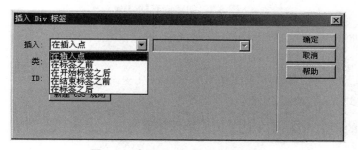

图 8.6　选择 Div 标签的插入位置

当选择除"在插入点"选项之外的任意一个选项后，可以激活其右侧的下拉列表，用于选择页面中某个已存在的标签进行操作，如图 8.7 所示。

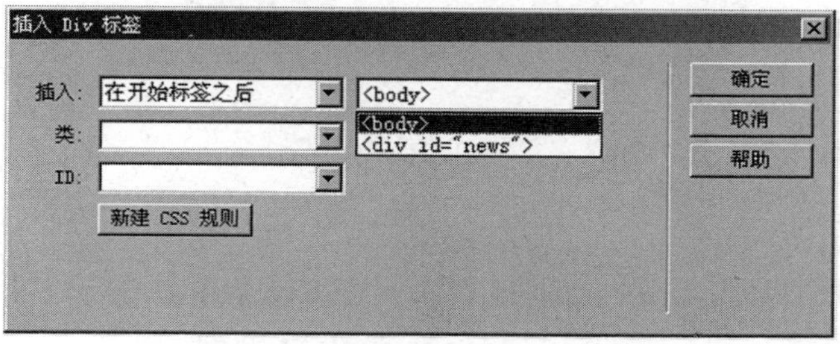

图 8.7　设置嵌套 Div 的插入位置

"插入"下拉列表中各项的作用如下：

- 在插入点：在当前光标所在位置插入相应的 Div 标签。
- 在标签之前：选择该项后，在右侧的下拉列表中选择标签，可以在所选择的标签之前插入相应的 Div 标签。
- 在开始标签之后：选择该项后，在右侧的下拉列表中选择标签，可以在所选择的开始标签之后插入相应的 Div 标签。
- 在结束标签之前：选择该项后，在右侧的下拉列表中选择标签，可以在所选择的结束标签之前插入相应的 Div 标签。
- 在标签之后：选择该项后，在右侧的下拉列表中选择标签，可以在所选择的标签之后插入相应的 Div 标签。

例如，在 ID 名为 news 的 Div 中插入一个 ID 名为 notice 的 Div，则设置"插入 Div 标签"对话框如图 8.8 所示，然后单击"确定"按钮即可。

图 8.8   创建嵌套的 Div

切换到页面的代码视图中，可以看到代码：

```
<div id="news">
  <div id="notice">此处显示 id"notice"的内容</div>
此处显示 id"news"的内容</div>
```

这里显示的是在名为 news 的 Div 中插入了名为 notice 的 Div。

8.2   使用 AP Div 排版

AP Div 本质上也是 Div，AP Div 类似于图像处理软件中的图。AP Div 可以包含文本、图像或其他 HTML 文档，并可以对文档内容实现精确的绝对定位。它的出现使网页从二维拓展到三维。

8.2.1   在网页中插入 AP Div

在网页中插入 AP Div，可执行下列操作：

方法一：选择"插入"→"布局对象"→AP Div 菜单命令，即可将 AP Div 插入页面中，如图 8.9 所示。

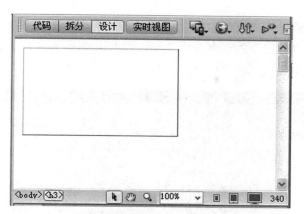

图 8.9 在页面中插入 AP Div

方法二：在"插入"面板的"布局"类别中，单击"绘制 AP Div"按钮，鼠标指针变成十字形状，然后在页面上拖动即可绘制一个 AP Div。通过按住 Ctrl 键可以连续绘制多个 AP Div。

AP Div 插入页面后，Dreamweaver 默认情况下将在设计视图中显示 AP Div 的外框，并且当将指针移到 AP Div 的外框上面时（指针变成✥形状）还会高亮显示边框。

创建 AP Div 后，只需将插入点放置于该 AP Div 中，就可以像在页面中添加内容一样，将内容添加到 AP Div 中，例如输入文字、插入图片、插入表格、添加 AP Div 和设置链接等操作。

在 AP Div 边框内的任意位置单击，在 AP Div 中放置插入点，该 AP Div 的边框会突出显示，并且 AP Div 左上角会出现选择柄囗，如图 8.10 所示。

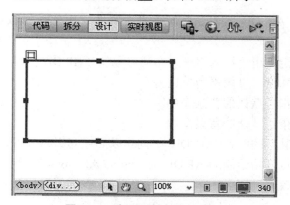

图 8.10 选择页面中的 AP Div

☞**提示**：若要隐藏 AP Div 的边框，选择"查看"→"可视化助理"菜单命令，然后取消选择"AP 元素轮廓线"和"CSS 布局外框"。

8.2.2 设置 AP Div 首选参数

要查看或设置 AP Div 首选参数，执行以下操作。

（1）选择"编辑"→"首选参数" 菜单命令，打开"首选参数"对话框。

（2）从左侧的"分类"列表中选择"AP 元素"，如图 8.11 所示，按需要进行更改，然后单击"确定"按钮。

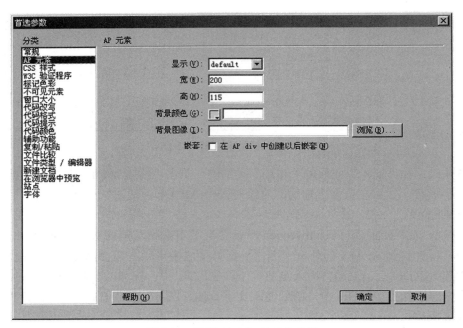

图 8.11 设置 AP Div 的首选参数

其中：

- 显示：确定 AP Div 在默认情况下是否可见。其选项为 default、inherit、visible 和 hidden。
- 宽、高：指定使用"插入"→"布局对象"→AP Div 菜单命令创建的 AP Div 的默认宽度和高度（以像素为单位）。
- 背景颜色：指定默认的背景颜色。
- 背景图像：指定默认的背景图像。
- 嵌套：选择其后的"在 AP Div 中创建以后嵌套"复选框，指定从现有 AP Div 边界内的某点开始绘制的 AP Div 是嵌套的 AP Div。当绘制 AP Div 时，按下 Alt 键可临时更改此设置。

8.2.3 创建嵌套 AP Div

1. 什么是嵌套 AP Div

嵌套 AP Div 就是在一个 AP Div 中插入另一个 AP Div，如图 8.12 所示。嵌套 AP Div 的明显标志是子 AP Div 图标出现在父 AP Div 中。需要注意的是，非嵌套 AP Div 的定位相对于网页的左上角，而嵌套 AP Div 子 AP Div 的定位相对于父 AP Div 的左上角。

"AP 元素"面板中嵌套 AP Div 的表示如图 8.13 所示。

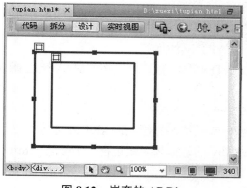

图 8.12 嵌套的 AP Div

图 8.13 嵌套 AP Div 在 "AP 元素" 面板中的表示

在代码视图中，嵌套 AP Div 的代码如下：

```
<div id="apDiv1">
  <div id="apDiv2"></div>
</div>
```

嵌套 AP Div 随其父 AP Div 一起移动。此外，嵌套 AP Div 具有继承性，这一特性可以使子 AP Div 的可见性和父 AP Div 保持一致，它继承了其父 AP Div 的所有特性，包括背景色和可视性等，也可以让子 AP Div 和父 AP Div 的相对位置不变。

2．如何创建嵌套 AP Div

要创建嵌套 AP Div，首先确保在 "首选参数" 对话框的 "AP 元素" 中（如图 8.11 所示）勾选了 "在 AP div 中创建以后嵌套" 复选框。然后执行下列操作。

（1）在页面中插入一个 AP Div，将插入点放到 AP Div 中。

（2）执行下列操作之一：

- 选择 "插入" → "布局对象" → AP Div 菜单命令即可插入嵌套 AP Div。
- 单击 "布局" 工具栏中的 "绘制 AP Div" 按钮，在现有的 AP Div 中直接拖动鼠标绘制一个嵌套的 AP Div。

8.3 操纵 AP Div

8.3.1 选择 AP Div

对 AP Div 进行操作或更改它们的属性前，首先要先选择一个或多个 AP Div。AP Div 选定后如图 8.14 所示。

（1）要在 "AP 元素" 面板中选择一个 AP Div，执行以下操作之一：

- 选择 "窗口" → "AP 元素" 菜单命令，在 "AP 元素" 面板中，单击该 AP Div 的名称。

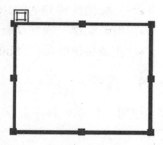

图 8.14 选择 AP Div 后的状态

- 单击一个 AP Div 的选择柄□。如果选择柄不可见，先在该 AP Div 中的任意位置单击以显示该选项柄。
- 鼠标指向 AP Div 边框，当鼠标指针变为✛形状时，单击 AP Div 的边框。
- 在 AP Div 内单击并在标签选择器中选择 AP Div 的标签。
- 在 AP Div 内单击并按 Ctrl+A 键选择 AP Div 的内容。再次按 Ctrl+A 键选择 AP Div。

（2）要选择多个 AP Div，执行以下操作之一：

- 在"AP 元素"面板中，按住 Shift 键并单击两个或更多的 AP Div 名称。
- 在"文档"窗口中，在两个或更多个 AP Div 的边框内（或边框上）按住 Shift 键并单击。

8.3.2 调整 AP Div 大小

选中的 AP Div 会出现 8 个控制点，将鼠标移至控制点上，指针形状变为双键头时，按住鼠标左键拖曳，即可改变 AP Div 的大小。可以调整单个 AP Div 的大小，还可以同时调整多个 AP Div 的大小以使其具有相同的宽度和高度。

要同时调整多个选定 AP Div 的大小，在设计视图中，先选择两个或更多个 AP Div。然后执行下列操作之一：

- 选择"修改"→"排列顺序"→"设成宽度相同"菜单命令，或选择"修改"→"对齐"→"设成高度相同"菜单命令，先选定的 AP Div 将与最后选定的一个 AP Div 的宽度或高度一致。
- 在"属性"检查器中的"多个 CSS-P 元素"下输入宽度和高度值，这些值将应用于所有选定的 AP Div。

8.3.3 移动 AP Div

AP Div 具有自由移动的特点，移动 AP Div 的方法与在基本的图形应用程序中移动对象的方法相同。

注意：如果已启用"防止重叠"选项，那么在移动 AP Div 时将无法使其相互重叠。

若要移动一个或多个选定的 AP Div，执行下列操作之一：

- 直接拖动 AP Div 的选择柄来移动 AP Div；若要通过拖动来移动多个 AP Div，拖动最后一个选定 AP Div（黑色突出显示）的选择柄。
- 鼠标指针移到 AP Div 边框线上，当鼠标指针变为✛形状时，拖动 AP Div。
- 用箭头键一次移动一个像素。
- 按箭头键时按住 Shift 键可按当前网格靠齐增量来移动 AP Div。

8.3.4 对齐 AP Div

使用 AP Div 对齐命令可将一个或多个 AP Div 与最后一个选定的 AP Div 的边框对齐。

若要对齐两个或更多个 AP Div，执行以下操作。

（1）在设计视图中，选择 AP Div。

（2）选择"修改"→"排列顺序"菜单命令，然后选择一个对齐选项。

例如，如果选择"上对齐"，所有 AP Div 都会移动以使其上边框与最后一个选定的 AP Div（黑色高亮显示）的上边框处于同一垂直位置。

8.4　设置 AP Div 的属性

8.4.1　"AP 元素"面板

在页面中使用 AP Div 时，"AP 元素"面板为管理 AP Div 提供了方便的方法。通过"AP 元素"面板可以管理文档中的 AP Div。使用"AP 元素"面板可防止重叠，更改 AP Div 的可见性，将 AP Div 嵌套或重叠，以及选择一个或多个 AP Div。

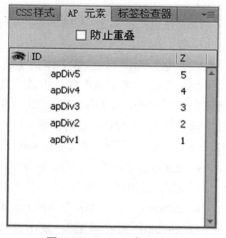

图 8.15　"AP 元素"面板

选择 "窗口"→"AP 元素"菜单命令，打开"AP 元素"面板，如图 8.15 所示。在"AP 元素"面板中第一个创建的 AP Div（Z 轴为 1）出现在列表的底部，最新创建的 AP Div 出现列表的顶部。

"AP 元素"面板各项的含义如下。

（1）防止重叠：默认状态下创建的 AP Div 是允许重叠的。若想让各个 AP Div 间没有重叠，可以选择"防止重叠"复选框。这样再绘制 AP Div 或移动 AP Div 时，若将指针移至另一个 AP Div 上，鼠标指针将会变为禁止绘制状态，不允许 AP Div 重叠。

当启用"防止重叠"选项后，Dreamweaver 不会自动修正页面上的现有重叠 AP Div。可以在设计视图中拖动各重叠 AP Div 以使其分离。

（2）眼睛图标列：单击可以更改 AP Div 可见性。默认 AP Div 为显示状态。选中一个 AP Div 之后，单击 AP Div 名称左侧的眼睛图标，可以设置 AP Div 的显示或隐藏。眼睛睁开为显示 AP Div，眼睛闭上为隐藏 AP Div。

（3）ID：显示各 AP Div 的名称。通过双击可以修改 AP Div 的名称。

（4）Z：用于排定各个 AP Div 的叠加顺序。AP Div 显示为按 Z 轴顺序排列的名称列表，Z 轴数值大的 AP Div 在数值小的 AP Div 的上面，覆盖数值小的 AP Div。默认情况下，第一个创建的 AP Div（Z 轴为 1）出现在列表的底部，最新创建的 AP Div（Z 轴顺序大于 1）出现在列表的顶部。但是可以通过双击 Z 轴的数字更改 Z 轴来更改 AP Div 在堆叠顺序中的位置。例如，如果创建了 6 个 AP Div，并且想将第 4 个 AP Div 移至顶部，则应为其分配一个高于其他 AP Div 的 Z 轴顺序。

8.4.2　查看和设置单个 AP Div 的属性

当选择一个 AP Div 时，"属性"检查器将显示 AP Div 的属性，如图 8.16 所示。

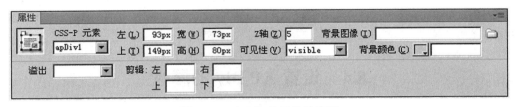

图 8.16　AP Div 的属性检查器

AP Div 的属性检查器中各项的含义如下。

（1）CSS-P 元素：为选定的 AP Div 指定一个 ID。每个 AP Div 都必须有各自的唯一 ID。

（2）左、上：指定 AP Div 的左上角相对于页面（如果嵌套，则为父 AP 元素）左上角的位置。

（3）宽、高：指定 AP Div 的宽度和高度。

（4）Z 轴：确定 AP Div 的 Z 轴或堆叠顺序。在浏览器中，Z 轴编号较大的 AP Div 出现在编号较小的 AP Div 的前面。当更改 AP Div 的堆叠顺序时，使用"AP 元素"面板要比输入特定的 Z 轴值更为简便。

（5）可见性：设置指定 AP Div 最初是否是可见的。有以下选项：

- default：为"默认"，不指定可见性属性。当未指定可见性时，大多数浏览器都会默认为"继承"。
- inherit：为"继承"，使用该 AP Div 父级的可见性。
- visible：为"可见"，显示该 AP Div 的内容。
- hidden：为"隐藏"，隐藏该 AP Div 的内容。

（6）背景图像：用于指定 AP Div 的背景图像。

（7）背景颜色：用于设置 AP Div 的背景颜色。

（8）溢出：设置当 AP Div 的内容超过 AP Div 的指定大小时如何在浏览器中显示 AP Div。有以下选项：

- visible：为"可见"，通过延伸 AP Div 来显示额外的内容。
- hidden：为"隐藏"，不在浏览器中显示额外的内容。
- scroll：为"滚动"，在 AP Div 上添加滚动条，而无论是否需要滚动条。
- auto：为"自动"，浏览器仅在需要时（即当 AP Div 的内容超过其边界时）才显示滚动条。

（9）剪辑：定义 AP Div 的可见区域。指定左、上、右和下坐标以在 AP Div 的坐标空间中定义一个矩形（从 AP Div 的左上角开始计算）。AP Div 将经过"裁剪"以使得只有指定的矩形区域才是可见的。

【例 8.1】　在页面中绘制 4 个 AP Div，在 AP Div 中插入同一张图像。然后在属性检查器中调整 AP Div 的大小（要小于图像的大小），再分别设置溢出参数。图 8.17～图 8.20

显示了在一个 AP Div 中插入图片时溢出参数设定为不同值的效果。

图 8.17　设为 hidden

图 8.18　设为 visible

图 8.19　设为 scroll

图 8.20　设为 auto

8.4.3　查看和设置多个 AP Div 的属性

当选择两个或更多个 AP Div 时，属性检查器会显示文本属性以及全部 AP Div 属性的一个子集，从而可以同时修改多个 AP Div，如图 8.21 所示，其中各属性项的作用与单个 AP Div 的属性基本相同。

图 8.21　选择多个 AP Div 后的属性检查器

8.5　AP Div 与表格的相互转换

8.5.1　将 AP Div 转换为表格

AP Div 和表格都是对网页进行精确定位的工具，用 AP Div 定位比表格定位使用起来更加方便，AP Div 的优点很明显，但缺点也同样明显。例如，难以制作一个适应不同分辨率的网页；当一个页面使用了多个 AP Div 后，页面的复杂程度增加而导致编辑起来非常繁琐；编辑状态与浏览状态的实际效果有相当明显的差别；等等。这时可以利用 AP Div 进行排版，然后将 AP Div 转换为表格。

在标准模式下，将 AP Div 转换为表格之前，要确保 AP Div 没有重叠。然后执行以下操作。

（1）选择"修改"→"转换"→"将 AP Div 转换为表格"菜单命令，打开"将 AP Div 转换为表格"对话框，如图 8.22 所示。

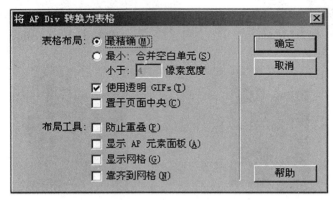

图 8.22 "将 AP Div 转换为表格"对话框

（2）选择所需表格布局和布局工具选项，单击"确定"按钮，即将 AP Div 转换为一个表格。

其中各设置项的含义如下。

（1）最精确：为每个 AP Div 创建一个单元格以及保留 AP Div 之间的空间所必需的任何附加单元格。

（2）"最小：合并空白单元"：若 AP Div 位于指定的像素数内，则应对齐 AP Div 的边缘。如果选择此选项，结果表将包含较少的空行和空列，但可能不与布局精确匹配。

（3）使用透明 GIFs：使用透明的 GIF 填充表格的最后一行。这将确保该表在所有浏览器中以相同的列宽显示。当启用此选项后，不能通过拖动表列来编辑结果表。当禁用此选项后，结果表将不包含透明 GIF，但在不同的浏览器中可能会具有不同的列宽。

（4）置于页面中央：将结果表放置在页面的中央。如果禁用此选项，表将在页面的左边缘开始。

（5）防止重叠：选中该项可以使 AP Div 不会重叠。

（6）显示 AP 元素面板：选中该选项，当 AP Div 转换成表格后会显示"AP 元素"面板。

（7）显示网格：选中该项，当 AP Div 转换成表格后会显示网格线。

（8）靠齐到网格：选中该项，当 AP Div 转换成表格后会自动贴齐网格线。

☞**提示**：由于表单元格不能重叠，Dreamweaver 无法从重叠 AP Div 创建表格。如果要将文档中的 AP Div 转换为表格，必须选中"防止重叠"选项来约束 AP Div 的移动和定位，使 AP Div 不会重叠。

如图 8.23 所示，页面中有 3 个 AP Div，分别为其插入了图像。执行"修改"→"转换"→"将 AP Div 转换为表格"菜单命令，选择"表格布局"选项组中的"最精确"和"使用透明 GIFs"复选框，并选择"布局工具"选项组中的"防止重叠""显示 AP 元素面板"和"靠齐到网格"复选框，单击"确定"按钮，将 AP Div 转换为表格，如图 8.24 所示。

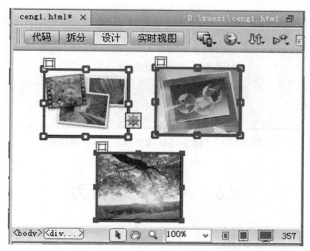

图 8.23　在页面中添加 3 个 AP Div

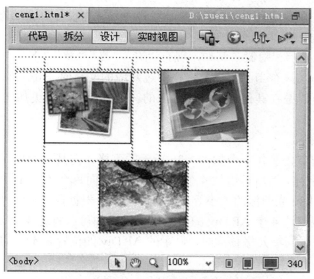

图 8.24　将 AP Div 转换为表格后的效果

8.5.2　将表格转换为 AP Div

　　在网页制作中，表格没有 AP Div 灵活，为了方便调整一些元素的位置，可将表格转化为 AP Div。由于 AP Div 能定位到网页中的任何位置，所以将表格转换为 AP Div 后可

以方便定位网页元素的位置。

要将表格转换为 AP Div，选择"修改"→"转换"→"将表格转换为 AP Div"菜单命令，打开"将表格转换为 AP Div"对话框，如图 8.25 所示。从中进行所需的设置，单击"确定"按钮，表格即转换为 AP Div。空单元格不会转换为 AP Div（除非它们具有背景颜色）。

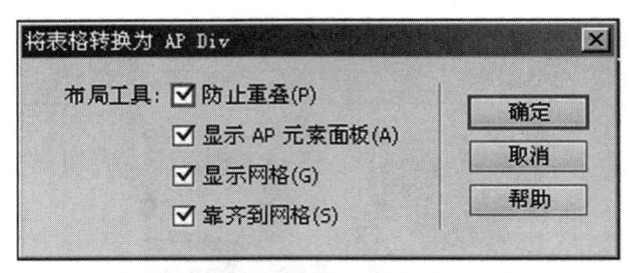

图 8.25　"将表格转换为 AP Div"对话框

8.6　AP Div 的行为

8.6.1　AP Div 的显示和隐藏

AP Div 的显示和隐藏是 AP Div 的一个重要特性，在设计页面时常常使用它来制作动态效果。下面就举一个利用 AP Div 的显示和隐藏特点设计页面动态效果的例子。

【例 8.2】　通过鼠标对页面中的某个元素（如图像、文字、表格、单元格等）的操作来控制 AP Div 的显示和隐藏。例如，现有"春""夏""秋""冬"4 幅图像，自然状态下它们是不显示的，只有当浏览者的鼠标滑过对应的文字时，相应的图像才会显示。而且，这些图像是可以叠在其他页面内容之上的，这种效果可以更加充分地利用浏览器屏幕的有限空间。

制作的步骤如下。

（1）在文档窗口先制作一个如图 8.26 所示的表格，向其中的单元格分别写入"春""夏""秋""冬"字样。然后再添加 4 个 AP Div，分别向每个 AP Div 内插入相应的图像，然后调整各个 AP Div 或图像的大小等属性。此外可以根据需要通过"修改"→"排列顺序"菜单命令调整这 4 个 AP Div 的显示位置，比如可以将这 4 个 AP Div 完全重叠在一起，这样鼠标在不同单元格移动时，显示的 AP Div 的位置是不变的，只是其中的图像在变化。

（2）在 AP 元素面板上更改 AP Div 的名称，分别为 spring、summer、autumn、winter。由于这 4 个 AP Div 在页面浏览的自然状态下是不可见的，因而要把它们的可见性的初始状态均设置为不可见（隐藏）状态。方法就是单击 AP 元素面板右侧的眼睛，使其均呈现为闭眼的状态，如图 8.27 所示。

（3）选中表格中"春"字所在的单元格，单击行为面板的"添加行为"按钮➕▾，从展开的动作列表中选择"显示-隐藏元素"，打开"显示-隐藏元素"对话框。

图 8.26　在页面插入 AP Div

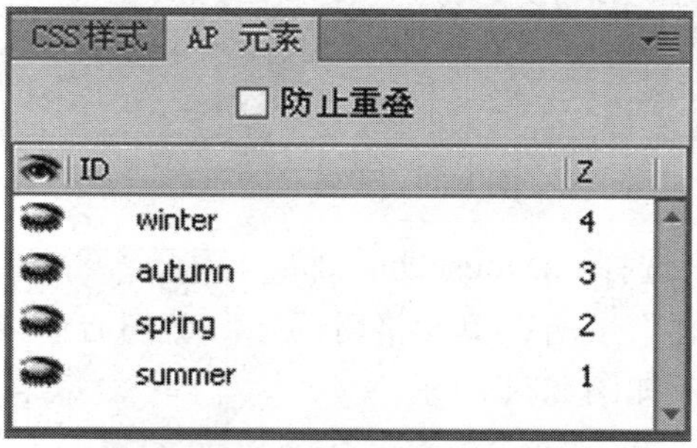

图 8.27　设置可见性

选择"元素"列表中的 div "spring"，单击"显示"按钮，如图 8.28 所示。

图 8.28　设置显示元素

图 8.29　添加行为

然后单击"确定"按钮后，在"行为"面板上出现了一行已设置的行为，如图 8.29 所示，表示当鼠标滑过"春"字所在单元格时，显示 div "spring"。特别要注意鼠标事件是否为 onMouseOver，如果不是，用鼠标单击后在其下拉列表中选择 onMouseOver。

（4）再次选中表格中"春"字所在的单元格，单击"行为"面板的"添加行为"按钮 ＋，在展开的动作列表中选择"显示-隐藏元素"，打开"显示-隐藏元素"对话框。选择"元素"中的 div "spring"，单击"隐藏"按钮，如图 8.30 所示。

单击"确定"按钮后，在"行为"面板上出现了第二个设置的行为。

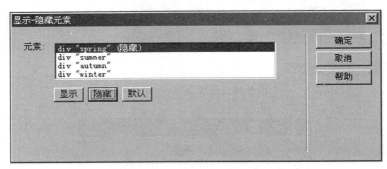

图 8.30　设置隐藏元素

（5）在事件列表中，选择 onMouseOut，将其修改为当鼠标离开"春"字所在单元格时隐藏名为 spring 的 AP Div，如图 8.31 所示。

（6）分别以单元格"夏""秋""冬"为操作对象，添加对应的 summer、autumn、winter 这 3 个 AP Div 的"显示-隐藏元素"行为。

（7）保存文档，在浏览器预览其效果。当鼠标滑过"春"字的单元格时，显示"春"的图像；当鼠标离开"春"字的单元格时，"春"的图像隐藏。"夏"字、"秋"字、"冬"字单元格也有同样的效果。

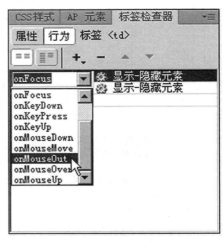

图 8.31　修改事件

8.6.2　设置容器的文本

"设置容器的文本"行为将页面上的现有容器（即可以包含文本或其他元素的任何元素）的内容和格式替换为指定的内容。该内容可以包括任何有效的 HTML 源代码。

虽然"设置容器的文本"将替换 AP Div 的内容和格式设置，但保留 AP Div 的属性，包括颜色。通过在"设置容器的文本"对话框的"新建 HTML"文本框中包括 HTML 标签，可对内容进行格式设置。

可以在文本中嵌入任何有效的 JavaScript 函数调用、属性、全局变量或其他表达式。若要嵌入一个 JavaScript 表达式，应将其放置在大括号（{{}}）中。若要显示大括号，在它前面加一个反斜杠（\{）。

下面通过例子说明使用"设置容器的文本"动作的操作方法。

【例 8.3】 在页面中先绘制一个 AP Div，AP Div 中插入一个图像。然后为 AP Div 添加"设置容器的文本"行为，当鼠标移上（onMouseOver）时显示文本"秋日阳光"。下面是操作步骤。

（1）选择 AP Div 并打开"行为"面板。

（2）在"行为"面板中，单击添加行为按钮，从弹出的菜单中选择"设置文本"→"设置容器的文本"命令，打开"设置容器的文本"对话框。

（3）在"设置容器的文本"对话框中，在"容器"下拉列表中选择目标 AP Div。

在"新建 HTML"文本框中输入消息或任何有效的 HTML 源代码，然后单击"确定"按钮，如图 8.32 所示。

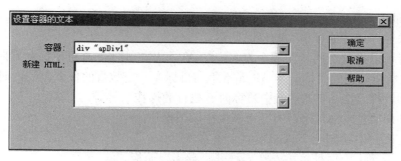

图 8.32 "设置容器的文本"对话框

（4）检查默认事件是否是所需的事件。如果不是，从弹出式菜单中选择另一个事件，如图 8.33 所示。

图 8.33 修改"设置容器的文本"行为的事件

（5）保存后浏览网页，图 8.34 和图 8.35 是浏览效果。

图 8.34　例 8.3 页面的初始效果

图 8.35　鼠标移到图片上时显示文本

8.6.3　拖动 AP 元素

"拖动 AP 元素"行为可让访问者拖动绝对定位的 AP 元素。使用此行为可创建拼板游戏、滑块控件和其他可移动的界面元素。

设计者可以指定访问者向哪个方向拖动 AP 元素（水平、垂直或任意方向）、访问者应将 AP 元素拖动到的目标、当 AP 元素距离目标在一定数目的像素范围内时是否将 AP 元素靠齐到目标、当 AP 元素命中目标时应执行的操作，等等。

若要使用"拖动 AP 元素"行为，执行以下操作。

（1）在页面中绘制一个 AP Div。

（2）在页面中空白处单击，然后打开"行为"面板。

（3）在"行为"面板中单击添加行为按钮，从弹出菜单中选择"拖动 AP 元素"，打开"拖动 AP 元素"对话框，如图 8.36 所示。

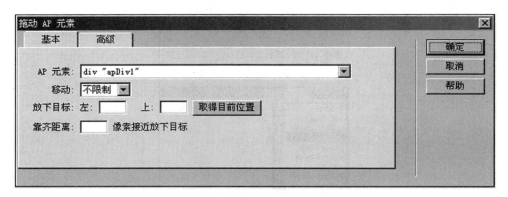

图 8.36　"拖动 AP 元素"对话框的"基本"选项卡

如果"拖动 AP 元素"不可用，则可能是因为选择了一个 AP 元素，可以选择一个不同的对象，比如 body 标签或链接（a 标签）。

1．"基本"选项卡中的选项

（1）在"AP 元素"下拉列表中，选择要使其可拖动的 AP Div。

（2）从"移动"下拉列表中选择"限制"或"不限制"。

不限制移动适用于拼板游戏和其他拖放游戏。对于滑块控件和可移动的布景（例如文件抽屉、窗帘和小百叶窗），应选择限制移动。

（3）对于限制移动，如图 8.37 所示，在"上""下""左"和"右"文本框中输入值（以像素为单位）。

这些值是相对于 AP 元素的起始位置的。如果限制在矩形区域中的移动，则在所有 4 个框中都输入正值。若只允许垂直移动，则在"上"和"下"文本框中输入正值，在"左"和"右"文本框中输入 0。若只允许水平移动，则在"左"和"右"文本框中输入正值，在"上"和"下"文本框中输入 0。

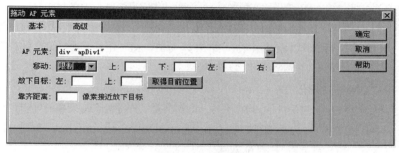

图 8.37　限制移动

（4）放下目标：在"左"和"上"文本框中为拖放目标输入值（以像素为单位）。

拖放目标是一个点，访问者将 AP 元素拖动到该点上。当 AP 元素的左坐标和上坐标与在"左"和"上"框中输入的值匹配时，便认为 AP 元素已经到达拖放目标。这些值是与浏览器窗口左上角相对应的值。单击"取得目前位置"按钮可使用 AP 元素的当前位置自动填充这些文本框。

（5）在"靠齐距离"文本框中输入一个值（以像素为单位）以确定访问者必须将 AP 元素拖到距离拖放目标多近时才能使 AP 元素靠齐到目标。较大的值可以使访问者较容易找到拖放目标。

2．"高级"选项卡

"高级"选项卡如图 8.38 所示。

图 8.38　"拖动 AP 元素"对话框的"高级"选项卡

（1）在"拖动控制点"下拉列表中选择"元素内的区域"，指定访问者必须单击 AP 元素的特定区域才能拖动 AP 元素，然后输入左坐标和上坐标以及拖动控制点的宽度和高度，指定访问者必须单击的特定区域。

此选项用于 AP 元素中的图像具有提示拖动元素（例如一个标题栏或抽屉把）的情况。如果希望访问者可以通过单击 AP 元素中的任意位置来拖动此 AP 元素，不要设置此选项。

（2）拖动时：如果 AP 元素在拖动时应该移动到堆叠顺序的最前面，则选择"将元素置于顶层"。如果选择此选项，在"然后"后面的下拉列表中选择是将 AP 元素保留在最前面还是将其恢复到它在堆叠顺序中的原位置。

在"呼叫 JavaScript"文本框中输入 JavaScript 代码或函数名称，以在拖动 AP 元素时反复执行该代码或函数。例如，可以编写一个函数，用于监视 AP 元素的坐标并在一个文本框中显示提示（如"正在接近目标"或"离拖放目标还很远"）。

（3）放下时：呼叫 JavaScript：在该文本框中输入 JavaScript 代码或函数名称，以在放下 AP 元素时执行该代码或函数。如果只有在 AP 元素到达拖放目标时才执行该 JavaScript，则选择"只有在靠齐时"复选框。

（4）单击"确定"按钮。

（5）检查默认事件是否是所需的事件。如果不是，从弹出式菜单中选择另一个事件。不能将"拖动 AP 元素"行为附加到具有 onMouseDown 或 onClick 事件的对象上。

（6）保存文档，在浏览器中浏览效果。

8.7　上 机 实 践

一、实验目的

（1）能够用 AP Div 设计页面布局。

（2）掌握 AP Div 的特点：重叠、自由移动、显示-隐藏等。

（3）掌握 AP Div 属性检查器和"AP 元素"面板的使用。

二、实验内容及操作提示

（1）用 AP Div 设计页面布局，如图 8.39 所示。

操作提示：

① 在页面依次插入 4 个 AP Div。

② 按照图 8.39 所示的效果分别调整各 AP Div 的大小和位置。在这里要熟悉 AP Div 的选择、移动、调整大小和位置等操作，并能够熟练利用属性检查器和"AP 元素"面板来对 AP Div 进行相关设置。

（2）利用 AP Div 制作阴影文字，如图 8.40 所示。

操作提示：

① 在页面中插入两个 AP Div。

② 分别在 AP Div 中输入相同的文字内容。

③ 为了达到阴影效果，需要调整 AP Div 中的文字颜色。

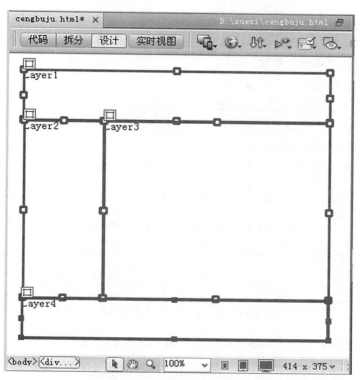

图 8.39 用 AP Div 设计页面布局

④ 调整 AP Div 的位置以达到满意的阴影效果。

（3）设置容器的文本，效果如图 8.41 所示。

图 8.40 用 AP Div 制作阴影文字效果

图 8.41 设置容器的文本

操作提示：

① 插入一个 AP Div，在 AP Div 中插入图像。

② 插入第二个 AP Div，用来放置文本。

③ 单击"行为"面板中的添加行为按钮 ＋，在弹出菜单中选择"设置文本" → "设置容器的文本"命令，打开"设置容器的文本"对话框。

④ 在对话框中的"容器"下拉列表中选择目标（页面中第二个 AP Div），在"新建 HTML"文本框中输入"秋日阳光"，然后单击"确定"按钮。

⑤ 保存网页后预览效果。

（4）显示-隐藏元素。

实现例 8.2 的页面效果，其中表格中的文字"春""夏""秋""冬"及相应图片可以自定义其他内容。

（5）AP Div 和表格的相互转换。

① 创建如图 8.42 所示的表格，然后将其转换为 AP Div。

课程名称	主讲教师	学分	成绩	开课学期
采油工程	张教师	4	91	2001学年第2学期
化工原理	卢教师	2	80	2001学年第1学期

图 8.42　创建表格然后转换为 AP Div

② 创建 AP Div，如图 8.43 所示，然后将其转换为表格。

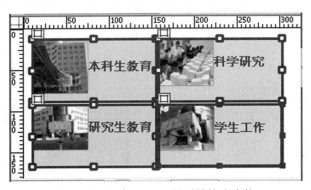

图 8.43　创建 AP Div 然后转换为表格

操作提示：

① 选择"修改"　→　"转换"　菜单命令中相应的菜单项即可。

② AP Div 和表格都是对网页进行精确定位的工具，但又各有优缺点。在网页设计过程中应根据实际情况进行 AP Div 与表格的相互转换。通过此练习加深对 AP Div 的作用及特点的理解。

8.8　习　　题

一、选择题

1. 打开"行为"面板的快捷键是（　　　）。

　　A．F12　　　　　B．Shift+F4　　　　　　C．F4　　　　　　　D．F2

2．要创建一个 AP Div，可以选择"插入"→（　　　）→AP Div 菜单命令。

　　A．布局　　　　　B．布局对象　　　　　C．表格　　　　　D．表格对象

3．要绘制多个 AP Div，需按住（　　　）键，然后单击"绘制 AP Div"按钮。

　　A．Ctrl　　　　　B．Ctrl+Alt　　　　　C．Alt　　　　　D．Shift

4．要预先设置 AP Div 的参数，需要在（　　　）中完成。

　　A．属性检查器　　　　　　　　　　　B．"插入"菜单

　　C．右键菜单　　　　　　　　　　　　D．"首选参数"对话框

二、填空题

1．AP Div 的 HTML 标签是_____。

2．在 AP Div 的属性检查器中，如果 AP Div 内容超出范围，可自动增加大小来显示全部内容，在"溢出"下拉列表框中应设置的选项是_____。

3．要在页面中选择多个 AP Div，应按下_____键。

4．要使绘制的多个 AP Div 不会重叠，应选择"AP 元素"面板中的_____选项。

5．AP Div 的显示顺序按_____排列，首先创建的 AP Div 出现在列表的_____，最后一个创建的 AP Div 出现在列表的_____。

三、简答题

1．AP Div 的特点有哪些？

2．什么是嵌套 AP Div？如何绘制嵌套 AP Div？

3．简述 AP Div 与表格的转换方法。

4．如何改变 AP Div 的重叠顺序？

5．应用"拖动 AP 元素"行为时，如何设置拖动范围？

第9章

创建和使用框架

Dreamweaver CS6 中实现网页页面布局的设计技术有很多，常见的有表格布局、布局面板、层、框架等技术。框架可以方便地将窗口划分为多个子窗口，每个子窗口中分别显示不同的网页文件。利用框架的这一特性，既可以实现网页布局，也可以实现页面导航。

9.1 框 架 概 述

浏览网页的时候，常常会遇到采用框架的网页结构。此类网页一般导航链接在网页的顶部，单击顶部导航上的超级链接后，目标网页出现在当前网页的下部，上部分内容不变。另一种情况是，导航链接在网页的左（右）侧，单击链接后，目标网页出现在当前网页的右（左）侧，而左（右）侧内容不变，如图 9.1 所示。

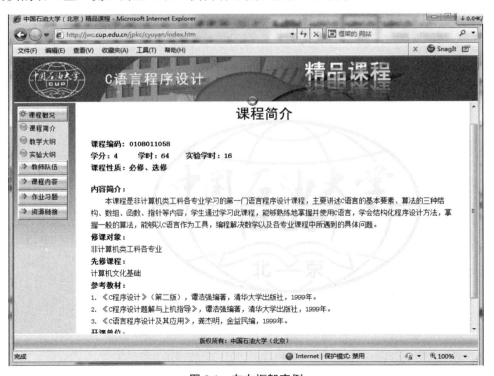

图 9.1 左右框架实例

通常，采用框架结构可以实现上面的导航效果。图 9.1 是一个典型的左右框架的实例，这种结构由 3 个独立的网页文件构成。其结构如图 9.2 所示，整体框架结构由一个文件构成，图中命名为 index.htm。框架中左侧部分命名为 left，其显示的网页文件是 A.htm；右侧部分命名为 right，其显示的网页文件是 B.htm。

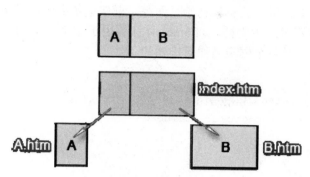

图 9.2 结构示意图

框架结构是指在一个浏览器窗口中显示多个网页的结构。通过上面的例子可以看出，在框架结构中，框架将浏览器窗口划分为几块不同的部分。每个部分显示一个单独的 HTML 文件，这样，可以装载多个不同的网页。通过为超级链接指定目标框架，可以在框架结构的不同页面之间建立内容之间的联系，从而实现页面导航的功能。

框架主要由两部分组成：框架集和单个框架页。框架集就是指定义网页结构与属性的 HTML 页面，其中包含了显示在页面中框架的数目、框架的尺寸、装入框架的页面的来源等。框架集本身不包含要在浏览器中显示的 HTML 内容，但<noframes>部分除外。单个框架页是指在框架定义的某一区域中显示的网页文件。

因此，如果框架页面划分为 N 个区域，实现此框架结构需要 N+1 个 HTML 文件。例如，一个划分为两个区域的框架网页，实际上包含 3 个独立的文件：一个框架集和两个框架页文件。

9.1.1 框架标签

在 HTML 语言中实现框架结构，通常需要使用框架集标签<frameset>和框架标签<frame>。在使用了框架集的页面中，页面的<body>标记被<frameset>标签所取代，然后通过<frame>标签定义每一个框架。

框架的基本语法如下：

```
<html><head><title></title></head>
<frameset rows/cols="value, value, value">
<frame name="frame_name" target="target_frame_name" src="web_page_ full_
name">
<noframes>
<body>此网页使用了框架，但您的浏览器不支持框架。
</body>
</noframes>
```

```
</frameset>
</html>
```

1.   <frameset>标签

框架集是构造整个框架结构的文档，它不包含具体显示的文本和图像，而只包含如何组织安排各个框架位置、大小和初始页面等。框架集是框架使用中最基础的文档，常称之为整个框架显示时的主文档。<frameset>标签用于定义分割浏览器窗口，即定义主文档中有几个框架并且各个框架是如何排列的。

基本格式如下：

```
<frameset   cols="value,value,…"   rows="value,value,…"   framespacing=
"value" bordercolor="color__value">
…
</frameset>
```

其主要属性如下：

（1）cols 属性。frameset 标签有一个必需的属性，要么是 rows，要么是 cols，这取决于实际需要。cols 属性声明框架页为纵向分割，即垂直分割。cols 属性的取值为用逗号（"，"）分开的值列表。这些值可以用具体像素、百分数和*号表示（其中*号表示剩余部分）。它们指定了框架的绝对值（像素值）或相对值（百分数或*）宽度。cols 属性值的数目决定了浏览器将会在文档窗口中显示多少个框架。

```
<frameset cols="200, *">
```

上面的代码将浏览器窗口垂直分割成左右两块，左侧宽度为 200 像素，右侧的框架宽度占据框架集中其余所有的空间。

```
<frameset cols="150,50%,*">
```

表示把浏览器窗口垂直分割成 3 个框架，最左侧的框架宽度值为 150 像素，中间框架占浏览器总宽度的 50%，余下的宽度留给最右侧框架。

```
<frameset cols ="100,200,100">
```

表示浏览器被垂直分割为 3 个框架，第一个（最左）和最后一个（最右）框架被设为 100 像素宽度，中间框架设置成 200 像素宽度。

实际上，除非浏览器窗口正好是 400 像素高，否则浏览器将会自动按照比例延伸或压缩第一个和最后一个框架，使得这两个框架都占据 1/4 的窗口空间，中间框架将会占据剩下 1/2 的窗口空间。

（2）rows 属性。rows 属性分别表示上下分割浏览器窗口，即横向分割、水平分割。其取值与 cols 类似，只是含义不同，rows 值表示框架的高度。

```
<frameset rows="25%,50%,25%">
```

表示浏览器窗口被水平分割成 3 部分：上、中、下。上面和下面框架的高度占整个窗口的 1/4，中间框架的高度占整个浏览器窗口高度的 1/2。

```
<frameset rows="250,*">
```

表示浏览器窗口水平分割成两部分，上面的框架高度为 250 像素，下面的框架占余下的高度部分。

```
<frameset rows="*,*,*">
```

表示总共有 3 个上下排列的框架,每个框架占整个浏览器窗口的 1/3。

```
<frameset  rows ="40%,*,*">
```

表示总共有 3 个上下排列的框架,第一个框架占整个浏览器窗口的 40%,剩下的空间平均分配给另外两个框架。

2．<frame>标签

<frame>标签嵌套在<frameset>标签之中，用于定义一个具体的框架。<frame>标签用于对各个框架进行初始化设置，<frame>标签的个数应等于框架个数，并依出现的次序和层次先行后列对框架进行初始化。

其基本格式如下：

```
<frame src="file_name" name="frame_name" scrolling="value" noresize=
"value">…</frame>
```

其主要属性如下：

（1）src 属性。src 属性声明首次打开框架网页时默认的页面，其值为框架显示的文件路径。

（2）name 属性。定义此框架的名字，这个名字是供超文本链接标记<A href="" target="">中的 target 属性指定链接的目标 HTML 文件显示在哪一个框架中。框架的命名有一定的规则，框架名称必须是单个单词，可以使用下画线（_），但不允许使用连字符（-）、句号（.）和空格。框架名称必须以字母开始并且区分大小写。

```
<frame src="title.html" name="my_title">
```

上述代码表示此框架名称为 my_title，在浏览器中此框架显示 title.html 网页文件。

（3）target 属性，其取值如下：

- _ parent：在父窗体中打开链接。
- _top：在当前窗体打开链接，并替换当前的整个窗体（框架页）。
- 一个对应的框架（frame）的名称：在对应框架页中打开。

其余选项请参考第 5 章的相关内容。

（4）scrolling 属性。滚动条控制，设定滚动条是否显示。可以控制是否为某框架加入滚动条，以便于观看框架中的内容。该属性的取值有 yes、no、auto，分别表示加入垂直和水平滚动条、不加滚动条、根据需要加滚动条。

（5）noresize 属性。禁止改变框架的大小。假如一个框架有可见边框，用户可以拖动边框来改变它的大小。为了避免这种情况发生，可以在 <frame> 标签中加入

noresize="noresize"。

【例 9.1】 框架结构综合实例。

index_tangshi.html 网页为主文档，其部分代码如下：

```
<head>
<title>框架结构实例</title>
</head>
<frameset cols="137,*" framespacing="0" frameborder="yes" border="0">
  <frame src="left.html" name="leftFrame" scrolling="No" noresize=
"noresize" id="leftFrame" title="leftFrame" />
  <frame src="main.html" name="mainFrame" id="mainFrame" title= "mainFrame" />
</frameset>
<noframes><body>
</body>
</noframes>
</html>
```

通过 frameset 标记属性设置 cols="137,*"，可以看出窗口为垂直分割（窗口分成左、右两部分），frameborder="yes"表示此框架显示边框。

再来分析 frame 标记的属性：

```
<frame src="left.html" name="leftFrame" scrolling="No" noresize=
"noresize" id="leftFrame" title="leftFrame" />
```

表示左框架名称为 leftFrame，浏览器加载网页 index_tangshi.html 网页时左框架显示 left.html 网页的内容，且不出现滚动条。

left.html 网页部分代码如下：

```
<head>
<style type="text/css">
<!--
.STYLE1 {
    font-size: 14px;
    font-family: "黑体";
}
-->
</style>
</head>
<body>
<p class="STYLE1">李白    月下独酌</p>
<p class="STYLE1">杜甫    赠卫八处士 </p>
<p class="STYLE1">杜甫    佳人 </p>
<p class="STYLE1">韦应物  送杨氏女 </p>
<p class="STYLE1">李白    关山月 </p>
<p class="STYLE1">李白    长干行 </p>
</body>
```

```
</html>
```

main.html 网页部分源代码如下：

```
<style type="text/css">
<!--
.STYLE2 {
    font-size: 14px;
    font-family: "黑体";
}
-->
</style>
</head>
<body>
 
<span class="STYLE2">唐代(公元 618-907 年)是我国古典诗歌发展的全盛时期。唐诗是我
国优秀的文学遗产之一，也是全世界文学宝库中的一颗灿烂的明珠。尽管离现在已有一千多年了，
但许多诗篇还是为我们所广为流传。        <br />
      唐代的诗人特别多。李白、杜甫、白居易是世界闻名的伟大诗人，除他们之外，还有其他无
数的诗人，像满天的星斗一般。这些诗人，今天知名的就还有二千三百多人。他们的作品，保存
在《全唐诗》中的也还有四万二千八百六十三首。唐诗的题材非常广泛：有的从侧面反映当时社
会的阶级状况和阶级矛盾，揭露了封建社会的黑暗；有的歌颂正义战争，抒发爱国思想；有的描
绘祖国河山的秀丽多娇；此外，还有抒写个人抱负和遭遇的，有表达儿女爱慕之情的，有诉说朋
友交情、人生悲欢的等等；总之从自然现象、政治动态、劳动生活、社会风习，直到个人感受，
都逃不过诗人敏锐的目光，成为他们写作的题材。在创作方法上，既有现实主义的流派，也有浪
漫主义的流派，而许多伟大的作品，则又是这两种创作方法相结合的典范，形成了我国古典诗歌
的优秀传统。        <br />
      唐诗的形式是多种多样的。唐代的古体诗，主要有五言和七言两种。近体诗
也有两种，一种叫做绝句，一种叫做律诗。绝句和律诗又各有五言和七言之不同。所以唐诗的基
本形式有这样六种：五言古体诗，七言古体诗，五言绝句，七言绝句，五言律诗，七言律诗。古
体诗对音韵格律的要求比较宽：一首之中，句数可多可少，篇章可长可短，韵脚可以转换。近体
诗对音韵格律的要求比较严：一首诗的句数有限定，即绝句四句，律诗八句，每句诗中用字的平
仄声，有一定的规律，韵脚不能转换；律诗还要求中间四句成为对仗。古体诗的风格是前代流传
下来的，所以又叫古风。近体诗有严整的格律，所以有人又称它为格律诗。  </span>
</body>
</html>
```

按 F12 键预览网页 index_tangshi.html，浏览器窗口效果如图 9.3 所示。

需要注意的是，此例中只是实现了一个左右分割的框架，但是缺乏框架之间的交互。实际进行框架制作时，往往需要某些交互。例如图 9.3，左侧框架作为导航框架，点击诗名（或者作者与诗名），其对应的具体内容页面应该在右侧框架显示。那么，如何实现呢？当然需要超级链接了。以图 9.3 为例，首先制作李白的《月下独酌》诗的具体页面，网页名称为 libai_moon.html；然后打开网页 left.html，制作文字"李白   月下独酌"的超级链接。注意，此超级链接目标文件需要在右侧框架窗口打开，而右侧框架名为 mainFrame，因此，最终的超级链接代码如下：

网页设计与制作（第3版）

```
<p class="STYLE1">
<a href="libai_moon.html" target="mainFrame">李白    月下独酌</a></p>
```

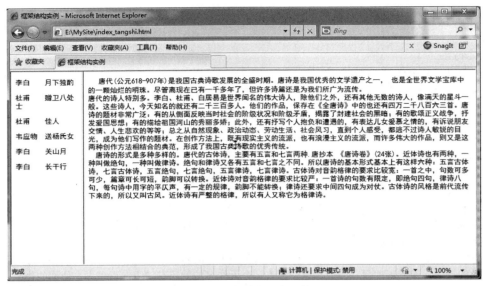

图 9.3　例 9.1 浏览器窗口效果

3．标签

并不是所有的浏览器都支持框架标签，那么，该如何提高网页的浏览器兼容性呢？这就需要使用<noframes>标签了。<noframes>声明在不支持框架页面显示的浏览器中，由嵌套在<noframes>标签中<body>…</body>中的内容代替框架内容显示。

例如代码：

```
<frameset rows="150 ,*">
<frame name=" frame1" scrolling="no" noresize target="2" src="frame-1.htm">
<frame name="2" target="frame1" src="frame-4.htm">
<noframes><body>此网页使用了框架，但您的浏览器不支持框架。</body></noframes>
</frameset>
```

在上面的基本结构中，如果浏览器不支持框架，将显示以下提示文本："此网页使用了框架，但您的浏览器不支持框架。"

9.1.2　< frameset >标签的嵌套

<frameset>标签可以嵌套使用，以构造包含横向和纵向框架的窗口。以下代码用嵌套框架结构建立一个多层框架的窗口。

【例 9.2】　嵌套框架结构。

index_shi.html 网页为主文档页面，定义框架结构，其部分代码如下：

```
<frameset rows="80,*" frameborder="yes" border="0" framespacing="0">
```

```
    <frame   src="top.html"   name="topFrame"   scrolling="No"   noresize=
"noresize"  id="topFrame" title="topFrame" />
    <frameset cols="164,*" framespacing="0" frameborder="yes" border="0">
      <frame   src="left.html"   name="leftFrame"   scrolling="No"   noresize=
"noresize" id="leftFrame" title="leftFrame" />
      <frame src="main.html" name="mainFrame" id="mainFrame" title="main-
Frame" />
    </frameset>
</frameset>
<noframes><body>
</body>
</noframes>
```

top.html 网页显示在顶部框架，其部分代码如下：

```
<head>
<style type="text/css">
<!--
.STYLE1 {
    font-size: 24px;
    font-weight: bold;
}
-->
</style>
</head>
<body>
<span class="STYLE1">  嘟嘟猪的古诗词网 </span>
</body>
```

left.html 网页与 main.html 网页内容请参考例 9.1。本例在浏览器中的显示效果如图 9.4 所示。

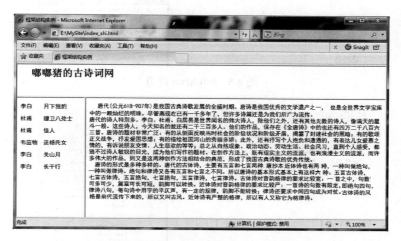

图 9.4　例 9.2 在浏览器中显示的效果

9.2　Dreamweaver CS6 中框架的基本操作

9.2.1　新建框架

制作框架结构的网页之前，首先需要思考下面几个问题：网页由几个框架构成，框架采用上下还是左右结构，是否嵌套，总共制作多少个网页，每个框架要不要滚动条，框架尺寸能否调整，等等。

通常创建框架结构有两种方案。第一种情况是先规划好页面区域的个数 N，然后按照 HTML 页面数为 $N+1$ 的原则，制作用于在框架结构中显示的具体 HTML 页面；最后制作对浏览器进行 N 块区域划分的包含框架集的主文档页面文件，这种方案可以称之为"先零后整"。第二种方案与之相反，首先制作包含框架集的主文档页面，然后再制作具体的内容页面，可以称之为"先整后零"。

下面演示在 Dreamweaver CS6 中这两种方案的具体操作。

1．方案一：先零后整

这里以左右框架为例从头开始制作一个框架。由于是左右框架，所以 $N=2$，需要制作 3 个网页文件，首先制作左侧和右侧框架初始显示的网页，网页名称暂定为 left.html 和 right.html；包含框架集结构的主文档网页名称定为 index.html。

首先制作 left.html 网页和 right.html 网页，具体制作方法请参考本书前面相应章节。其在设计视图下的效果如图 9.5 和图 9.6 所示。

图 9.5　left.html 网页

图 9.6　right.html 网页

接着在 Dreamweaver CS6 中新建一个空白网页，先不保存。

执行 Dreamweaver CS6 的菜单"插入"→HTML 命令，在弹出的"框架"子菜单中选择"左对齐"命令。Dreamweaver CS6 生成一个空白的框架页面，并弹出"框架标签辅助功能属性"对话框，如图 9.7 所示，如果使用系统分配的框架名称，则直接单击对话框的"确定"按钮即可。

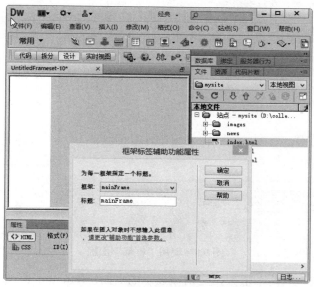

图 9.7　插入框架集

选择菜单"文件"→"保存框架页"命令，如图 9.8 所示，在"另存为"对话框中，将文件名修改成要保存的文件名，本例中修改为 index.html。

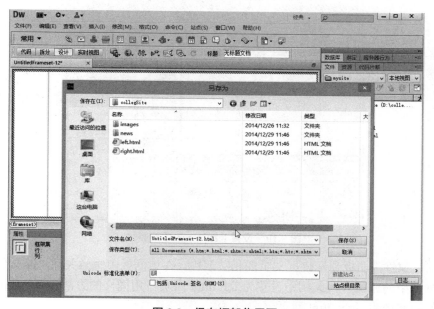

图 9.8　保存框架集网页

选择菜单"窗口"→"框架"命令，显示"框架"面板，如图 9.9 所示。从框架面板可知，系统自动为左右框架生成命名，左框架名为 leftFrame，右框架名为 mainFrame，当然可以通过框架属性面板对框架重新命名。创建超级链接时，要依据它正确控制指向的页面。

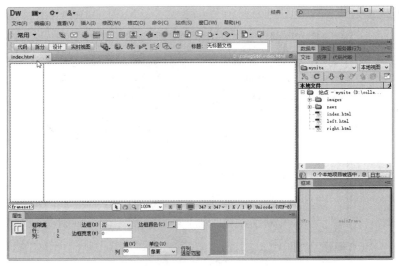

图 9.9　使用"框架"面板

接下来，为左、右两个框架指定初始显示的页面：left.html 和 right.html。

设置框架中的内容，也要用到图 9.9 的"框架"面板。在"框架"面板中，单击选择某个框架，如图 9.10 所示，选中 leftFrame 框架。

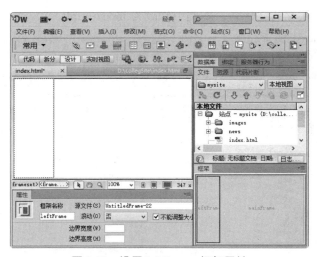

图 9.10　设置 leftFrame 框架属性

此时"属性"面板显示该框架页的相关属性。在该面板中重点关注"源文件"，在这里设置框架中的源文件，此例中设置为 left.html 网页，用同样的方法设置 mainFrame 框架显示的源文件为 right.html 网页。

☞**提示**：在图 9.10 所示的"属性"面板中还可以设置框架的其他一些属性。例如在"滚动"下拉列表中可设置框架中出现滚动条的方式，也可以设置有无边框以及边框颜色等，请参考 9.2.2 节。

最后按 F12 键在浏览器中预览 index.html 网页，其效果如图 9.11 所示。

目录	这是初始的右侧框架显示页面内容。
第一页	
第二页	
第三页	
第四页	

图 9.11　浏览器中的预览效果

2．方案二：先整后零

还是以图 9.11 的效果为例。

选择 Dreamweaver CS6 的菜单"文件"→"新建"命令，制作空白网页不保存，然后选择 Dreamweaver CS6 的菜单"插入"→HTML 命令，在弹出的"框架"子菜单中选择"左对齐"命令。接着，选择"文件"→"保存全部"，系统弹出"另存为"对话框。保存的时候如果虚线框的范围是整个网页，就是保存框架结构，即主文档网页，如图 9.12 所示，按照惯例都命名为 index.htm。

图 9.12　保存主文档

如果虚线框的范围是右边，就是保存框架中右边的网页，如图 9.13 所示，保存为 right.html。

图 9.13 保存右侧的网页

虚线框的范围是左边，就是保存框架中左边的网页，保存为 left.html。

3 个页面保存完毕之后，需要制作左侧和右侧框架初始显示网页的具体内容。在 Dreamweaver CS6 中依次打开左侧网页 left.html、右侧网页 right.html，在设计视图下制作内容即可。

9.2.2 设置框架集的属性

通过 Dreamweaver CS6 的“属性”面板可以很方便地设置框架集的属性。首先选取框架集，“属性”面板如图 9.14 所示。

图 9.14 框架集的“属性”面板

框架集"属性"面板中的相关属性及其含义请参考表 9.1。

表 9.1　框架集属性及其含义

属　　性	含　　义
边框	框架集中所有框架的边框是否被显示
边框颜色	框架集边框的颜色
边框宽度	框架集中所有框架的边框宽度，直接输入数值，其单位为像素
列	设置框架大小，数值越大，则左侧框架越大，同时右侧框架越小

由于图 9.14 是垂直分割框架，所以在"属性"面板中显示"列"；如果是水平分割框架，则"属性"面板显示"行"。不论是行还是列，输入值后，其单位可以选择"像素""百分比"和"相对"。"像素"表示设置的行或者列值的绝对大小，即使浏览器窗口大小发生变化，框架也不会变化；"百分比"指当前框架的大小占框架集的百分比，在改变浏览器的窗口大小时，框架会随之变化；"相对"选项表示根据页面上其他框架的大小决定此框架的大小，页面空间会先划分给用前两种单位定义的框架，然后将剩余的空间划分给设为"相对"的框架。

9.2.3　设置框架的属性

在 Dreamweaver CS6 的"框架"面板中，单击要选定的框架，即可选定该框架。此时，"属性"面板如图 9.15 所示。

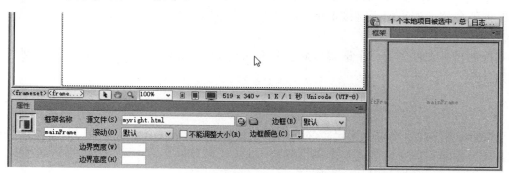

图 9.15　框架的"属性"面板

框架"属性"面板中的相关属性及其含义请参考表 9.2。

表 9.2　框架属性及其含义

属　　性	含　　义
框架名称	主要用于超级链接的目标以及脚本引用
源文件	框架初始化时加载的网页文件路径以及全名，可以采用相对路径
边框	定义框架是否需要边框，有"是""否""默认"3 个选项
滚动	当前框架是否采用滚动条
不能调整大小	禁止访问者手动调整框架的大小
边框颜色	设置框架边框的颜色

续表

属　　性	含　　义
边界宽度	设置左边距和右边距的宽度，即框架边界和内容之间的水平距离，单位为像素
边界高度	设置顶部边距和底部边距的高度，即框架边界和内容之间垂直的距离，单位为像素

需要注意的是，框架的名称应根据框架在整个框架页面中的位置命名，例如上部的框架命名为 topFrame，右侧的框架命名为 rightFrame 等。

☞提示：

（1）仅当相邻框架页的"边框"选项均设为"否"时，框架集的边框设为"否"才生效。

（2）虽然框架将页面分为几个部分，但为了美观以及页面显示的整体性，一般还是将边框设为 0，这样在编辑时显示边框，但在浏览时不显示边框。

9.2.4　框架中使用超级链接

在第 5 章中已经介绍过超级链接的制作，本节将学习在框架结构中使用超级链接。单击框架结构中的某些超级链接时，该超级链接所指向的网页将在指定的一个框架中打开。结合前面学过的框架相关知识，要实现此功能，在有框架的网页中设置超级链接时，必须指定所链接的文件显示在哪一个框架中。这就要用到<frame>标签中 name 属性所定义的框架名称。如果超级链接不指定框架名，则单击框架内的超链时，目标文件只会显示在当前框架内。

控制目标文件在哪一个框架内显示的方法是在<a>标记符中使用 target 属性，使用格式如下：

```
<a href="目标文件名" target="目标框架名">链接内容</a>
```

target 属性的值除了使用已定义的框架名之外，还可以是_top、_self、_blank、_parent。其含义分别是目标文件装入整个浏览器窗口、装入当前框架、装入一个新的浏览器窗口、装入父框架（无父框架时与_top 同）。

下面使用 Dreamweaver CS6 制作框架中的超级链接。以图 9.16 为例，要实现单击左边的超级链接"第一页"，对应的页面 firstpage.html 网页出现在右边框架（右边框架名为 mainFrame）。

选中文字"第一页"，通过"属性"面板制作超级链接，指向 firstpage.html 页面。注意，做好链接以后，要在"目标"栏中设置为 mainFrame。

设置完毕，保存网页，按 F12 键预览网页，如果制作正确，链接指向的页面 firstpage.html 出现在右边框架中。

重复以上步骤，把左框架所有的超级链接做完，一个简单的网站导航结构创建完成。

框架有很多优点，但是若理解得不透彻，则容易搞混。如果网站页面不多，可以创建一个不使用框架的 Web 页面来完成框架的功能。例如，如果想让导航条显示在页面的左侧或顶部，既可以使用框架页面，也可以在每一页包含该导航条而不使用框架。

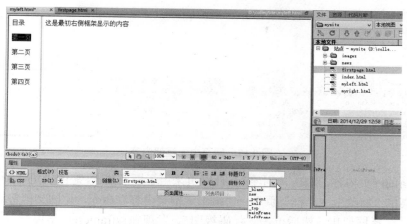

图 9.16 在框架中设置超级链接

9.2.5 修改框架集

首先选择菜单"查看"→"可视化助理"→"框架边框"命令，确保在设计视图中显示框架边框。然后，选择菜单"修改"→"框架集"命令，在子菜单中根据需要选择相应类型，或者通过鼠标在设计视图中拖动框架的边框，实现在水平或者垂直方向创建框架。具体方法如下：

若要以垂直或水平方式拆分一个框架或一组框架，请将框架边框从设计视图的边缘拖到设计视图的中间。

另外，将框架边框拖离页面或拖到父框架的边框上，可以删除框架。

如果要删除的框架中的文档有未保存的内容，则 Dreamweaver 将提示保存该文档。

☞提示：不能通过拖动边框完全删除一个框架集。要删除一个框架集，请关闭显示它的文档窗口。如果该框架集文件已保存，则删除该文件。

9.2.6 浏览器不支持框架时的处理

版本较低的浏览器一般不支持框架，这样会导致采用框架技术的网页无法正常显示。制作者采用框架技术时必须考虑这些情况，给框架网页增加一些提示性的信息。这样访问者会知道不是网页的问题，而是浏览器不支持框架。

Dreamweaver CS6 允许用户指定那些不支持浏览器的旧版本或者基于文本的浏览器中的提示性信息。

定义不支持框架的浏览器显示的内容时，其操作步骤如下：

首先使用 Dreamweaver 打开包含框架集的主文档网页，然后选择菜单"修改"→"框架页"→"编辑无框架内容"命令，此时 Dreamweaver 将清除文档窗口，其设计视图顶部将出现"无框架内容"，如图 9.17 所示。

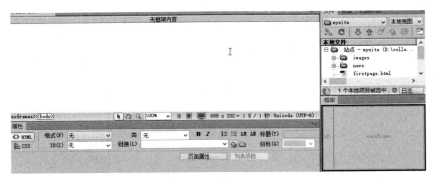

图 9.17　网页中无框架内容

输入新的网页内容，例如："对不起，此网页采用了框架技术，您的浏览器不支持框架。"再次选择菜单"修改"→"框架页"→"编辑无框架内容"命令，返回文档普通视图。

此时，选择框架集，然后单击"代码视图"，发现在</frameset>结束标记之前新增了如下代码：

```
<noframes><body>
```

对不起，此网页采用了框架技术，您的浏览器不支持框架。

```
</body></noframes>
```

这样操作之后，网页既具备了良好的浏览器兼容性，也具备了友好的用户界面，当浏览器不支持框架技术时，此网页在浏览器中将显示刚才设置的<noframes>和</noframes>标签之间的文字。

9.3　浮 动 框 架

框架结构可以在一个浏览器窗口中显示多个 HTML 文档。有时在设计网页时，一开始并没有使用框架集进行整体网页框架结构的设计。在制作过程中发现，需要在网页中某处内嵌一个完整的 HTML 文档才能更好地解决问题。例如，有一个教程是一节一节地展示，每页末尾有"上一节""下一节"的链接，除了每节教程内容不同之外，页面其他部分内容都是相同的，如果一页一页地做页面，过于烦琐。这时制作者可能希望有一种方法让页面其他地方不变，只将教程做成一页一页的内容页，不含其他内容，在单击上下翻页链接时，只改变教程内容部分，其他保持不变。这样不仅节省制作时间，而且以后如果教程需要更新也很方便，更重要的是浏览器将那些广告 Banner、栏目列表、logo、导航等几乎每页都有的东西只下载一次后就不用再下载了。

浮动框架可以用来解决这种问题。浮动框架技术也称内联框架、页内框架，它将一个 HTML 文档嵌入到另一个 HTML 文档中显示。它不同于框架集，框架集中的网页是相互独立的，而浮动框架最大的特征是一个 HTML 网页可以直接嵌入到一个 HTML 文档中，与这个 HTML 文档内容相互融合，成为一个整体。使用浮动框架可以多次在一个页面内显示同一内容，而不必重复书写 HTML 代码，一个形象的比喻即"画中画"电视。

目前大多数浏览器支持浮动框架，例如 IE、Opera 等。

9.3.1 <iframe>标签

浮动框架好像文档中的文档，又好像浮动的框架（frame）。HTML 中采用<iframe>标签实现浮动框架，此标签的属性及其含义如表 9.3 所示。

表 9.3 **iframe 属性及其含义**

属　　性	含　　义
src	文件的路径，既可以是 HTML 网页文件，也可以是文本、图片、ASP 等动态程序文件
width	内嵌窗口区域的宽度，单位为像素
height	内嵌窗口区域的高度，单位为像素
scrolling	当 src 指定的 HTML 文件在指定的区域不能完全显示时，可以设置滚动选项。如果设置为 No，则不出现滚动条；如为 Auto，则自动出现滚动条；如为 Yes，则显示滚动条
frameborder	内嵌窗口（区域）边框的宽度，单位为像素，常设置为 0

基本语法如下：

```
<iframe src="url" width="x" height="x" scrolling="[option]" frame-border="x">
</iframe>
```

例如，以下代码

```
<iframe src="http://www.cup.edu.cn" width="250" height="200" scrolling =
"no" frameborder="0">
</iframe>
```

表示当前网页中<iframe>标签位置处，嵌入一个宽度 250 像素、高度 200 像素并且没有滚动条与边框的矩形窗口。窗口内联显示网址 http://www.cup.edu.cn 所指的网页文件。

又如，以下代码

```
<iframe width="300" height="200" align="middle" src="index.html">
</iframe>
```

表示网页中<iframe>标签位置处嵌入一个宽度 300 像素、高度 200 像素的矩形窗口。窗口内联显示 index.html 网页文件。

【例 9.3】 网页 iframe.html 通过浮动框架技术内嵌网页 libai_moon.html。
libai_moon.html 网页部分代码如下：

```
<head>
<title>李白    月下独酌</title>
</head>
<body>
<p>李白    月下独酌</p>
<p>花间一壶酒 <br />
独酌无相亲<br />
举杯邀明月<br />
```

```
对影成三人<br />
…
</p>
</body>
```

网页 iframe.html 部分代码如下：

```
<head>
 <style type="text/css">
<!--
.STYLE2 {   font-size: 14px;
    font-family: "黑体";
}
-->
</style>
</head>
<body>
<table width="43%" height="210" border="0" align="center">
  <tr>
    <td width="32%"> </td>
    <td width="40%">
    <iframe src="libai_moon.html" width="200" height="200"></iframe>
    </td>
    <td width="28%"> </td>
  </tr>
  <tr>
    <td colspan="3"><span class="STYLE2">唐代(公元 618-907 年)是我国古典诗歌
发展的全盛时期。唐诗是我国优秀的文学遗产之一， 也是全世界文学宝库中的一颗灿烂的明珠。
尽管离现在已有一千多年了，但许多诗篇还是为我们所广为流传。</span></td>
  </tr>
</table>
</body>
```

语句<iframe src="libai_moon.html" width="200" height="200"></iframe>位于单元格内，
表示此位置为一个宽 200 像素、高 200 像素的内联框架，显示网页 libai_moon.html 网页。
在 Dreamweaver CS6 的设计视图下看不到内联框架中网页的内容，如图 9.18 所示。

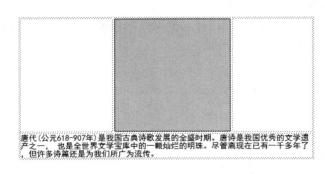

图 9.18　设计视图效果

在浏览器中的效果如图 9.19 所示。

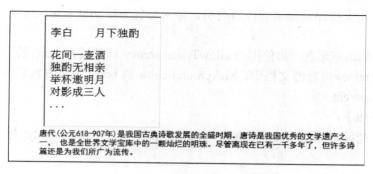

图 9.19 例 9.3 在浏览器中的预览效果

如果不希望显示浮动框架的边框，可以将边框设置为 0。

9.3.2 <iframe>与<frame>的区别

<iframe>与<frame>两者可以实现的功能基本相同，不过<iframe>比<frame>具有更多的灵活性。<frame>一般用来设置页面布局，将整个页面分成规则的几块，每一块中包含一个新页面。而<iframe>不要求对整个页面进行划分，<iframe>用来在页面的任何地方插入一个新的页面。具体而言，它们主要有以下区别：

（1）<iframe>可以放在网页的任何位置，甚至可以放在表格里面，<frame>则不行。例如：

```
<table>
<tr>
<td><iframe id="" src=""></iframe></td><td></td>
</tr>
</table>
```

（2）<frame>必须在<frameset>里。而<frameset>不能与<body>元素共存，也就是说，有<frameset>元素的文档只能是一个框架集，不能有其他内容。

（3）<iframe>是一个网页中的子框架，两个网页间是父子关系。<iframe>用来在页面中插入一个矩形的小窗口，更利于版面的设计，而<frame>用来把页面横向或竖向切开。

9.4 上 机 实 践

一、实验目的

（1）掌握<iframe>标签。

（2）掌握在网页中添加<iframe>的方法。

二、实验内容

制作网页 index.html 的文件，要求添加<iframe>标签，使其背景透明，由<iframe>嵌入的网页为 myiframe.html。

三、实验步骤

IE 5.5 开始支持浮动框架的内容透明。如果想要为浮动框架定义透明内容，则必须满足下列条件。

（1）与<iframe>元素一起使用的 allowTransparency 标签属性必须设置为 true。

（2）在<iframe>内容源文档中，background-color 或 body 元素的 bgColor 标签属性必须设置为 transparent。

具体步骤如下：

首先，新建网页 index.htm 并保存，在代码视图下，定位到<body>标签处，修改为如下内容：

```
<body bgColor="#eeeeee">
<iframe allowTransparency="true" src="myiframe.htm">
</iframe>
```

接着创建 myiframe.htm 网页，在代码视图下，定位到<body>标签处，修改为如下内容：

```
<body bgColor="transparent">
```

本例代码运行效果如图 9.20 所示，从图中可以看到 iframe 的背景透明了，所以看到的颜色是框架页的背景色。

图 9.20　透明的 iframe 效果

说明：本例主要是 iframe 对象的 allowTransparency 属性应用，在该属性设置为 true 并且 iframe 所加载页的背景颜色设置为 transparent（透明）时 iframe 将透明化。

allowTransparency 设置或获取对象是否可为透明。

bgColor 设置或获取对象的背景颜色。

9.5　习　　题

一、选择题

1. 有 N 个框架的一个框架页由（　　）个单独的 HTML 文档组成。

    A. N　　　　　　B. N–1　　　　　　C. N+1　　　　　　D. N+2

2. 在 Dreamweaver 中，设置各分框架属性时，参数 scroll 用来设置（　　）属性。

    A. 是否进行颜色设置　　　　　　B. 是否出现滚动条

C．是否设置边框宽度　　　　　　　D．是否使用默认边框宽度

3．在一个框架的"属性"面板中，不能设置（　　　）。

　　A．源文件　　　　　B．边框颜色　　　C．边框宽度　　　　D．滚动条

4．以下有关框架与表格的说法不正确的有（　　　）。

　　A．框架对整个窗口进行划分　　　　B．每个框架都有自己独立的网页文件

　　C．表格比框架更有用　　　　　　　D．表格对页面区域进行划分

二、填空题

1．一个有 3 个框架的 Web 页实际上有＿＿＿＿＿个独立的 HTML 文件。

2．设计网页布局的常用方法有＿＿＿＿＿、＿＿＿＿＿和＿＿＿＿＿。

3．框架由＿＿＿＿＿和＿＿＿＿＿两部分组成。其中＿＿＿＿＿在文档中定义了框架的结构、数量、尺寸及装入框架的页面文件。

4．在网页中插入浮动框架要用＿＿＿＿＿标签。

三、简答题

1．如何理解框架集文档？

2．<iframe>标签的功能是什么？举例说明该标签的用法。

第 10 章

制作表单页面

在浏览网站时经常会看到表单，它是网站实现互动功能的重要组成部分。本章主要介绍表单与表单元素的基本概念、表单的创建、表单元素的插入和设置方法以及相应的HTML 标签的使用等。

10.1 关 于 表 单

表单的作用是从访问 Web 站点的用户那里获得信息。访问者可以使用诸如文本域、列表框、复选框以及单选按钮之类的表单元素输入信息。例如，在网上注册某个系统的用户时，就必须按要求填写完成网站提供的表单网页，需要填写的内容大致有用户名、密码、性别、联系方式等。然后单击某个按钮提交这些信息，这些信息将被发送到服务器，服务器端脚本或应用程序在该处对这些信息进行处理。用于处理表单数据的常用服务器端技术包括 Macromedia ColdFusion、Microsoft Active Server Pages(ASP)和 PHP。服务器进行响应时会将被请求信息发送回用户（或客户端），或基于该表单内容执行一些操作。

图 10.1 所示就是一个含有表单的页面。它根据用户设定的搜索条件进行内容检索，通过表单可以将用户设定的搜索条件发送到后台程序进行处理。其实，表单还可以实现网上投票、网上注册、网上登录、网上交易等功能。表单的出现已经使网页从单向的信息传递发展到能够实现与用户的交互对话，使网页的交互性越来越强。

图 10.1 表单页面示例

10.2 创 建 表 单

10.2.1 创建表单的方法

（1）将光标置于要插入表单的位置。

（2）选择"插入"→"表单"→"表单"菜单命令，或单击"插入"工具栏上的"表单"类别，显示"表单"工具栏，如图 10.2 所示，然后单击"表单"图标。

图 10.2　"表单"工具栏

Dreamweaver 将插入一个空的表单。在设计视图中，用红色的虚轮廓线指示表单。如果看不到这个轮廓线，请选择"查看"→"可视化助理"→"不可见元素"菜单命令。这一红色的虚线框将成为所有表单控件的容器，如图 10.3 所示。通过在虚线框内按 Enter键使虚线框范围拉大。

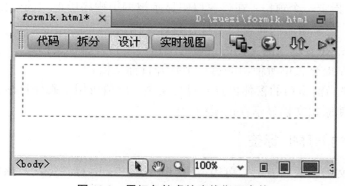

图 10.3　用红色的虚轮廓线指示表单

10.2.2　设置表单的属性

单击表单轮廓以将其选定，这时可以看到表单属性检查器的内容，如图 10.4 所示。

图 10.4　表单的属性检查器

其中：

（1）表单 ID：输入标识该表单的唯一名称。

（2）动作：指定将处理表单数据的页面或脚本。在文本框中输入路径，或者单击文件夹图标浏览到相应的页面或脚本。

（3）方法：指定将表单数据传输到服务器的方法。

- POST 方法：将在 HTTP 请求中嵌入表单数据。
- GET 方法：将值附加到请求该页面的 URL 中。
- 默认方法：使用浏览器的默认设置将表单数据发送到服务器。通常，默认方法为 GET 方法。

注意，不要使用 GET 方法发送长表单。URL 的长度限制在 8192 个字符以内。如果发送的数据量太大，数据将被截断，从而导致意外的或失败的处理结果。

对于由 GET 方法传递的参数所生成的动态页，可添加书签，这是因为重新生成页面所需的全部值都包含在浏览器地址框中显示的 URL 中。与此相反，对于由 POST 方法传递的参数所生成的动态页，不可添加书签。

如果要收集用户名和密码、信用卡号或其他机密信息，POST 方法看起来比 GET 方法更安全。但是，由 POST 方法发送的信息是未经加密的，容易被黑客获取。若要确保安全性，应通过安全的连接与安全的服务器相连。

（4）编码类型：如果需要，对提交给服务器进行处理的数据使用编码类型。

默认设置 application/x-www-form-urlencoded 通常与 POST 方法协同使用。如果要创建文件上传域，则指定 multipart/form-data 类型。

（5）目标：指定一个窗口，在该窗口中显示被调用程序所返回的数据。目标值如下：

- _blank：在未命名的新窗口中打开目标文档。
- _parent：在显示当前文档的窗口的父窗口中打开目标文档。
- _self：在提交表单所使用的窗口中打开目标文档。
- _top：在当前窗口的窗体内打开目标文档。此值可用于确保目标文档占用整个窗口，即使原始文档显示在框架中。

10.2.3　表单的 HTML 标签

在 HTML 文档中嵌入表单，可用一对<form> </form>标签定义。该标签有两个方面的作用：一是限定表单的范围，所有的表单元素都要插入到表单域中，单击提交按钮时，提交的也是表单范围内的内容；二是携带表单的相关信息，例如处理表单的脚本程序的位置、提交表单的方法等，这些信息对于浏览者是不可见的，但对于处理表单却有着决定性的作用。

基本语法：

```
<form name="form1" method="post" action="">
...
</form>
```

其中，method 就是表单属性检查器中的"方法"，action 就是表单属性检查器中的"动作"。

10.3　插入表单元素

网页中常见的文本框、密码框、命令按钮、复选框、单选按钮等都是表单元素。接下来主要介绍表单中常用的表单元素的使用方法。

在制作表单页面时，可以先创建一个空的 HTML 表单，然后在该表单中插入表单元素。如果没有创建空的表单而试图插入一个表单元素，Dreamweaver 会询问是否要添加一个表单标签，如图 10.5 所示，单击"是"按钮即可。

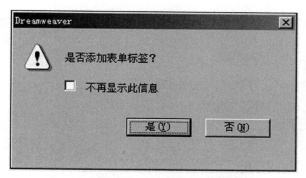

图 10.5 询问是否添加表单标签的提示框

10.3.1 文本域

1．插入文本域

（1）将插入点置于表单中显示该表单元素的位置。

（2）选择"插入"→"表单"→"文本域"菜单命令，或单击"插入"工具栏表单类别中的"文本字段"按钮 **I**。打开"输入标签辅助功能属性"对话框，如图 10.6 所示。其中的"标签"用于设置该文本域的说明文字。输入标签文字后单击"确定"按钮，一个带有标签文字的文本域就会出现在文档中了，如图 10.7 所示。

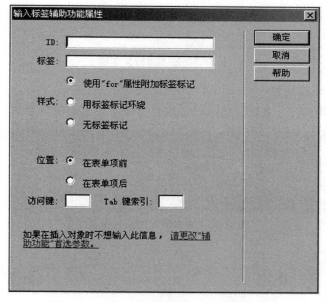

图 10.6 "输入标签辅助功能属性"对话框

① ID：为文本域指定 ID（若不指定，默认为 textfield、textfield2 或 textfield3 等）。

② 标签：为文本域输入描述性文本。

③ 样式：

● 使用 for 属性附加标签标记：在表单项两侧添加 Label 标记，此选项会使浏览器用焦点矩形呈现与复选框和单选按钮关联的文本，并使用户能够通过在关联文本中的任意位置（而不仅是在复选框或单选按钮控件上）单击来选择相应的复选框和单选按钮。

- 用标签标记环绕：在表单项的两边添加标签标记。
- 无标签标记：不使用标签标记。

④ 访问键：使用等效的键盘键（一个字母）加上 Alt 键在浏览器中选择表单元素。

⑤ Tab 键索引：为表单元素指定 Tab 顺序。如果为一个元素设置 Tab 顺序，则必须为所有元素设置 Tab 顺序。

单行文本域的标签是

```
<input type="text" name="textfield" id="textfield">
```

单行文本域使用<input>标签，type 属性设置为 text。

图 10.7　插入单行文本域

2. 设置文本域的属性

单击选中表单中的文本域，此时属性检查器显示该文本域的属性，如图 10.8 所示。

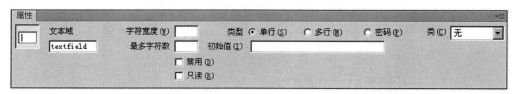

图 10.8　"文本域"的属性检查器

其中：

（1）文本域：每个文本域都必须有一个唯一名称。所选名称必须在该表单内唯一标识该文本域。

（2）最多字符数：设置单行文本域中最多可输入的字符数。例如，使用"最多字符数"将邮政编码限制为 6 位数，将身份证号码限制为 18 个字符，等等。如果将"最多字符数"文本框保留为空白，则用户可以输入任意数量的文本。如果文本超过域的字符宽度，文本将滚动显示。如果用户输入超过最大字符数，则表单产生警告声。

（3）字符宽度：文本域中最多可显示的字符数。此数字可以小于"最多字符数"。

（4）初始值：指定在首次加载表单时域中显示的值。例如，可以通过在域中包含说明或示例值的形式，指示用户在域中输入信息。

（5）类型：指定域为单行、多行还是密码域。

（6）禁用：禁用文本区域。

（7）只读：使文本区域成为只读文本区域。

以上这些属性可以根据实际设计需要来添加。例如，定义单行文本框中允许输入的最多字符数为 6 个，初始值设置为"教师"，相应代码为<input type="text" name="textfield" id="textfield" value="教师" maxlength="6">。

3．密码域

在文本域的属性检查器的"类型"中选择"密码"，则这个文本域成为一个密码输入框，如图 10.9 所示，其他属性的作用与文本框中的属性完全相同。或者在代码视图中将<input>标签中的 type 属性值设为 password，即<input type="password" name="textfield" id="textfield">。当用户在密码文本域中输入时，输入内容显示为项目符号或星号。

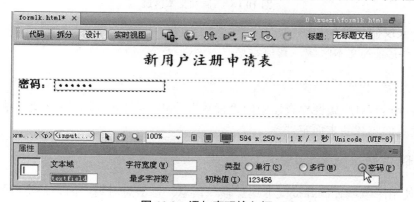

图 10.9　添加密码输入框

4．多行文本域

选择"多行"将产生一个 <textarea> 标签，如<textarea name="textfield" id="textfield"></textarea>。同时属性检查器中的"字符宽度"设置映射为 cols 属性，"行数"设置映射为 rows 属性。

10.3.2　文本区域

1．插入文本区域

（1）将插入点置于表单中显示该表单元素的位置。

（2）选择"插入"→"表单"→"文本区域"菜单命令，或者单击表单工具栏中的文本区域按钮。打开"输入标签辅助功能属性"对话框，在其中的"标签"文本框中输入用于设置该文本区域的说明文字，单击"确定"按钮即可，如图 10.10 所示。

单击选中表单中的文本区域，此时属性检查器显示该文本区域的属性。其中"行数"是一个很重要的属性，它用于设置文本区域显示文本内容的行数。其他属性的作用与文本域中的属性相同。

图 10.10 添加文本区域

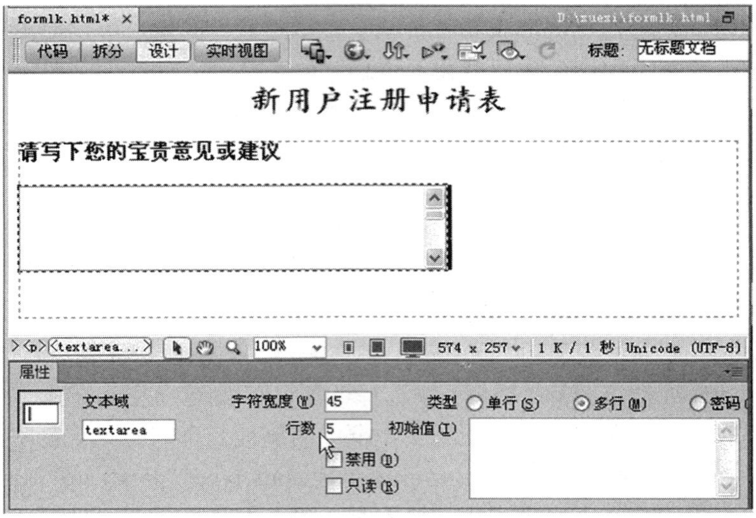

2．文本区域的标签

在表单中插入文本区域，其标签是

```
<textarea name="textarea" rows="5" cols="6" id="textarea">…</textarea>
```

其中，rows 对应属性检查器中的"行数"，cols 属性对应属性检查器中的"字符宽度"，设计页面时视要求而定。

10.3.3　隐藏域

可以使用隐藏域存储并提交非用户输入信息。该信息对用户而言是隐藏的，浏览页面时不可见。

1．插入隐藏域

要创建隐藏域，执行以下操作：

（1）将插入点置于表单中。

（2）选择"插入"→"表单"→"隐藏域"菜单命令，或者单击表单工具栏中的隐藏域按钮🔘，表单中即会出现一个标记🔘。

单击选择插入表单的隐藏域标记🔘，属性检查器会显示隐藏域的属性，如图 10.11 所示。在属性检查器的"隐藏区域"文本框中，为该域输入一个唯一名称。在"值"文本框中输入要为该域指定的值，该值将在提交表单时传递给服务器。

图 10.11 隐藏域的属性检查器

2．隐藏域的标签

在表单中插入隐藏域，其标签如下：

```
<input type="hidden" name="hiddenField" id="hiddenField" value="">
```

其中，type 属性设置为 hidden，表示这是隐藏域；value 属性表示隐藏域的值。

10.3.4　复选框

复选框允许在一组选项中选择多个选项，以一个方框表示。用户可以选择任意多个适用的选项。例如，图 10.12 显示了两个选中的复选框："读书"和"旅游"。

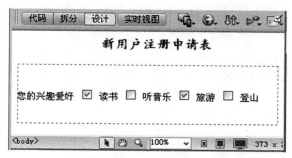

图 10.12　添加复选框

1．插入复选框

要插入复选框，执行以下操作：

（1）将插入点置于表单中显示该表单元素的位置。

（2）选择"插入" → "表单" → "复选框"菜单命令，或者单击表单工具栏中的复选框按钮，一个复选框就会出现在表单中。

2．设置复选框的属性

单击选择表单中的复选框，在属性检查器中，根据需要设置复选框的属性。复选框的属性检查器如图 10.13 所示。

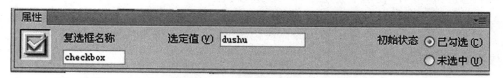

图 10.13　复选框的属性检查器

其中：

（1）在"复选框名称"文本框中为该元素指定一个名称。每个复选框都必须有一个唯一的名称，所选名称必须在该表单内唯一标识该复选框。此名称不能包含空格或特殊字符。其默认名字为 checkbox、checkbox2、checkbox3 等。

（2）"选定值"设置在该复选框被选中时发送给服务器的值。例如，在上面的调查中，将值 dushu 设置为选项"读书"的值。

（3）"初始状态"确定在浏览器中载入表单时该复选框是否被选中。

3．复选框的标签

在表单中插入复选框，其标签如下：

```
<input type="checkbox" name="checkbox" id="checkbox" value="dushu" checked>
```

其中，type 属性设置为 checkbox 表示复选框；value 属性表示选中项目后传送到服务器的值；checked 表示此复选框被选中，若没有选中复选框则不用写此属性。

10.3.5　单选按钮

单选按钮代表互相排斥的选择，允许从一组选项中选择一个选项，以一个圆框表示。如图 10.14 所示，性别的选择用单选按钮实现。"男"是当前选中的选项。如果用户单击选择了"女"，则会自动清除"男"选项。

图 10.14　添加单选按钮

1．插入单选按钮

要插入单选按钮，执行以下操作：

（1）将插入点置于表单中显示该表单元素的位置。

（2）选择"插入"→"表单"→"单选按钮"菜单命令，或者单击表单工具栏中的单选按钮◉，在表单中会出现一个单选按钮。

2．设置单选按钮的属性

单击选择表单中的单选按钮，在属性检查器中，根据需要设置单选按钮的属性。单选按钮的属性检查器如图 10.15 所示。

图 10.15　单选按钮的属性检查器

其中：

（1）在"单选按钮"文本框中为该元素指定一个名称。

单选按钮通常成组地使用。在同一个组中的所有单选按钮必须具有相同的名称。默认名字为 radio。

（2）"选定值"设置在该单选按钮被选中时发送给服务器的值。例如，可以在"选定值"文本框中输入 1，表示性别为男；输入 2，表示性别为女。

（3）"初始状态"确定在浏览器中载入表单时该单选按钮是否处于选中状态。

3．单选按钮的标签

在表单中插入单选按钮，其标签如下：

```
<input type="radio" name="radio" id="radio" value="1" checked>
```

其中，type 属性设置为 radio 表示单选按钮；value 属性表示选中项目后传送到服务器的值；checked 表示此单选按钮被选中，若没有选中单选按钮，则不用写此属性。

10.3.6　单选按钮组

使用单选按钮组可以在多组选项中进行单选。

1．插入单选按钮组

要插入一组单选按钮，执行以下操作：

（1）将插入点放在表单轮廓内。

（2）选择"插入"→"表单"→"单选按钮组"菜单命令，或者单击表单工具栏中的"单选按钮组"按钮，打开"单选按钮组"对话框，如图 10.16 所示。

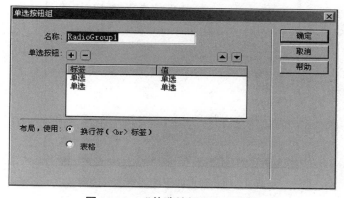

图 10.16　"单选按钮组"对话框

其中：

（1）在"名称"文本框中输入该单选按钮组的名称。

如果希望这些单选按钮将参数传递回服务器，则这些参数将与该名称相关联。例如，如果将组命名为 eduGroup，并将表单方法设置为 GET（即，希望当用户单击提交按钮时，表单传递 URL 参数而不是表单参数），则会在 URL 中将表达式 eduGroup="选中的值"传递给服务器。

（2）单击加号 (+) 按钮向组中添加一个单选按钮。单击减号（一）按钮删除组中的一个单选按钮。

（3）单击向上或向下箭头重新排序这些按钮。

（4）单击"标签"或"值"对应的内容可以对其进行修改。

（5）选择这些按钮进行布局时使用的格式。可以使用换行符或表格来设置这些按钮的布局。如果选择表格选项，则 Dreamweaver 创建一个列表，并将这些单选按钮放在左侧，将标签放在右侧。

如图 10.17 所示完成"单选按钮组"对话框的设置，然后单击"确定"按钮，即在页面中插入单选按钮组，如图 10.18 所示。

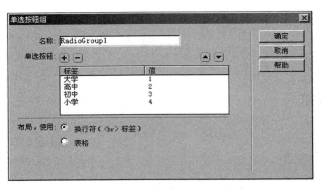

图 10.17 设计单选按钮组的内容

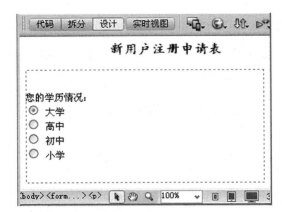

图 10.18 在页面中添加单选按钮组

2．单选按钮组的标签

在表单中插入单选按钮组，其标签如下：

```
<input type="radio" name="RadioGroup1" id="RadioGroup1_0">
```

在这里要注意，同一个组中的所有单选按钮必须具有相同的名称。其他属性与单选按钮完全相同。

10.3.7　列表/菜单

1．插入列表/菜单

要插入列表/菜单，执行以下操作：

（1）将插入点置于表单中显示该表单元素的位置。

（2）选择"插入"→"表单"→"选择（列表/菜单）"菜单命令，或者单击表单工具栏中的列表/菜单按钮，在表单中会出现列表/菜单，如图 10.19 所示。

图 10.19　在页面中添加列表/菜单

2．设置列表/菜单的属性

单击选择表单中的列表/菜单，其属性检查器如图 10.20 所示。

图 10.20　列表/菜单的属性检查器

其中：

（1）选择：为该菜单指定一个名称，该名称必须是唯一的。

（2）类型：指定该菜单是单击时下拉的菜单（"菜单"选项），还是显示一个列有项目的可滚动列表（"列表"选项）。如果希望表单在浏览器中显示时仅有一个选项可见，则选择"菜单"选项；若要显示其他选项，用户必须单击向下箭头。

如果希望表单在浏览器中显示时列出部分或全部选项，或者打算允许用户选择多个菜单项，则选择"列表"选项。如图 10.21 所示是在页面中插入了"列表"，并且高度属性设为 5，选定范围设为允许多选。

（3）高度：仅用于列表类型，设置菜单中显示的项数。

（4）选定范围：仅用于列表类型，指定用户是否可以从列表中选择多个项。

（5）列表值：单击该按钮可以打开一个对话框，如图 10.22 所示。可以在该对话框中向菜单中添加菜单项。

在对话框中使用加号（+）和减号（—）按钮添加和删除列表中的项。

输入每个菜单项的标签文本和值。列表中的每项都有一个标签（在列表中显示的文本）和一个值（选中该项时，发送给处理应用程序的值）。如果没有指定值，则将标签文字发送给处理应用程序。直接在"项目标签"栏对应处单击可以输入项目标签，在"值"栏中输入与项目标签对应的值。

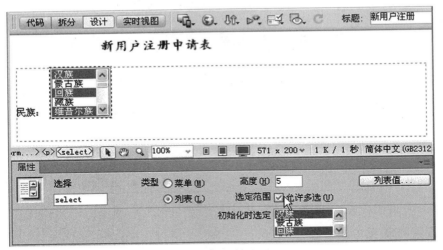

图 10.21   设置列表的多选属性

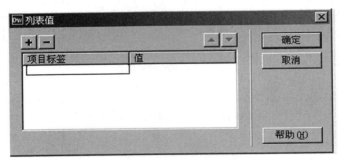

图 10.22   "列表值"对话框

使用向上 🔺 或向下 🔻 箭头按钮重新排列列表中的项。

菜单项在菜单中出现的顺序与在"列表值"对话框中出现的顺序相同。在浏览器中加载页面时，列表中的第一个项是选中的项。

如图 10.23 所示是在"列表值"对话框中添加了菜单项的效果。

图 10.23   设置列表值

（6）初始化时选定：设置列表中默认选定的菜单项，方法是单击列表中的一个或多个菜单项。

3．列表/菜单的标签

插入列表/菜单是通过<select>和<option>标签实现的。

（1）按照如图 10.23 所示在页面插入列表后，其在代码视图中的标签如下：

```
<select name="select" id="select">
  <option value="1" selected>汉族</option>
  <option value="2">蒙古族</option>
  <option value="3">回族</option>
  <option value="4">藏族</option>
  <option value="5">维吾尔族</option>
  <option value="6">满族</option>
  <option value="7">朝鲜族</option>
  <option value="8">土家族</option>
  <option value="9">壮族</option>
</select>
```

其中：

- name 属性表示列表的名称。
- <option>标签用来添加列表项。
- value 属性表示列表项的值。
- selected 属性表示选定项。

（2）按照如图 10.23 所示在页面插入列表后，其在代码视图中的标签如下：

```
<select name="select" size="5" multiple id="select">
    <option value="1" selected>汉族</option>
    <option value="2">蒙古族</option>
    <option value="3" selected>回族</option>
    <option value="4">藏族</option>
    <option value="5">维吾尔族</option>
    <option value="6">满族</option>
    <option value="7">朝鲜族</option>
    <option value="8">土家族</option>
    <option value="9">壮族</option>
</select>
```

其中：

- size 属性表示显示的选项数目。
- multiple 属性表示列表中的项目多选。

10.3.8 跳转菜单

跳转菜单是文档中的弹出菜单，对站点访问者可见，并且列出了到文档或文件的链接。可以创建到整个 Web 站点内文档的链接、到其他 Web 站点上文档的链接、电子邮件链接、到图形的链接，也可以创建到可在浏览器中打开的任何文件类型的链接。当浏览者在跳转菜单中选择一个选项时会重定向（"跳转"）到关联的文档或文件。

1．插入跳转菜单

要插入跳转菜单，执行以下操作：

（1）将插入点置于表单中显示该表单元素的位置。

（2）选择"插入"→"表单"→"跳转菜单"菜单命令，或者单击表单工具栏中的跳转菜单按钮，打开"插入跳转菜单"对话框，如图 10.24 所示。

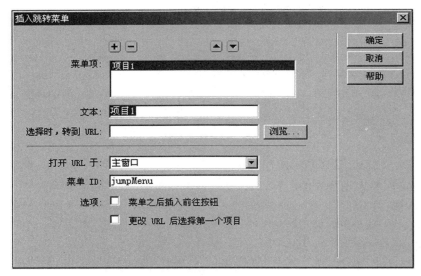

图 10.24　"插入跳转菜单"对话框

"插入跳转菜单"对话框中各项含义如下：

（1）在对话框中使用加号（+）添加菜单项。新加菜单项显示在"菜单项"列表框中。单击减号（一）按钮删除菜单项。

（2）选择一个项目后，单击向上 ▲ 或向下 ▼ 箭头即可在列表中上下移动它。

（3）文本：输入未命名项目的名称。如果菜单包含选择提示（如"选择其中一项"），应在此处输入该提示作为第一个菜单项（如果是这样，还必须选择底部的"更改 URL 后选择第一个项目"）。

（4）"选择时，转到 URL"：在文本框中输入站点地址或文件路径，或单击"浏览"按钮找到要打开的文件。

（5）打开 URL 于：在该下拉列表框中选择文件的打开位置。如果选择"主窗口"选项，则在同一窗口打开文件；如果选择"框架"选项，则在所选框架中打开文件。

（6）菜单 ID：设定菜单名称。

（7）菜单之后插入前往按钮：选择该复选框：跳转菜单右侧会出现一个"前往"按钮，选择"前往"按钮，而不是菜单选择提示。

（8）更改 URL 后选择第一个项目：如果要使用菜单选择提示项，选中此复选框。

图 10.25 是给跳转菜单添加菜单项的示例。图 10.26 是页面的预览效果。

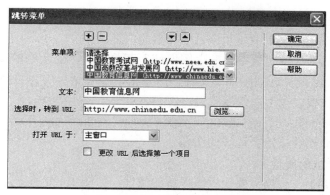

图 10.25 设置跳转菜单项

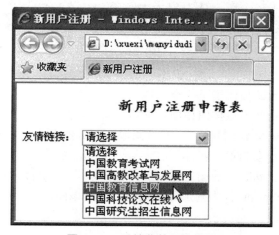

图 10.26 跳转菜单预览效果

跳转菜单的属性设置和列表/菜单的属性设置基本相同。

2．修改跳转菜单

单击跳转菜单元素以选择它，然后执行以下方法之一：

方法一：可以通过代码视图修改相应的 HTML 代码。

方法二：通过属性检查器中的"列表值"按钮。

方法三：选择"窗口"→"行为"菜单命令，打开"行为"面板，如图 10.27 所示，双击"跳转菜单"即可打开"跳转菜单"设置对话框，在该对话框中完成修改。

图 10.27 跳转菜单的"行为"面板

10.3.9 图像域

Dreamweaver 可以使用指定的图像作为按钮图标。如果使用图像执行任务而不是提交数据，则需要将某种行为附加到表单元素。图像域是 input 元素中的一个，type 属性是 image。

1．插入图像域

（1）将插入点置于表单中显示该表单元素的位置。

（2）选择"插入"→"表单"→"图像域"菜单命令，或者单击表单工具栏中的图像域按钮 ，会出现"选择图像源文件"对话框。在对话框中为该按钮选择图像，然后单击"确定"按钮，一个图像域就会出现在表单中了。

图像域在代码视图中的标签是<input type="image" name="imageField" id= "imageField" src=" ">，其中 src 属性指定要选择的图像。

2．设置图像域的属性

在属性检查器中，根据需要设置图像域的属性，如图 10.28 所示。

图 10.28　图像域的属性检查器

其中：

（1）图像区域：为该按钮指定一个名称。

（2）源文件：指定要为该按钮使用的图像。

（3）替换：用于输入描述性文本，一旦图像在浏览器中载入失败，将显示这些文本。

（4）对齐：设置元素的对齐属性。

（5）编辑图像：启动默认的图像编辑器并打开该图像文件进行编辑。

若要将某个 JavaScript 行为附加到该按钮，选择该图像，然后在"行为"面板中选择行为。

10.3.10　文件域

文件域是 input 元素中的一个，type 属性是 file。它使用户可以选择其计算机上的文件，如字处理文件或图形文件，并将该文件作为表单数据上传到服务器。不过这需要具有服务器端脚本或能够处理文件提交的页面，才可以使用文件上传域。文件域的外观与其他文本域类似，只是文件域还包含一个"浏览"按钮。其在代码视图中的标签是<input type="file" name="fileField" id="fileField">。用户可以输入要上传的文件的路径，也可以使用"浏览"按钮定位并选择该文件，如图 10.29 所示。

图 10.29　添加文件域

　　文件域要求使用 POST 方法将文件从浏览器传输到服务器。该文件被发送到表单的"动作"文本框中指定的地址。

　　要创建文件域，执行以下操作：

　　（1）在页面中插入表单。

　　（2）选择表单以显示其属性检查器。

　　（3）在表单的属性检查器中将表单的"方法"设置为 POST。

　　（4）在表单的属性检查器中从"编码类型"列表中选择 multipart/form-data。

　　（5）在"动作"文本框中，指定服务器端脚本或能够处理上传文件的页面。

　　（6）将插入点置于表单中显示该表单元素的位置。

　　（7）选择"插入"→"表单"→"文件域"菜单命令，或者单击表单工具栏中的文件域按钮，表单中就会插入一个文件域。

10.3.11　按钮

　　使用按钮可将表单数据提交到服务器，或者重置该表单。还可以分配其他已经在脚本中定义的处理任务。设计者可以为按钮添加自定义名称或标签，或者使用预定义的"提交"或"重置"标签。

　　要创建一个按钮，执行以下操作：

　　（1）将插入点置于表单中显示该表单元素的位置。

　　（2）选择"插入"→"表单"→"按钮"菜单命令，或者单击表单工具栏中的按钮，一个按钮就会出现在文档中了。

　　在属性检查器中，根据需要设置该按钮的属性，如图 10.30 所示。

图 10.30　按钮的属性检查器

　　其中：

　　（1）按钮名称：为该按钮指定一个名称。

　　（2）值：确定按钮上显示的文本。设计者可以使用默认值，也可以在文本框内输入其他文本。

　　（3）动作：确定单击该按钮时发生的操作。

　　如果选中了"提交表单"单选按钮，当单击该按钮时将提交表单数据以进行处理，该数据将被提交到表单的"动作"属性中指定的页面或脚本。提交按钮的 HTML 代码是 `<input type="submit" name="button" id="button" value="提交">`。

　　如果选中了"重设表单"单选按钮，当单击该按钮时将清除该表单的内容。"重置"按钮的 HTML 代码是 `<input type="reset" name="button" id="button" value="重置">`。

　　选择"无"单选按钮指定单击该按钮时要执行的操作，其 HTML 代码是 `<input type="button" name="button" id="button" value="按钮">`，其中 value 的值应根据实际需要设置。例如，可以添加一个 JavaScript 脚本，使得当用户单击该按钮时打开另一个页面。

10.3.12　其他常用的 input 元素

1．email 类型

email 类型的 input 元素是专门用来输入 Email 地址的文本框，其 HTML 代码是<input type="email" name=" " id=" ">（其中 name 和 id 属性的值由设计自定义）。提交表单时，如果该输入域中的内容不是 Email 地址格式的文字，则不允许提交表单，但是它不检查 Email 地址是否存在。和所有的输入类型一样，用户可能提交带有空字段的表单，除非该字段是必填的。如图 10.31 所示，如果用户在 email 输入域中输入的 Email 地址格式不正确，则提交表单时在浏览器 Chrome 中给出提示信息。需要注意的是，目前在不同的浏览器给出的提示信息会有所不同，并且 HTML5 中没有规定 email 类型的 input 元素（包括以下几个 input 元素）在各浏览器中的外观形式，所以同样的 input 元素在不同的浏览器中可能会有不同的外观。

2．url 类型

url 类型的 input 元素是专门用来输入 URL 地址的文本框，其 HTML 代码是<input type="url" name=" " id=" ">（其中 name 和 id 属性的值由设计自定义）。提交表单时，如果该文本框中内容不是 URL 地址格式的文字，则不允许提交表单。如图 10.32 所示，如果用户在 url 输入域中输入的 URL 地址格式不正确，则提交表单时在浏览器 Internet Explorer 11 中给出提示信息。需要注意的是，目前在不同的浏览器给出的提示信息会有所不同。

图 10.31　email 类型输入域的验证

图 10.32　url 类型输入域的验证

3．number 类型

number 类型的 input 元素是专门用来输入数字的文本框，其 HTML 代码是<input type="number">。在提交时会检查其中的输入内容是否为数字，如果不是数字则不能提交表单。如图 10.33 所示，在浏览器 Chrome 中，number 类型的 input 元素显示为一个微调器控件，用户可以在输入框中直接输入一个值，也可以单击微调控件设定一个值。图 10.33 中，用户在 number 输入框中输入的不是数字，则提交表单时浏览器给出了提示信息。它与 min、max、step 属性能很好地协作，输入的值将不能超出最大限制和最小限制（如果指定了的话），并且根据 step 中指定的增量来增加。例如<input type="number" name="num1" id="num1" min="10" max="100" step="5">，在页面中添加一个数字输入框，设置输入框的最小值为 10，最大值为 100，增量为 5。如果在该输入框中输入了大于 100

的值，表单不能提交，同时浏览器会给出提示信息，如图 10.34 所示。

图 10.33 number 类型在 Chrome 浏览器中的外观　　　图 10.34 number 类型使用示例

对于不支持 type="number"的浏览器会以 type="text"来处理。该输入框中的值仍然有效，而对于 min、max 这样的属性就会忽略。

4．range 输入类型

range 类型的 input 元素是一种只允许输入一段范围内数值的文本框，其 HTML 代码是<input type="range">，它具有 min 属性与 max 属性，可以设定最小值与最大值（默认值为 0 与 100）。在浏览器中，用滑动条（块）的方式进行值的指定。range 类型使用示例：<input type="range" name="num1" id="num1" min="0" max="100" step="5" value="50">，在浏览器 Internet Explorer 11 中的显示效果如图 10.35 所示。

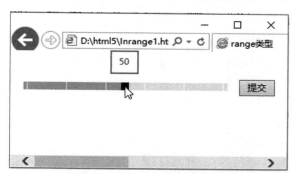

图 10.35 range 类型使用示例

5．search 类型

search 类型的 input 元素是一种专门用来输入搜索关键词的文本框，其 HTML 代码是<input type="search" name="search1" >，与 text 类型仅仅在外观上有区别。在有的浏览器中，它的外观与 text 类型的文本框外观相同。此外，最关键的是当开始在搜索框中输入内容时，在搜索框的右侧就会出现一个小"×"按钮，单击该按钮会清空输入框中的内容。

6．color 类型

color 类型的 input 元素用于提供颜色选取器，方便用户可视化选取一种颜色。例如通过代码<input type="color" name="search1" value="#FF0000" >，在页面中添加一个颜色文本框，默认颜色#FF0000 代表红色。在浏览页面时单击该文本框，会弹出颜色选取器，用户可以从中选取一种颜色，如图 10.36 所示。

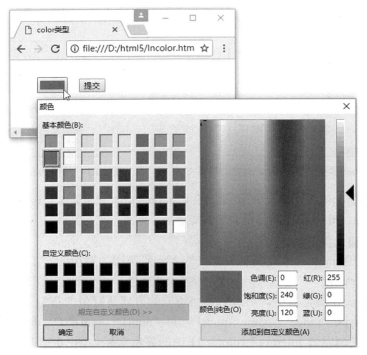

图 10.36　color 类型使用示例

7．date pickers（日期选择器）

HTML5 拥有多个可供选取日期和时间的新输入类型：

date：通过一个下拉日历选择日、月、年。

month：选取月和。年

week：选取周和年。

time：选取时间（小时和分钟）。

datetime：选取时间、日、月、年（UTC 时间）。

datetime-local：选取时间、日、月、年（本地时间）。

例如，<input type="date" >表示日期选择
器，在 Chrome 浏览器下的显示形式如图 10.37
所示。当用户将鼠标指针移动到 date 类型的
input 元素上时，浏览器中显示用于向上、向下
调整日期的调整按钮以及用于设置日期的向下
箭头按钮。单击向下箭头按钮时，会弹出日历，
方便用户选择某个日期。另外，当 date 元素中
有内容时，该元素右侧显示用于清除内容的叉
号按钮，单击它可以清除输入的日期。对于不
支 持 type="date" 及 相 关 类 型 的 浏 览 器 会 以
type="text"来处理。

图 10.37　date 类型使用示例

8．tel 类型

tel 类型的 input 元素是用来输入电话号码的文本框。该元素没有特殊的校验规则，不强制输入数字，设计者可以通过 pattern 属性来指定对该输入电话号码格式的验证。

10.3.13　input 元素的其他属性

HTML5 中关于表单新增了一些属性，使关于表单的开发更快、更方便。下面介绍 input 元素几个新增的属性。

1．required 属性

使用 required 属性指示该文本域是必须填写内容的。否则，当无法提交表单时，浏览器会提示用户一条错误消息，例如"请填写此字段"。required 属性可以用于任意输入类型（除了 button、range、color 以及 hidden 以外），例如：<input type="text" name="textfield" id="textfield" required>。

2．placeholder 属性

placeholder 属性起占位文本的作用，用于提供关于要求的数据类型的简短提示或指导，通常在浏览器中属性值会以浅灰色的样式显示在输入框中。用户一旦开始数据输入（或者利用 Tab 键使其获得焦点），占位文本就消失了。数据删除后，输入框变为空，占位文本就会又出现了。input 元素的 text、email、number、url 等都支持该属性。

3．pattern 属性

pattern 属性允许指定一个用来对照检查控件值的正则表达式，输入框的值必须与之匹配才能提交表单。例如，用户总是必须输入一个单个的数字加上 3 个大写的字母，那么正则表达式应该是<input type="text" pattern=" [0-9][A-Z]{3}" placeholder="9AAA" required name=" textfield1"> 。当用户输入的内容不符合给定格式时，则不允许提交表单。

4．autocomplete 属性

autocomplete 属性规定 form 或 input 域应该拥有自动完成功能。autocomplete 适用于 <form> 标签以及以下类型的 <input> 标签：text、search、url、tel、email、password、date pickers、range 以及 color。当用户在自动完成域中开始输入时，浏览器应该在该域中显示填写的选项。

5．autofocus 属性

autofocus 属性规定在页面加载时，域自动地获得焦点。autofocus 属性适用于所有 <input> 标签的类型。例如页面中的某个文本框使用 autofocus 属性：<input type="text" name="dx" id="dx" autofocus>。要注意的是一个页面上只能有一个表单元素具有 autofocus 属性。除特别需要之外，建议不随意使用该属性。

6．list 属性

list 属性的值为某个 datalist 元素的 id。datalist 的表现很像是一个 Select 下拉列表，但它只是起提示作用，并不限制用户在 input 输入框里输入什么。需要注意的是，input 输入框的 list 属性值是 datalist 的 id，这样 datalist 才能和 input 输入框关联起来。list 属性适用于以下类型的 input 元素：text、search、url、tel、email、date pickers、number、range

以及 color。下面的 HTML 代码是 list 属性的使用示例：

```
<form name="form1" method="post" action="">
<input type="url" list="urls" name="ulst">
<datalist id="urls">
<option label="百度" value="http://www.baidu.com"></option>
<option label="新浪" value="http://www.sina.com.cn/"></option>
<option label="网易" value="http://www.163.com"></option>
<option label="搜狐" value="http://www.sohu.com"></option>
</datalist>
<input type="submit" name="button" id="button" value="提交">
</form>
```

在页面浏览时（在 Chrome 浏览器中），如图 10.38 所示，当用户将鼠标指针移动到输入框时，可以看到文本框右侧出现一个向下箭头。单击这个向下箭头，弹出一个下拉列表，如图 10.39 所示，列表内容即是在上述代码中设定的。

图 10.38　list 属性使用示例

图 10.39　datalist 元素使用示例

10.4　验证 HTML 表单数据

"检查表单"行为可检查指定文本域的内容，以确保用户输入了正确的数据类型。Dreamweaver 可添加用于检查指定文本域中内容的 JavaScript 代码，以确保用户输入的数据类型正确。例如通过 onBlur 事件将此行为附加到各文本域，以便在用户填写表单时对域进行检查验证；或使用 onSubmit 事件将此行为附加到表单，以便在用户单击"提交"按钮时同时对多个文本域进行检查，可以防止在提交表单时出现无效数据。

"检查表单"行为仅在文档中已插入了文本域的情况下可用。要验证 HTML 表单数据，执行以下操作：

（1）创建一个至少包含一个文本域及一个"提交"按钮的 HTML 表单。

（2）确保要验证的每个文本域具有唯一名称。

（3）选择验证方法：

● 若要在用户填写表单时分别检查各个域，请选择一个文本域并选择"窗口"→"行为"菜单命令，打开"行为"面板。

- 若要在用户提交表单时检查多个域，在"文档"窗口左下角的标签选择器中单击 <form> 标签并选择"窗口"→"行为"菜单命令，打开"行为"面板。

（4）在"行为"面板中，单击按钮，从"添加行为"列表中选择"检查表单"。

（5）打开"检查表单"对话框，如图 10.40 所示。从"域"列表中选择某个文本域进行验证。

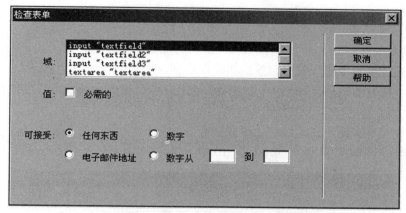

图 10.40　"检查表单"对话框

（6）设置每个文本域的验证规则。其中：

① "必需的"选项用于设置该域必须包含某种数据。

② "可接受"选项中：

- "任何东西"：如果该域是必需的但不需要包含任何特定类型的数据，则使用"任何东西"（如果没有选择"必需的"选项，则"任何东西"选项就没有意义了，也就是说它与该域上未附加"检查表单"动作一样）。
- "电子邮件地址"检查该域是否包含一个@符号。
- "数字"检查该域是否只包含数字。
- "数字从□到□"检查该域是否包含特定范围内的数字。

（7）单击"确定"按钮。

如果在用户提交表单时检查多个域，则 onSubmit 事件自动出现在"事件"菜单中。

如果要分别验证各个域，则检查默认事件是否为 onBlur 或 onChange。

10.5　上机实践

一、实验目的

（1）掌握表单创建和表单标签的使用。

（2）熟悉各表单元素及其属性的设置。

（3）能独立制作完成常见的各种表单页面。

二、实验内容及操作提示

（1）制作一个简单的用户登录页面，如图 10.41 所示。

图 10.41　用户登录页面

操作提示：

① 首先在页面中插入表单，然后在表单中插入所需的各表单元素。

② 为了使页面整洁，在表单中首先插入表格，然后根据设计效果适当调整单元格的相应属性。

③ 插入文本字段、密码框和命令按钮等。

（2）制作一个用户注册页面，如图 10.42 所示。

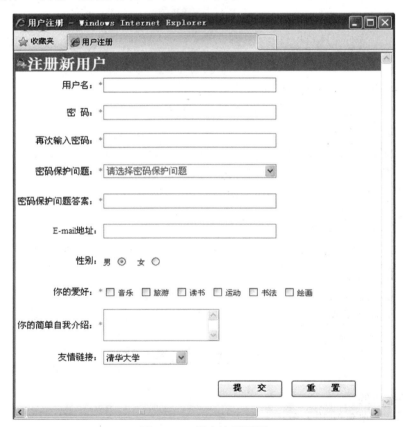

图 10.42　用户注册页面

操作提示：

① 首先在页面中插入表单，然后在表单中插入所需的各表单元素。

② 为了使页面整洁，可以使用表格布局表单。

③ 在如图 10.42 所示的表单中用到了文本字段、密码框、列表框、单选按钮、复选框、跳转菜单和命令按钮等。

④ 为表单中的用户名和 Email 地址加入表单验证。

10.6　习　　题

一、选择题

1．在表单中插入图形提交按钮，应选择表单插入栏中的（　　）按钮。

A. 　　　　B. 　　　　C. 　　　　D.

2．在表单中插入列表/菜单，应选择表单插入栏中的（　　）按钮。

A. 　　　　B. 　　　　C. 　　　　D.

3．如果要指定一个单行文本域是必须填写内容的，需要用到（　　）属性。

A. list　　　　　　　　　　　　B. required

C. placeholder　　　　　　　　D. pattern

4．（　　）不是文本域的类型。

A. 密码　　　　　B. 多行　　　　　C. 单行　　　　　D. 隐藏

5．在表单标签中，用（　　）属性来提交填写的信息，调用表单处理程序。

A. name　　　　B. title　　　　C. method　　　　D. action

6．下列选项中不能表示按钮的是（　　）。

A. type="button"　　　　　　B. type="submit"

C. type="reset"　　　　　　　D. type="radio"

7．用于设置文本域显示宽度的属性是（　　）。

A. type　　　　B. value　　　　C. size　　　D. maxlength

8．下列表单元素中（　　）可以创建按钮组。

A. 单选按钮　　　B. 文本域　　　C. 按钮　　　　D. 列表/菜单

9．在检查表单时，（　　）不属于"可接受"选项组中的选项。

A. 时间　　　　B. 数字　　　　C. 任何东西　　　D. 电子邮件地址

10. 当<input>标签的 type 属性值为（　　）时，代表一个可选多项的复选框。

A. type="button"　　　　　　B. type="text"

C. type="checkbox"　　　　　D. type="radio"

二、填空题

1．一个表单包括两个基本组件，它们是_____和_____。

2．表单的文本域有 3 种类型，它们是_____、_____和_____。

3．表单的按钮有 3 种类型，它们是_____、_____和_____。

4．默认情况下，插入的空白表单会以红色虚线表示，如果该红色虚线未显示，可以选择_____菜单命令。

5．在表单中插入文件域需要将表单的方法设置为_____。

三、简答题

1．Dreamweaver CS6 中有哪些常用的表单元素？

2．写出表单的 HTML 标签，并作简单描述。

3．简述插入表单元素的方法。

4．怎样实现表单输入信息有效性检查？

5．简述列表和菜单的区别。

6．隐藏域的作用是什么？

7．简述文本域和文本区域的区别。

8．跳转菜单的作用是什么？怎样给跳转菜单设置列表值？

第 11 章

JavaScript 网页动态特效

网页制作时常需要使用一些技巧来实现特殊效果或功能，例如图片漂浮、弹出信息、弹出式菜单等。静态网页中实现这些动态效果一般通过两种方式：一种是使用 CSS，例如 CSS 滤镜的图像翻转、透明度等；另一种是使用脚本语言，如显示日期时间、交换图像等。本章的主要内容是使用脚本语言给网页添加动态网页特效（有关 CSS 滤镜的内容请查阅第 14 章）。

网页特效就是用网页脚本语言来制作动态特殊效果。与动态网页技术不同的是，网页动态特效运行于客户端的浏览器上，而动态网页运行于服务器上。网页的脚本语言是一种可解释语言，由一行行接近于自然语言的代码组成，具有简单易懂的特点。在网页设计中常用的脚本语言有 VBScript 和 JavaScript，制作网页特效时最常用的是 JavaScript 脚本语言。本章简述 JavaScript 脚本语言的基础知识以及 Dreamweaver CS6 中通过行为面板制作典型行为。

11.1　JavaScript

11.1.1　概述

JavaScript 是 Netscape 公司开发的面向 WWW 客户/服务器应用的一个跨平台的基于对象（object）和事件驱动（event driven）并具有安全性能的脚本语言，可以直接嵌入到 HTML 中，浏览器可以直接解释 JavaScript 语言，通过 JavaScript 语言与 HTML 代码完美结合，可以实现对 HTML 页面的控制并对页面某些事件做出反应，实现一些特殊的功能及效果。

JavaScript 具有以下几个基本特点。

1. 脚本语言

JavaScript 是一种脚本语言，它采用小程序段的方式实现编程。像其他脚本语言一样，JavaScript 同样是一种解释性语言，它提供了一个简易的开发过程。

它的基本结构形式与 C、C++、VB、Delphi 十分类似，但它不像这些语言一样需要先编译，而是在程序运行过程中被逐行地解释。它与 HTML 标识结合在一起，从而方便用户的操作。

2. 基于对象的语言

JavaScript 是一种基于对象的语言。这意味着它能运用自己已经创建的对象。因此，许多功能可以来自脚本环境中对象的方法与脚本的相互作用。

3．简单性

JavaScript 的简单性主要体现在以下两点：首先，它是一种基于 Java 基本语句和控制流的简单而紧凑的设计，从而对于学习 Java 是一种非常好的过渡；其次，它的变量采用弱类型，并未使用严格的数据类型。

4．安全性

JavaScript 是一种安全性语言，它不允许访问本地的硬盘，并不能将数据存储到服务器上，不允许对网络文档进行修改和删除，只能通过浏览器实现信息浏览或动态交互，从而有效地防止数据的丢失。

5．动态性

JavaScript 是动态的，它以事件驱动的方式对用户或客户输入做出响应，无须经过Web 服务程序。事件（event）是指在主页（home page）中执行了某种操作所产生的动作，例如按下鼠标、移动窗口、选择菜单等都可以视为事件。当事件发生后，可能会引起相应的事件响应，这种实现动态性的方式称为事件驱动。

6．跨平台性

JavaScript 是依赖于浏览器本身，与操作环境无关，只要有能运行浏览器的计算机和支持 JavaScript 的浏览器就可正确执行。

实际上 JavaScript 最杰出之处在于可以用很小的程序做大量的事。无需高性能的计算机，JavaScript 仅需一个文字处理软件以及浏览器，无需 Web 服务器通道，通过自己的计算机即可完成所有的事情。

综上所述，JavaScript 是一种新的描述语言，它可以被嵌入到 HTML 的文件之中。JavaScript 语言可以做到响应访问者的需求事件（例如表单的输入），而不用任何网络来回传输，所以当访问者输入数据时，它不用经过传给服务器（server）处理再传回来的过程，而是可以被客户端（client）的应用程序所直接处理。

11.1.2 JavaScript 基本数据结构

JavaScript 脚本语言同其他语言一样，有自身的基本数据类型、表达式和算术运算符以及程序的基本框架结构。JavaScript 提供了 4 种基本的数据类型用来处理数字和文字，而变量提供存放信息的地方，使用表达式则完成较复杂的信息处理。

1．基本数据类型

JavaScript 的 4 种基本的数据类型分别是数值（整数和实数）、字符串型（用" "或' '括起来的字符或数值）、布尔型（使 True 或 False 表示）和空值。在 JavaScript 的基本类型中的数据可以是常量，也可以是变量。由于 JavaScript 采用弱类型的形式，因而一个数据的变量或常量不必事先声明，而是在使用或赋值时确定其数据的类型，当然也可以先声明该数据的类型。

常量的种类及其取值如表 11.1 所示。

变量的主要作用是存取数据，提供存放信息的容器。对于变量，必须明确变量的命名、变量的类型、变量的声明及变量的作用域。

表 11.1　JavaScript 常量的种类及其取值

类　　别	取　　值
整型常量	JavaScript 的常量通常又称字面常量，它是不能改变的数据。整型常量可以使用十六进制、八进制和十进制表示其值
实型常量	实型常量由整数部分加小数部分表示，如 12.32、193.98。可以使用科学记数法或标准方法表示，如 5E7、4e5 等
布尔值	布尔常量只有两种状态：True 或 False。它主要用来说明或代表一种状态或标志，以说明操作流程。它与 C++ 是不一样的，C++ 可以用 1 或 0 表示其状态,而 JavaScript 只能用 True 或 False 表示其状态
字符型常量	使用单引号（'）或双引号（"）括起来的一个或几个字符，如 "This is a book of JavaScript"、"3245"、"ewrt234234"等
空值	JavaScript 中有一个空值 null，表示什么也没有。如试图引用没有定义的变量，则返回一个 null 值
特殊字符	JavaScript 中同样有一些以反斜杠（\）开头的不可显示的特殊字符，通常称为控制字符

（1）变量的命名。JavaScript 中的变量命名与其他计算机语言非常相似，必须是一个有效变量，即变量以字母开头并且只能由字母、数字、下画线构成。另外，不能使用 JavaScript 中的关键字作为变量名。JavaScript 中定义的关键是 JavaScript 内部使用的，所以不能作为变量的名称。变量命名最好做到"见名知意"。

（2）变量的声明及其作用域。在 JavaScript 中，变量可以用命令 var 作声明。声明变量格式如下：

```
var <变量> [= <值>];
```

var 是一个关键字，这个关键字用作声明变量。最简单的声明方法就是"var <变量>;"，这将为<变量>准备内存，给它赋初始值 null。如果加上"= <值>"，则给<变量>赋予自定的初始<值>。例如：

```
var mytest;
```

该例子定义了一个 mytest 变量，但没有为该变量赋值。

```
var mytest="This is a book";
```

该例子定义了一个 mytest 变量，同时为该变量赋值。

变量还有一个重要属性,即变量的作用域。JavaScript 中同样有全局变量和局部变量。全局变量定义在所有函数体之外，其作用范围是整个函数；而局部变量定义在函数体之内，只对该函数是可见的，而对其他函数则是不可见的。

2．表达式和运算符

定义变量后，就可以对它们进行赋值、改变、计算等一系列操作，这一过程通常通过表达式来完成。可以说表达式是变量、常量、布尔值及运算符的集合。表达式可以分为算术表达式、字串表达式、赋值表达式以及布尔表达式等。

运算符是完成操作的一系列符号。JavaScript 中有算术运算符，如＋、－、*、/等；有比较运算符，如!＝、＝＝等；有逻辑运算符，如!、|、||；有字符串运算符，如＋、＋＝等。

JavaScript 的运算符主要是双目运算符和单目运算符。

双目运算符必须有两个操作数，如 50＋40、"This"+"that"等。单目运算符只需一个操作数，其运算符可在前或后。

JavaScript 还有一种三目运算符，主要格式如下：

操作数?结果 1:结果 2

若操作数的结果为真，则表达式的结果为结果 1，否则为结果 2。

运算符分类如表 11.2 所示。

表 11.2　JavaScript 运算符分类

类　　别	具体运算符
算术运算符	双目运算符： ＋（加）、－（减）、*（乘）、/（除）、%（取模）、|（按位或）、&(按位与)、<<（左移）、>>（右移）、>>>（右移，零填充） 单目运算符： －（取反）、~（取补）、++（递加 1）、－－（递减 1）
比较运算符	比较运算符的基本操作过程是，首先对它的操作数进行比较，然后再返回一个 True 或 False 值。有 6 个比较运算符： <(小于)、>(大于)、<=(小于或等于)、>=(大于或等于)、==(等于)、!=(不等于)
逻辑运算符	!（取反）、&=（与之后赋值）、&（逻辑与）、|=（或之后赋值）、|（逻辑或）、^=（异或之后赋值）、^（逻辑异或）、?:（三目运算符）、||（简洁或/短路或）、==(等于)、|=(不等于)

11.1.3　JavaScript 程序构成

JavaScript 脚本语言由控制语句、函数、对象、方法、属性等来实现编程。

1．控制语句

在任何一种语言中，程序控制流都是必需的，它能使得整个程序有序并顺利地按一定方式执行。表 11.3 是 JavaScript 常用的程序控制结构及语句。

表 11.3　JavaScript 程序控制结构

类　　别	说　　明
if 条件语句	基本格式： 　　if（表述式） 　　　　语句段 1； 　　else 　　　　语句段 2；

类　别	说　明
if 条件语句	若表达式为 True，则执行语句段 1；否则执行语句段 2。 if-else 语句是 JavaScript 中最基本的控制语句，通过它可以改变语句的执行顺序。 表达式中必须使用关系语句来实现判断，它是作为一个布尔值来估算的。 若 if 后的语句有多行，则必须使用大括号将其括起来
for 循环语句	基本格式： 　　for(初始化;条件;增量) 　　　　语句集; for 语句实现条件循环，当条件成立时执行语句集，否则跳出循环体。 初始化参数指明循环的开始位置，必须赋予变量的初值。 条件用于判别循环停止时的条件。若条件满足，则执行循环体，否则跳出。 增量主要定义循环控制变量在每次循环时按什么方式变化。 上述 3 项之间必须使用分号分隔
while 循环	基本格式： 　　while(条件) 　　　　语句集; 该语句与 for 语句一样，当条件为真时重复循环，否则退出循环。 使用 for 语句在处理有关数字的算法时更易看懂，也较紧凑；而 while 循环对复杂条件的语句更适用
break	使得程序的执行从 for 或 while 循环中跳出
continue	使得程序的执行跳过循环内剩余的语句而进入下一次循环

2. 函数

通常在进行一个复杂的程序设计时，总是根据所要完成的功能，将程序划分为一些相对独立的部分，为每部分编写一个函数，从而使各部分充分独立，任务单一，程序清晰，易懂、易读、易维护。JavaScript 函数可以封装那些在程序中可能要多次用到，并可作为事件驱动的结果而调用的程序模块，从而实现将一个函数与事件驱动相关联。

JavaScript 函数定义格式如下：

```
function 函数名 (参数，变元) {
    函数体;
    return 表达式;
}
```

说明：

- 当调用函数时，所用变量或字面量均可作为参数传递。
- 函数由关键字 function 定义。
- 函数名是函数的名字。
- 参数表是传递给函数使用或操作的值，其值可以是常量、变量或其他表达式。
- 通过"函数名（实参）"来调用一个函数。

- 必须使用 return 返回值。
- 函数名区分大小写。

在函数的定义中，函数名后有参数表，这些参数可能有一个或几个。那么怎样才能确定参数的个数呢？在 JavaScript 中可通过 arguments.length 来检查参数的个数。例如：

```
function function_Name(exp1,exp2,exp3,exp4)
Number=function_Name.arguments.length;
if(Number>1)
document.wrile(exp2);
if(Number>2)
document.write(exp3);
if(Number>3)
document.write(exp4);
...
```

11.1.4　对象的基本知识

JavaScript 语言是基于对象的（object-based），而不是面向对象的（object-oriented）。之所以说它是一门基于对象的语言，主要是因为它没有提供抽象、继承、重载等有关面向对象语言的许多功能，而是把其他语言所创建的复杂对象统一起来，从而形成一个非常强大的对象系统。

虽然 JavaScript 语言是基于对象的，但它还是具有一些面向对象的基本特征。它可以根据需要创建自己的对象，从而进一步扩大 JavaScript 的应用范围，编写功能强大的 Web 文件。

JavaScript 中的对象是由属性（property）和方法（method）两个基本的元素构成的。前者使对象在实施其所需要行为的过程中实现信息的装载，从而与变量相关联；后者使对象能够按照设计者的意图而被执行，从而与特定的函数相关联。

一个对象在被引用之前必须存在，要么创建新的对象，要么利用现存的对象，否则引用将毫无意义，会导致出现错误。

JavaScript 不是纯面向对象的语言，它没有提供面向对象语言的许多功能。在 JavaScript 中提供了几个用于操作对象的语句、关键词及运算符，如表 11.4 所示。

表 11.4　JavaScript 常用的操作对象的语句、关键词及运算符

名　　称	说　　明
for（in）语句	格式： 　　for(对象属性名 in 已知对象名) 用于对已知对象的所有属性进行操作的控制循环。它是将一个已知对象的所有属性反复置给一个变量，而不是使用计数器来实现的，因此无须知道对象中属性的个数即可进行操作。 例如，下列函数用于显示数组中的内容：

续表

名　　称	说　　明

for（in）语句	`function showData(object)`
	`for (var prop in object)`
	`document.write(object[prop]);`

with 语句	格式：
	
	`with object{`
	`...`
	`}`
	
	在该语句体内，任何对变量的引用都被认为是这个对象的属性，以节省一些代码

this 关键词	对当前对象的引用

New 运算符	可以创建一个新的对象。
	格式：
	
	`newobject=New Object(parameters table);`
	
	其中，newobject 是创建的新对象，Object 是已经存在的对象，parameters table 是参数表；New 是 JavaScript 中的创建对象运算符
	例如创建一个日期新对象：
	
	`myData=New Data()`

对象属性的引用可由表 11.5 所示的 3 种方式之一实现。

表 11.5　JavaScript 对象属性的引用

方　　式	说　　明

使用点（.）运算符引用	`university.Name="云南省"`
	`university.City="昆明市"`
	`university.Date="1999"`
	
	其中，university 是一个已经存在的对象，Name、City、Date 是它的 3 个属性，上例同时对其赋值

通过对象的下标实现引用	`university[0]= "云南"`
	`university[1]= "昆明市"`
	
	通过数组形式访问属性，可以使用循环操作获取其值。
	
	`function showuniversity(object)`
	`for (var j=0;j<2; j++)`
	`document.write(object[j])`
	
	若采用 for（in）语句，则不需要知道属性的个数就可以实现循环访问：
	
	`function showmy(object)`
	`for (var prop in this)`
	`document.write(this[prop]);`

续表

方　　式	说　　明

通过字符串的形式实现引用	`university["Name"]="云南"`
	`university["City"]="昆明市"`
	`university["Date"]="1999"`

JavaScript 中对象方法的引用格式如下：

```
ObjectName.method()
```

下面介绍一些常用对象的属性和方法。JavaScript 提供了一些非常有用的内部对象和方法。用户不需要用脚本来实现这些功能，这正是基于对象编程的真正目的。

JavaScript 提供了 string（字符串）、math（数值计算）和 date（日期）3 种对象和其他一些相关的方法。从而为编程人员快速开发强大的脚本程序提供了非常有利的条件。

JavaScript 中对于对象属性与方法的引用有两种情况：当对象是静态对象时，在引用它的属性或方法时不需要为它创建实例；而当该对象是动态对象时，引用它的属性或方法时必须为它创建一个实例。

引用 JavaScript 内部对象是紧紧围绕着它的属性与方法进行的，因而明确对象是静态的还是动态的对于掌握和理解 JavaScript 内部对象具有非常重要的意义。

访问属性与方法时，可使用点（.）运算符实现。基本使用格式如下：

```
objectName.property/method
```

字符串对象只有一个属性，即 length，它表明了字符串中的字符个数，包括所有符号。例如：

```
mytest="This is a JavaScript"
mystringlength=mytest.length
```

mystringlength 返回 mytest 字符串的长度为 20。

字符串对象的方法主要用于有关字符串在 Web 页面中的显示、字体大小、字体颜色、字符的搜索以及字符的大小写转换等，其主要方法如表 11.6 所示。

表 11.6　JavaScript 字符串对象的常用方法

名　　称	说　　明
anchor()	该方法创建与 HTML 文件中一样的 anchor 标记，通过以下格式访问： `string.anchor(anchorName)`
fontsize(size)	控制字体大小。 有关字符显示的控制方法：italics()为斜体字显示，bold()为粗体字显示，blink()为字符闪烁显示，small()为字符用小体字显示，fixed()为固定高亮字显示

续表

名　称	说　明
toLowerCase()	转换为小写。 下面的语句把一个给定的字符串转换成小写： 　　string=stringValue.toLowerCase
toUpperCase()	转换为大写。 下面的语句把一个给定的字符串转换成大写： 　　string=stringValue.toUpperCase
fontcolor (color)	设置字体颜色
indexOf[character, fromIndex]	字符搜索，从指定 fromIndex 位置开始搜索 character 第一次出现的位置
substring(start,end)	返回字符串从 start 开始到 end 的部分

除此之外，JavaScript 还有数值计算对象、日期对象以及系统函数。JavaScript 中的系统函数又称内部方法，它提供了与任何对象都无关的函数，使用这些函数不须创建任何实例，可以直接使用。

11.1.5　事件驱动及事件处理

JavaScript 是基于对象的语言。这与 Java 不同，Java 是面向对象的语言。而基于对象的基本特征就是采用事件驱动。通常鼠标或热键的动作称为事件，由鼠标或热键引发的一连串程序的动作称为事件驱动，而对事件进行处理的程序或函数称为事件处理程序（event handler）。

1．事件处理程序

在 JavaScript 中对象事件的处理通常由函数来完成。可以将前面介绍的所有函数作为事件处理程序。格式如下：

```
function 事件处理名（参数表）{
    事件处理语句集；
}
```

2．事件驱动

JavaScript 事件驱动中的事件是通过鼠标或热键的动作引发的。JavaScript 的主要事件如表 11.7 所示。

表 11.7　JavaScript 的主要事件

事　件	说　明
onClick	当用户单击时产生 onClick 事件，同时 onClick 指定的事件处理程序或代码将被调用执行。该事件通常在下列基本对象中产生： ● button（按钮对象） ● checkbox（复选框）

续表

事　件	说　　　明

onClick	• radio（单选按钮）
	• reset button（重置按钮）
	• submit button（提交按钮）
	例如，可通过下列按钮激活 change() 事件：
	
	`<Form>`
	`<Input type="button" Value=""onClick="change()">`
	`</Form>`
	
	在 onClick= 后，可以使用自己编写的函数作为事件处理程序，也可以使用 JavaScript 中的内部函数，还可以直接使用 JavaScript 的代码等。例如：
	
	`<Input type="button" value=" " onclick=alert("这是一个例子");>`

onSelect	当 text 或 textarea 对象中的文字被加亮后，引发该事件

onChange	当利用 text 或 textarea 元素输入字符值改变时引发该事件，当在 select 表格项中的一个选项状态改变后也会引发该事件。例如：
	
	`<Form>`
	`<Input type="text" name="Test" value="Test" onChange= "check`
	`('this.test')">`
	`</Form>`

onFocus	当用户单击 text 或 textarea 以及 select 对象时产生该事件。此时该对象成为前台对象
onBlur	当 text 对象、textarea 对象以及 select 对象不再拥有焦点而退到后台时引发该事件，该事件与 onFocus 事件是对应的关系
onLoad	当文档载入时产生该事件。onLoad 的一个作用就是在首次载入一个文档时检测 cookie 的值，并用一个变量为其赋值，使它可以被源代码使用
onUnload	当 Web 页面退出时引发该事件，并可更新 cookie 的状态

11.1.6　JavaScript 应用实例

1. 网页 Email 格式验证

【例 11.1】 主要代码如下：

```
<head>
<title>网页特效|Email 验证</title>
<script language="javascript">
<!-- Begin
function chk(email, formname)
{ invalid = "";
if (!email)
invalid = "";
else {
if ( (email.indexOf("@") == -1) || (email.indexOf(".") == -1) )
```

```
invalid += "\n\nEmail 地址不合法。应当包含'@'和'.'；例如('.com')。请检查后再递交。";
if (email.indexOf("your email here") > -1)
invalid += "\n\nEmail 地址不合法,请检测您的 Email 地址,在域名内应当包含'@'和'.';
例如('.com')。";
if (email.indexOf("\\") > -1)
invalid += "\n\nEmail 地址不合法,含有非法字符(\\)。";
if (email.indexOf("/") > -1)
invalid += "\n\nEmail 地址不合法,含有非法字符(/)。";
if (email.indexOf("'") > -1)
invalid += "\n\nEmail 地址不合法,含有非法字符(')。";
if (email.indexOf("!") > -1)
invalid += "\n\nEmail 地址不合法,含有非法字符(!)。";
if ( (email.indexOf(",") > -1) || (email.indexOf(";") > -1) )
invalid += "\n\n 只输入一个 Email 地址,不要含有分号和逗号。";
if (email.indexOf("?subject") > -1)
invalid += "\n\n 不要加入'?subject=...'。";
}
if (invalid == "")
{ return true; }
else {
alert("输入的 Email 可能包含错误: " + invalid);
return false;
} } // End --> </script> </head>
<body bgcolor="#ffffff">
<form    method="post"    name="myform"    action="#"    onSubmit="return
chk(document.myform.email.value)">
<div align="center">
请输入您的 Email 地址:<input type="text" name="email" value="">
<input type="submit" name="Submit" value="Submit">
</div> </form> </body>
```

动态网页编程时，输入数据验证必不可少。例 11.1 是一个简化的验证代码，用于验证网页中输入的 Email 格式是否正确。当输入 Email 格式错误时，出现提示，需要浏览者输入格式正确的 Email，其在浏览器中的效果如图 11.1 所示。

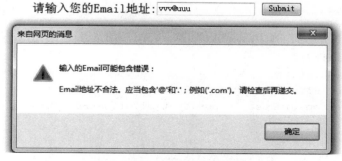

图 11.1　例 11.1 的浏览器效果

2. 在网页中显示计时功能

在网页中如何实现计时功能呢？下面的例子当单击"开始计时！"按钮时，右侧的输入文本框中开始从 0 自动增长以计时。

【例 11.2】 无限计时功能主要代码如下：

```
<head>
 <title>网页特效|Email 验证</title>
<script language="javascript">
var c=0
var t
function timedCount()
{document.getElementById('txt').value=c
c=c+1
t=setTimeout("timedCount()",1000)}
</script></head>
<body><form>
<input type="button" value="开始计时！" onClick="timedCount()">
<input type="text" id="txt">
</form>
<p>请单击上面的按钮。输入框会从 0 开始一直进行计时。</p>
</body>
```

此代码在浏览器中的显示效果如图 11.2 所示。

图 11.2　例 11.2 的浏览器显示效果

【例 11.3】 实时倒影时间显示主要代码如下：

```
<head>
<title>无标题文档</title>
<style>
.time { font-size: 12pt; line-height: 14pt; color:red;}
</style>
<SCRIPT language=JavaScript>
<!-- Hiding
var ctimer;

function init(){
if (document.all){
tim2.style.left=tim1.style.posLeft;
tim2.style.top=tim1.style.posTop+tim1.offsetHeight-6;
settimes();
}
}
```

```
function settimes(){
var time=new Date();
hours=time.getHours();
mins=time.getMinutes();
secs=time.getSeconds();
if (hours<10)
hours="0"+hours;
if(mins<10)
mins="0"+mins;
if (secs<10)
secs="0"+secs;
tim1.innerHTML=hours+":"+mins+":"+secs
tim2.innerHTML=hours+":"+mins+":"+secs
ctimer=setTimeout('settimes()',960);
}
// Done hiding -->
</SCRIPT></head>
<body onload="init()">
<DIV class=time id=tim1
style="HEIGHT: 20px; LEFT: 50px; POSITION: absolute; TOP: 10px; WIDTH:
10px"></DIV>
<DIV class=time id=tim2
style="FILTER: flipv() alpha(opacity=20); FONT-STYLE: italic; POSITION:
absolute"></DIV>
</body>
```

此代码在浏览器中的显示效果如图 11.3 所示。

【例 11.4】　文字逐个变色显示网页的主要代码如下：

图 11.3　例 11.3 的浏览器显示效果

```
<head>
<title>无标题文档</title>
<script language="JavaScript">
<!-- Begin
text = "欢迎光临网页制作特效站";        //显示的文字
color1 = "blue";                        //文字的颜色
color2 = "red";                         //转换的颜色
fontsize = "6";                         //字体大小
speed = 100;                            //转换速度 (单位为毫秒)
i = 0;
if (navigator.appName == "Netscape") {
document.write("<layer id=a visibility=show></layer><br><br><br>");
}
else {
document.write("<div id=a></div>");
}
function changeCharColor() {
if (navigator.appName == "Netscape") {
document.a.document.write("<center><font face=arial size =" + fontsize + ">
```

```
<font color=" + color1 + ">");
for (var j = 0; j < text.length; j++) {
if(j == i) {
document.a.document.write("<font face=arial color=" + color2 + ">" +
Text.charAt(i) + "</font>");
}
else {
document.a.document.write(text.charAt(j));
}
}
document.a.document.write('</font></font></center>');
document.a.document.close();
}
if (navigator.appName == "Microsoft Internet Explorer") {
str = "<center><font face=arial size=" + fontsize + "><font color=" +
color1 + ">";
for (var j = 0; j < text.length; j++) {
if( j == i) {
str += "<font face=arial color=" + color2 + ">" + text.charAt(i) + "</font>";
}
else {
str += text.charAt(j);
}
}
str += "</font></font></center>";
a.innerHTML = str;
}
(i == text.length) ? i=0 : i++;
}
setInterval("changeCharColor()", speed);
// End -->
</script></head>
<body></body>
```

网页显示蓝色的"欢迎光临网页制作特效站"，同时从第一个字开始，逐个变为红色并迅速变回蓝色，这样不断循环，如图 11.4 所示。

图 11.4　例 11.4 的浏览器显示效果

11.2　行　　为

行为是 Dreamweaver CS6 中内置的脚本程序。一个行为由一个事件触发一个动作组成，因此行为由两个基本元素构成：事件和动作。事件是访问者对网页的某个对象所做的事情，例如把鼠标移动到某网页的一张图片上，这就产生一个鼠标经过的事件；这个事件触发浏览器去执行一段 JavaScript 代码，这就是动作；然后产生了 JavaScript 设计的效果，可能是显示另外一张图片，也可能是打开窗口等，这就是行为。

11.2.1　事件

事件是访问者执行的某种操作，如将鼠标指针移动到某个超级链接上时，该超级链接就会产生一个 onMouseOver 事件。触发行为的对象可以是文字、图像、表格甚至是整个页面等，根据选定的触发源的不同，可以有不同的事件，如超级链接有 onMouseOver 和 onClick 等事件，而图像有 onLoad 等事件。不同的浏览器甚至不同版本的浏览器所支持的事件也不尽相同，表 11.8 列出了大多数浏览器所支持的事件。

表 11.8　常用事件

名　　称	说　　明
onLoad	当图像或页面结束载入时产生
onUnload	当访问者离开页面时产生
onClick	当单击指定的元素（例如一个链接、按钮或图像）时产生
onDblClick	当双击指定的元素时产生
onMouseDown	当按下鼠标按键时产生（不必释放鼠标按键即可产生这个事件）
onMouseMove	当光标指向一个特定元素并移动鼠标时产生（指光标停留在元素的边界以内）
onMouseOut	当光标从特定的元素（该特定元素通常是一个图像或一个附加于图像的链接）移走时产生。这个事件经常被用来和"恢复交换图像"动作关联，当光标不再指向一个图像时，它恢复到其初始状态
onMouseOver	当光标首次指向特定元素时产生（指当光标从不是指向该元素到指向该元素），该特定元素通常是一个链接
onMouseUp	当一个被按下的鼠标按键被释放时产生
onSelect	当在一个文本区域内选择文本时产生
onFocus	当指定的元素变成用户交互的焦点时产生
onBlur	和 onFocus 事件相反，当指定元素不再作为交互的焦点时产生
onError	当浏览器载入页面或图像发生错误时产生
onKeyDown	当按下任意键时（在没有释放之前）产生
onKeyUp	当释放了被按下的键后产生
onMouseWheel	当使用鼠标滚轮时产生
onPropertyChange	当窗口或框架移动时产生
onResize	当重设浏览器窗口或框架大小时产生

11.2.2　动作

动作是预先编写的 JavaScript 代码，这些代码可以执行特定的任务，如打开浏览器窗口、显示或隐藏层、播放声音和停止 Macromedia Shockwave 影片等。

当某个网页元素发生了指定的事件，浏览器就会调用与该事件相关联的动作（JavaScript 代码）。如将"弹出消息"动作附加到某个链接并指定事件为 onMouseOver，那么只要将鼠标指针指向该链接，网页就弹出一个消息对话框。

除了可以使用 Dreamweaver CS6 提供的二十多个动作外，还可以从 Internet 上下载更多的动作，或使用 JavaScript 编写自己的动作。

11.2.3 "行为"面板

"行为"面板是 Dreamweaver CS6 中专门用于管理和编辑行为的工具。在"行为"面板中可以先指定一个动作，然后指定触发该动作的事件，以便将行为添加到页面中。执行菜单"窗口"→"行为"命令或按 Shift+F4 键，可以打开"行为"面板，如图 11.5 所示，其中各项的含义如表 11.9 所示。

表 11.9　Dreamweaver CS6 "行为"面板按钮含义

图　　标	说　　明
	只显示当前对象已设置的事件
	显示当前对象的所有事件
+	单击会弹出"行为"菜单，如图 11.6 所示
−	单击将删除在"行为"面板中选择的行为
▲	调整行为触发的顺序，单击将向上移动所选择的行为
▼	调整行为触发的顺序，单击将向下移动所选择的行为

如果列表中的行为呈灰色显示，说明指定的对象不能添加该行为。

当在"行为"面板上单击 "+"按钮添加行为时，弹出可选用的各种动作，如图 11.6 所示。在该菜单中选择行为后，会弹出相应的对话框，设置完成后将为当前对象添加刚才选择的行为。

图 11.5　"行为"面板

图 11.6　添加"行为"

11.2.4　使用 Dreamweaver CS6 添加典型行为

1．"交换图像"行为

"交换图像"行为通过更改<img>标签的 src 属性将一个图像和另一个图像进行交换。使用此行为创建按钮鼠标经过图像和其他图像效果（包括一次交换多个图像）。插入鼠标经过图像会自动将一个"交换图像"行为添加到页中。

因为只有 src 属性受此行为的影响，所以应该换入一个与原图像具有相同尺寸（高度和宽度）的图像。否则，换入的图像显示时会被压缩或扩展，以使其适应原图像的尺寸。

要设置交换图像，首先需要准备两张图片文件，例如 a.jpg 和 b.jpg 文件，在网页中适当的位置插入 a.jpg 图像。然后单击"行为"面板的"添加行为"按钮，选择"交换图像"命令，弹出"交换图像"对话框，如图 11.7 所示。

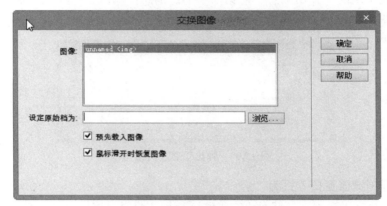

图 11.7　"交换图像"对话框

单击"浏览"按钮，选择 b.jpg 图像。选择"预先载入图像"复选框，在载入页面时将新图像载入到浏览器的缓存中，用于防止当图像该出现时由于下载而导致的延迟。"恢复交换图像"动作将最后一组交换的图像恢复为它们以前的源文件。每次将"交换图像"动作附加到某个对象时都会自动添加该动作；如果在附加"交换图像"时选择了"恢复"选项，就不再需要手动选择"恢复交换图像"动作。

保存网页，在浏览器中预览网页。当鼠标经过 a.jpg 图像所在的位置时，b.jpg 图像将取代 a.jpg 图像。

2．"恢复交换图像"行为

"交换图像"和"恢复交换图像"经常是成对出现的，这样省去了使用人工恢复交换图像的工作。

单击"行为"面板上的加号按钮，并从其下拉列表中选择"恢复交换图像"选项，打开如图 11.8 所示的对话框，单击"确定"按钮，即可恢复交换图像。

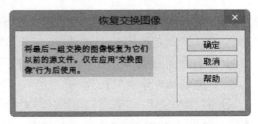

图 11.8　"恢复交换图像"对话框

3. "弹出信息"行为

"弹出信息"行为显示一个带有指定消息的 JavaScript 警告。因为 JavaScript 警告只有一个按钮（"确定"），所以使用此动作可以提供信息，而不能为用户提供选择。

可以在文本中嵌入任何有效的 JavaScript 函数调用、属性、全局变量或其他表达式。若要嵌入一个 JavaScript 表达式，请将其放置在大括号（{{}）中。若要显示大括号，需要在它前面加一个反斜杠（\{）。

JavaScript 警告的外观是无法控制的，它取决于访问者的浏览器。如果希望对信息的外观进行更多的控制，可以考虑使用"打开浏览器窗口"行为。

弹出信息的制作方法如下：

（1）在网页中选中要应用这个行为的对象，例如一个按钮、一段文本等。

（2）打开"行为"面板，在面板上单击"添加行为"按钮，在弹出的菜单中选择"弹出信息"。在出现的"弹出信息"对话框中的"消息"输入框中输入要在信息框中显示的文字，如图 11.9 所示。输入完毕后单击"确定"按钮，结束设置。

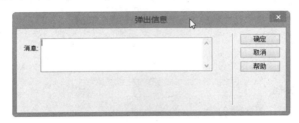

图 11.9 "弹出信息"对话框

4. "打开浏览器窗口"行为

使用"打开浏览器窗口"行为在一个新的窗口中打开 URL。可以指定新窗口的属性（包括其大小）、特性（它是否可以调整大小、是否具有菜单栏等）和名称。例如，可以使用此行为在访问者单击缩略图时在一个单独的窗口中打开一个较大的图像，新窗口与该图像恰好一样大。

如果不指定该窗口的任何属性，在打开时它的大小和属性与打开它的窗口相同。指定窗口的任何属性都将自动关闭所有其他未显式打开的属性。例如，如果不为窗口设置任何属性，它将以 640×480（单位为像素）的大小打开并具有导航条、地址工具栏、状态栏和菜单栏。

通过以下步骤添加"打开浏览器窗口"行为。

（1）选择一个对象并打开"行为"面板。

（2）单击添加行为按钮，在菜单中选择"打开浏览器窗口"命令，弹出如图 11.10 所示的"打开浏览器窗口"对话框，其每项含义如表 11.10 所示。

根据实际需要设置"打开浏览器窗口"对话框，单击"确定"按钮。

5. "拖动 AP 元素"行为

当将"拖动 AP 元素"行为附加到某个对象时，Dreamweaver 将 MM_dragLayer() 函数插入文档的 head 部分（此函数保留 AP 元素（即"层"）的旧的命名约定，以便保留在以前版本的 Dreamweaver 中创建的层的可编辑性）。除了将 AP 元素注册为可拖动外，此函数还会为每个可拖动的 AP 元素定义 3 项属性：MM_LEFTRIGHT、MM_UPDOWN 和 MM_SNAPPED，可以在 JavaScript 代码的函数中使用这些属性确定 AP 元素的相对水平位置、相对垂直位置以及 AP 元素是否到达拖动目标。

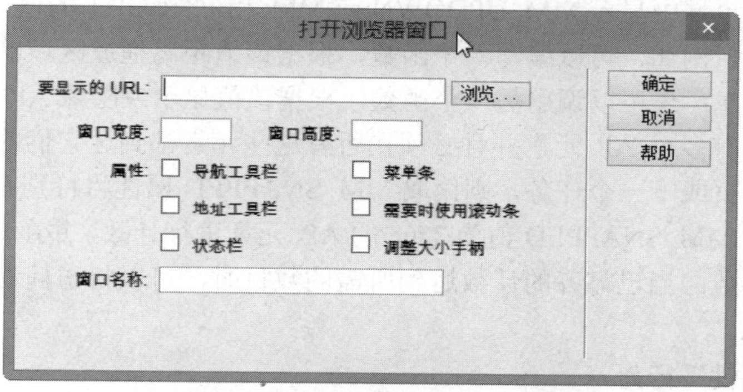

图 11.10 "打开浏览器窗口"对话框

表 11.10 Dreamweaver CS6 "打开浏览器窗口"对话框选项含义

名　称	说　明
要显示的 URL	选择一个文件，或输入要显示的 URL
窗口宽度	指定窗口的宽度（以像素为单位）
窗口高度	指定窗口的高度（以像素为单位）
属性	导航工具栏：是一行浏览器按钮（包括"后退""前进""主页"和"重新载入"）。 地址工具栏：是一行浏览器选项（包括地址文本框）。 状态栏：是位于浏览器窗口底部的区域，在该区域中显示消息（例如剩余的载入时间以及与链接关联的 URL）。 菜单条：是浏览器窗口（Windows）或桌面（Macintosh）上显示菜单（例如"文件""编辑""查看""转到"和"帮助"）的区域。如果要让访问者能够从新窗口导航，应该设置此选项；否则在新窗口中用户只能关闭或最小化窗口（Windows）。 需要时使用滚动条：指定当内容超出可视区域时显示滚动条。如果不设置此选项，则不显示滚动条。如果"调整大小手柄"选项也关闭，则访问者将不容易看到超出窗口原始大小以外的内容（虽然可以拖动窗口的边缘使窗口滚动）。 调整大小手柄：指定用户能够调整窗口的大小，方法是拖动窗口的右下角或单击右上角的最大化按钮（Windows）。如果未设置此选项，则调整大小控件将不可用，右下角也不能拖动
窗口名称	新窗口的名称。如果要通过 JavaScript 使用链接指向新窗口或控制新窗口，则应该对新窗口进行命名。此名称不能包含空格或特殊字符

注意：此处提供的信息仅供有经验的 JavaScript 编程人员使用。

例如，以下函数在名为 curPosField 的表单域内显示 MM_UPDOWN 属性（AP 元素的当前垂直位置）的值（因为表单域都是动态的，可以在页完成加载之后更改它们的内容，所以它们非常适合显示不断更新的信息）。

```
function getPos(layerId){
    var layerRef = document.getElementById(layerId);
```

```
        var curVertPos = layerRef.MM_UPDOWN;
        document.tracking.curPosField.value = curVertPos;
    }
```

可以不在表单域中显示 MM_UPDOWN 或 MM_LEFTRIGHT 的值，而用各种其他方法来使用这些值。例如，可以编写一个函数，根据该值距离拖放区域的远近程度在表单域中显示一条消息；还可以调用另一个函数，根据该值显示或隐藏 AP 元素。

如果页面中有多个 AP 元素并且必须在所有这些元素都到达它们的目标后访问者才可以前进到下一页或下一个任务，则读取 MM_SNAPPED 属性将特别有用。例如，可以编写一个函数对 MM_SNAPPED 值为 True 的 AP 元素进行计数，并在每放下一个 AP 元素时都调用该函数。当已靠齐的计数达到所需的数目时，可以将访问者转到下一页或显示一条祝贺消息。

6．"改变属性"行为

使用"改变属性"行为可更改对象某个属性（例如 DIV 的背景颜色或表单的动作）的值。

> ☞提示：建议比较熟悉 HTML 和 JavaScript 的人员使用此行为。

要添加此行为，首先选择一个对象，然后从"行为"面板的"添加行为"菜单中选择"改变属性"，弹出如图 11.11 所示的对话框。

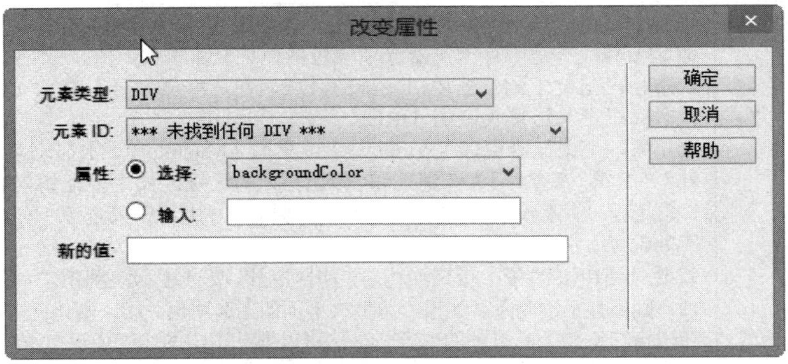

图 11.11 "改变属性"对话框

"元素类型"下拉列表中一般是网页中常用的 HTML 标签，从中选择某个元素类型，以显示该类型的所有标识的元素，然后在"元素 ID"下拉列表中选择一个元素。

接着从"属性"菜单中选择一个属性，或选择"输入"单选框，在框中输入该属性的名称。

最后在"新的值"域中为选择的属性输入一个新值。单击"确定"按钮，验证默认事件是否正确。

7．"效果"行为

效果是视觉增强功能，可以应用于使用 JavaScript 的 HTML 页面上几乎所有的元素。效果通常用于在一段时间内高亮显示信息，创建动画过渡或者以可视方式修改页面元素。可以将效果直接应用于 HTML 元素，而无需其他自定义标签。

☞提示：要向某个元素应用效果，该元素当前必须处于选定状态，或者它必须具有一个 ID。例如，如果要向当前未选定的 DIV 标签应用高亮显示效果，该 DIV 必须具有一个有效的 ID 值。如果该元素尚且没有有效的 ID 值，需要向 HTML 代码中添加一个 ID 值。

可以应用于页面的效果如下：

- 增大/收缩：使元素变大或变小。
- 挤压：使元素从页面的左上角消失。
- 显示/渐隐：使元素显示或渐隐。
- 晃动：从左向右晃动元素。
- 滑动：上下移动元素。
- 遮帘：模拟百叶窗的闭合和打开以隐藏和显示元素。
- 高亮颜色：更改元素的背景颜色。

☞提示：当使用效果时，系统会在代码视图中将不同的代码行添加到网页文件中。其中的一行代码用来标识 SpryEffects.js 文件，该文件是包括这些效果所必需的。不要从代码中删除该行，否则这些效果将不起作用。有关 Spry 框架中可用的 Spry 效果的全面概述，请访问 www.adobe.com/go/learn_dw_spryeffects_cn。

1）应用增大/收缩效果

该效果可用于下列 HTML 元素：address、dd、div、dl、dt、form、p、ol、ul、applet、center、dir、menu 或 pre。

其设置方法如下：

（1）选择要应用效果的内容或布局元素（可选）。

（2）在"行为"面板中，单击加号（+）按钮，从弹出菜单中选择"效果"→"增大/收缩"命令，弹出如图 11.12 所示的对话框。

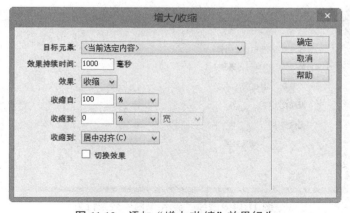

图 11.12　添加"增大/收缩"效果行为

其各项说明如下：

- 目标元素：用于选择元素的 ID。如果已选择元素，请选择"<当前选定内容>"。
- 效果持续时间：定义出现此效果所需的时间，以毫秒为单位。
- 效果：选择 "增大"或"收缩"。
- 收缩自/收缩到：定义元素在效果开始和结束时的大小。该值为百分比大小或像素值。如果为"收缩自"或"收缩到"框选择像素值，"宽"域就会可见。元素将根据选择的选项相应地增大或收缩。
- 收缩到：选择希望元素增大或收缩到页面的左上角还是页面的中心。
- 切换效果：如果希望该效果是可逆的（即，连续单击即可增大或收缩），请选择"切换效果"复选框。

2）应用挤压效果

此效果仅可用于 address、dd、div、dl、dt、form、img、p、ol、ul、applet、center、dir、menu 或 pre 等 HTML 元素。

其操作与应用"增大/收缩"效果相同，弹出的对话框如图 11.13 所示。

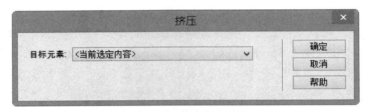

图 11.13　添加"挤压"效果行为

从图 11.13 的"目标元素"下拉列表中选择元素的 ID。如果已选择元素，请选择"<当前选定内容>"。

3）应用显示/渐隐效果

此效果可用于除 applet、body、iframe、object、tr、tbody 或 th 之外的所有 HTML 元素。

其操作与应用"增大/收缩"效果相同，弹出的对话框如图 11.14 所示。

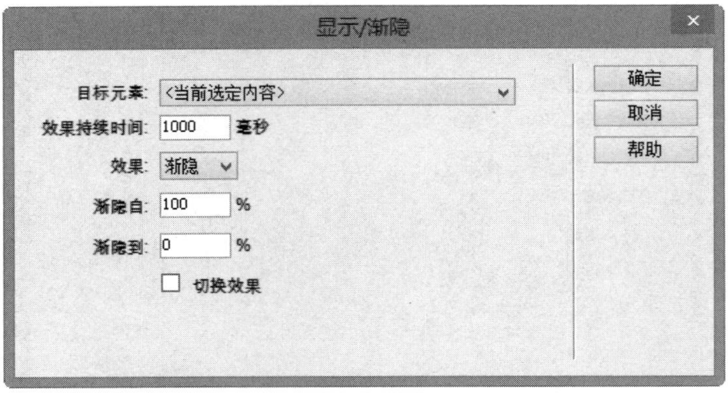

图 11.14　添加"显示/渐隐"效果行为

- 效果：选择"渐隐"或"显示"。
- 渐隐自/渐隐到：定义显示此效果所需的不透明度百分比。
- 如果希望该效果是可逆的（即连续单击即可从"渐隐"转换为"显示"或从"显示"转换为"渐隐"），请选择"切换效果"复选框。

4）应用晃动效果

此效果适用于 address、blockquote、dd、div、dl、dt、fieldset、form、h1、h2、h3、h4、h5、h6、iframe、img、object、p、ol、ul、li、applet、dir、hr、menu、pre 或 table 等 HTML 元素。

其操作与应用"增大/收缩"效果相同，直接设置即可。

5）应用滑动效果

要使滑动效果正常工作，必须将目标元素封装在具有唯一 ID 的容器标签中。用于封装目标元素的容器标签必须是 blockquote、dd、form、div、center、table、span、input、textarea、select、image 标签。

其操作与应用"增大/收缩"效果相同，弹出的对话框如图 11.15 所示。

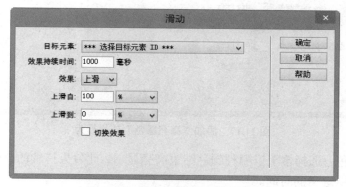

图 11.15　添加"滑动"效果行为

- 效果：选择"上滑"或"下滑"。
- 上滑自/上滑到：以百分比或像素值形式定义滑动起始和结束点。

6）应用遮帘效果

此效果可用于 address、dd、div、dl、dt、form、h1、h2、h3、h4、h5、h6、p、ol、ul、li、applet、center、dir、menu 或 pre 等 HTML 元素。

其操作与应用"增大/收缩"效果相同，弹出的对话框如图 11.16 所示。

- 效果：选择"向上遮帘"或"向下遮帘"。
- 向上遮帘自/向上遮帘到：以百分比或像素值形式定义遮帘的起始滚动和结束滚动点。这些值是从元素的顶部开始计算的。

7）应用高亮效果

此效果可用于除 applet、body、frame、frameset 或 noframes 之外的所有 HTML 元素。

其操作与应用"增大/收缩"效果相同，弹出的对话框如图 11.17 所示。

- 起始颜色：选择希望以哪种颜色开始高亮显示。

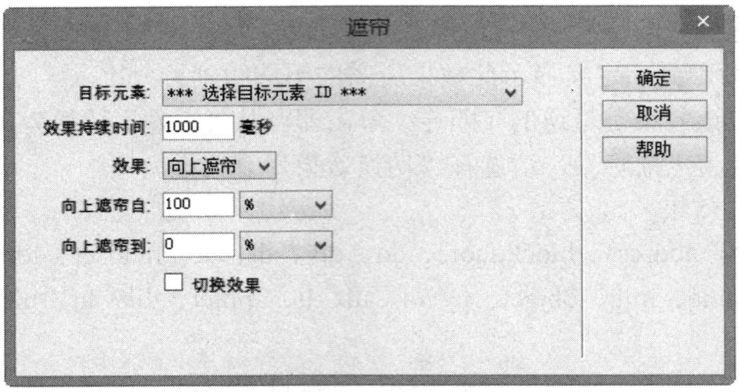

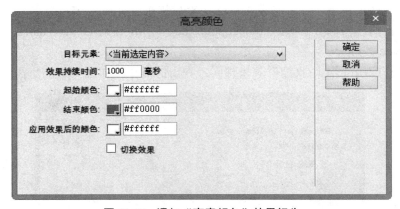

图 11.16　添加"遮帘"效果行为

图 11.17　添加"高亮颜色"效果行为

- 结束颜色：选择希望以哪种颜色结束高亮显示。此效果持续的时间为"效果持续时间"中定义的时间。
- 应用效果后的颜色：选择元素在完成高亮显示之后的颜色。

8）添加其他效果

同一个元素可以关联多个效果行为，得到的结果将非常有趣。

8. "显示-隐藏元素"行为

"显示-隐藏元素"行为可显示、隐藏或恢复一个或多个页面元素的默认可见性。此行为用于在用户与页面进行交互时显示信息。例如，当用户将鼠标指针移到一个动物图像上时，可以显示一个页面元素，此元素给出有关该动物的生活习性和生活区域等详细信息。此行为仅显示或隐藏相关元素，在元素已隐藏的情况下，它不会从页面流中实际上删除此元素。

首先选择一个对象，然后从"行为"面板的"添加行为"菜单中选择"显示-隐藏元素"命令。如果"显示-隐藏元素"不可用，则可能已选择了一个 AP 元素。因为 AP 元素不接受 IE 4.0 版浏览器中的事件，所以必须选择另一个对象，例如<body>标签或某个链接（<a>）标签。

接着从"元素"列表中选择要显示或隐藏的元素，然后单击"显示""隐藏""默认"

（恢复默认可见性）。最后对其他所有要更改其可见性的元素重复本步骤（可以通过单个行为更改多个元素的可见性）。

最后单击"确定"，验证默认事件是否正确。

9．"检查插件"行为

"检查插件"行为通常应用于制作引导页。例如一个网站有 Flash 和 HTML 两种版本，利用此插件可以检测浏览器是否安装了 Flash 插件，如果有，则引导浏览者进入 Flash 版的网站；如果没有，则进入 HTML 版的普通网站。这样就避免了没有安装 Flash 插件的浏览者看不到网页的情况。

10．"检查表单"行为

"检查表单"行为能够检测用户填写的表单内容是否符合预先设定的规范。这样可以在表单被提交之前找出填写错误的地方，提示用户重新输入，避免了表单提交后再交给服务器端去检测输入的正确性，而在客户端就完成检测，减轻了服务器的负担和对网络资源的占用。

注意，与"改变属性"行为一样，本行为也建议在使用前先为要检查的表单元素命名，以便在命名的栏位中方便准确地找到此元素。另外，此行为一般使用的事件为 onSubmit，在表单提交时检查。方法是先选择整个表单，然后设置此行为，这样行为就会自动附加到标记，并默认事件为 onSubmit。

11．"设置文本"行为

使用 Dreamweaver CS6 内置的"设置文本"行为可以动态地设置层、框架、文本域以及状态栏的文本。"设置文本"行为包括设置容器文本、设置框架文本、设置文本域文本、设置状态栏文本 4 个行为，其设置方法相似。

此行为的设置分为两个选项卡："基本"选项卡用来设置当前选中的导航图像的各种选项，"高级"选项卡用来设置当前选中的导航图像在正常显示和按下两种状态下其他导航图像的变化。

"设置文本"行为分为 4 个子动作：

（1）设置层文本：用来设置层中出现的文字。它只有两个参数：一个是"层"，在其下拉列表中列出了网页中所有的层；另一个是"新建 HTML"，输入要出现在层中的文字或 HTML 代码即可。

（2）设置框架文本：用来设置框架页中出现的文字。

（3）设置文本域文本：用来设置文本域中出现的文字。它只有两个参数：一个是"文本域"，在其下拉列表中列出网页中所有的文本域；另一个是"新建 HTML"，输入要出现在文本域中的文字即可。

（4）设置状态栏文本：用来设置状态栏中出现的文字。

由于这 4 种行为制作步骤类似，下面以设置"状态栏文本"为例展示设置文本行为。

"设置状态栏文本"动作在浏览器窗口底部左侧的状态栏中显示消息。例如，可以使用此动作在状态栏中说明链接的目标而不是显示与之关联的 URL。访问者常常会忽略或注意不到状态栏中的消息（而且并不是所有的浏览器都提供设置状态栏文本的完全支持）；如果消息非常重要，请考虑将其显示为弹出式消息或层文本。

通过以下步骤添加"设置状态栏文本"行为。

首先选择一个对象并打开"行为"面板。单击添加行为按钮，在菜单中选择"设置文本"→"设置状态栏文本"命令，弹出的"设置状态栏文本"对话框如图11.18所示。

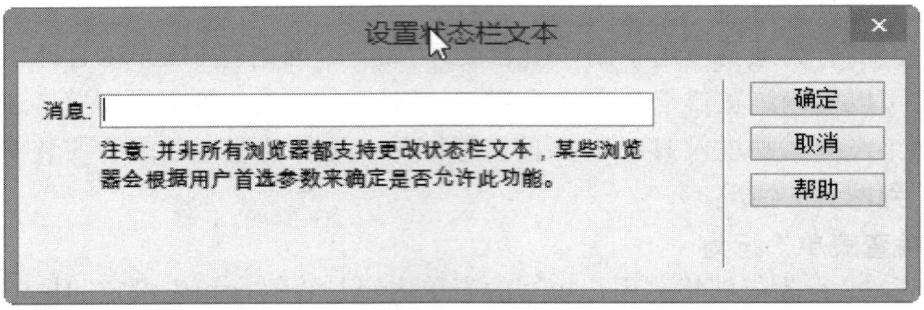

图 11.18　"设置状态栏文本"对话框

在其"消息"文本框中输入要设置的文本，例如，本例中输入"我设置的状态栏文本!"，单击"确定"按钮。在浏览器中的效果如图11.19所示。

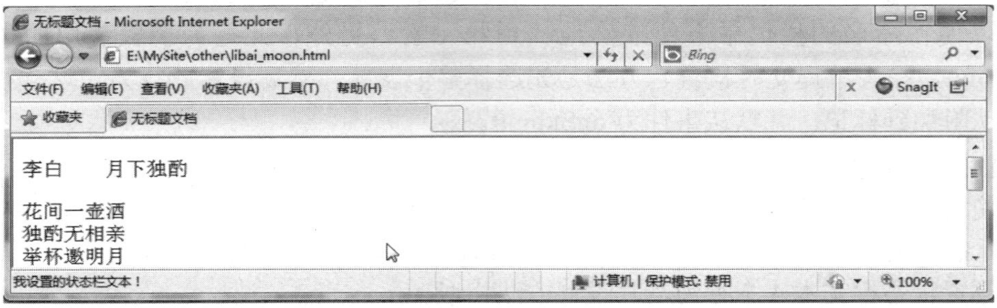

图 11.19　状态栏效果

12．"调用 JavaScript"行为

"调用 JavaScript"行为在事件发生时执行自定义的函数或 JavaScript 代码行（可以使用事先编写的 JavaScript 代码，也可以使用 Web 上各种免费的 JavaScript 库中提供的代码）。

其操作步骤如下，首先选择一个对象，然后从"行为"面板的"添加行为"菜单中选择"调用 JavaScript"命令，弹出如图11.20所示的对话框。

图 11.20　添加"调用 JavaScript"行为

在图 11.20 中的 JavaScript 文本框中输入要执行的 JavaScript 代码或函数的名称。

例如，若要创建一个"后退"按钮，可以输入 if (history.length > 0){history.back()}。如果已将代码封装在一个函数中，则只需输入该函数的名称（例如 myGoBack()）。

最后单击"确定"按钮，保存网页，通过浏览器验证默认事件是否正确。

13．"跳转菜单"行为

"跳转菜单"行为的功能与"插入"面板中的"跳转菜单"的功能完全一样，
Dreamweaver 创建一个菜单对象并向其附加一个"跳转菜单"（或"跳转菜单转到"）行
为，其设置方法相同。

通常不需要手动将"跳转菜单"行为附加到对象。可以通过以下两种方式中的任意
一种编辑现有的跳转菜单：

（1）在"行为"面板中双击现有的"跳转菜单"行为，编辑和重新排列菜单项，更
改要跳转到的文件，并更改这些文件的打开窗口。

（2）通过选择该菜单并使用"属性"检查器中的"列表值"按钮，可以在菜单中编
辑这些项，就像在任何菜单中编辑项一样。

14．"跳转菜单开始"行为

"跳转菜单开始"行为用来设置或改变一个带跳转按钮的下拉菜单的索引。当页面中
有多个下拉菜单时，它可以决定跳转按钮根据哪一个下拉菜单来选择要跳转到的页面。
参数只有"选择跳转菜单"，从页面中的所有跳转菜单中选择需要的即可。

15．"转到 URL"行为

"转到 URL"行为可使页面转到另外一个地址，如图 11.21 所示。

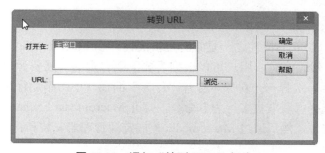

图 11.21　添加"转到 URL"行为

"转到 URL"行为只有两个选项，第一个是"打开在"，需要在列表中选择打开窗口，
一般情况下只有"主窗口"，当页面为框架结构时，列表中会出现多个框架窗口名；第二
个是 URL，输入要转到的 URL 地址，也可以通过"浏览"按钮选择本地文件。

16．"预先载入图像"行为

使用"预先载入图像"行为可以将暂时不在页面上显示的图像加载到浏览器缓存中。
"预先载入图像"行为用来让网页预先载入某些图片，以使当页面需要显示这些图片时，
用户不用等待图片下载，使得页面的动态效果更加流畅。在使用含有较多图像的对象时，
可以将所用的图片预先下载到浏览器缓存中，以提高显示的速度和效果。

要使用 Dreamweaver "预先载入图像"行为，请执行以下操作。

首先打开文档，选择一个对象，打开"行为"面板。单击添加行为（+）按钮，
在弹出的下拉菜单中选择"预先载入图像"命令，打开"预先载入图像"对话框，如
图 11.22 所示。

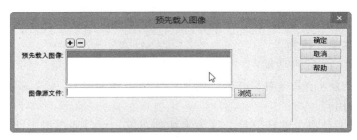

图 11.22　添加"预先载入图像"行为

在"图像源文件"文本框中输入图像文件的 URL 地址，或者单击"浏览"按钮选取要预先加载的图像文件。

然后单击顶部的（+）按钮，向"预先载入图像"添加一个文件空位。在"图像源文件"文本框中添加新的图像文件的 URL 地址。重复单击添加按钮和"浏览"按钮，可以添加更多的图像文件。在"预先载入图像"中单击一个图像文件，再单击顶部的删除（−）按钮，可以删除一个图像文件。

> ☞提示：如果在"交换图像"对话框中选取了"预先载入图像"选项，交换图像动作将自动预先加载高亮图像，因此当使用"交换图像"时不再需要手动添加"预先载入图像"。

17．获取更多行为

Dreamweaver CS6 的特性之一是具有可扩展性，在 Macromedia Exchange 站点中有丰富的 JavaScript 代码资源，用户可以根据需要下载有用的扩展资源。

首先打开文档，选择一个对象，打开"行为"面板。单击添加行为（+）按钮，在弹出的下拉菜单中选择"获取更多行为"命令，打开 Macromedia Exchange 网站，搜索并下载感兴趣的扩展资源，然后通过 Macromedia 扩展资源管理器安装和管理这些扩展资源。

11.3　跑　马　灯

在浏览网页时，常常会看到一些滚动的文字或者图片，这也是网页动态特效之一。如果是图片的滚动，通常可以通过编写 JavaScript 脚本实现。文字的滚动一般只要采用 HTML 中的跑马灯标记<marquee>就可以实现，此标签的主要属性如表 11.11 所示。

表 11.11　<marquee>的主要属性

属　　性	说　　明
behavior	跑马方式。取值 scroll、slide、alternate 分别表示循环绕行、只跑一次就停住、来回往复运动
direction	跑马方向，取值为 left、right、up、down
loop	跑马次数，如不写，默认为一直循环
width，height	跑马范围，宽与高，可以是像素，也可以是百分比
scrollamount	跑马速度，数越大滚动越快

续表

属　　性	说　　明
scrolldelay	跑马延时，单位为毫秒，利用它可实现跃进式滚动
hspace，vspace	跑马区域与其他区域间的空白大小
bgcolor	跑马区域的背景颜色

　　使用 Dreamweaver 可以方便地实现跑马灯效果。首先在设计视图下，把光标插入点放在需要插入滚动字幕的地方。单击"常用"工具栏的"标签选择器"按钮，弹出如图 11.23 所示的"标签选择器"对话框，然后选择 marquee 标签，单击"插入"按钮。

　　切换到代码视图，把光标插入点放在 marquee 标签内。选择"窗口"→"标签检查器"命令，打开 marquee 标签检查器，如图 11.24 所示。可以通过"标签检查器"设置 marquee 标签的各种属性。例如，单击 behavior 设置项右边的下拉箭头，选择滚动字幕内容的运动方式。

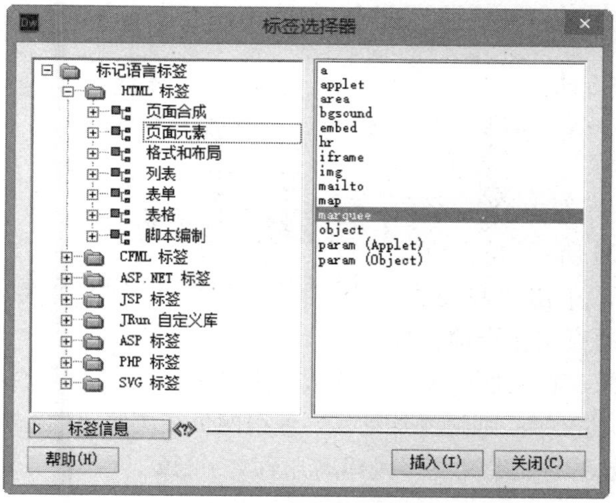

图 11.23　制作跑马灯

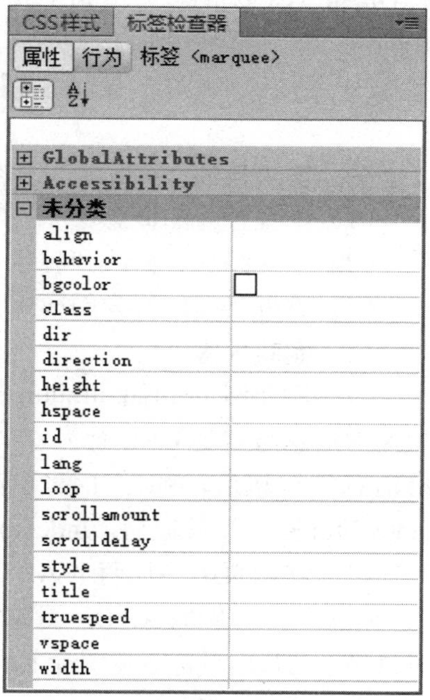

图 11.24　marquee 标签检查器

　　还可以依次设置 direction、scrollamount、scrolldelay 等属性。设置 scrolldelay 属性时，如果要让滚动看起来流畅，数值应该尽量小。如果要有步进的感觉，就设置时间长一点。loop 属性设置字幕内容滚动次数，默认值为无限，"-1"也表示无限。设置完成后，保存网页，然后在浏览器中预览效果。

　　如果熟悉 HTML 标记，可以直接在代码视图下手动添加跑马灯标记。例如：

```
<marquee behavior="scroll" direction="right" width="200" height="150"
loop="-1" scrollamount="1" scrolldelay="1" style="font:12px;" >滚动字幕
内容</marquee>
```

上述代码设置的文字向右循环滚动，跑马灯范围是宽 200 像素、高 150 像素的区域。图片和超级链接也可以添加跑马灯效果，只需要选中这些对象，然后按照上面的操作步骤即可完成。

例如：

```
<marquee>
<img src="a.jpg" width="80" height="80">
<a href="http:www.sina.com.cn" target="_blank">新浪</a>
</marquee>
```

本章着重讲述了关于行为的定义和基本功能。行为是由一段段 JavaScript 代码组成的，它主要是为更好地控制其他网页中的元素而设置的，因此严格来说，行为不是网页中的元素。Dreamweaver CS6 提供了二十多种行为动作，对于普通使用者来说已经足够了。当然行为的扩展是无限制的，只要掌握了 JavaScript，就可以编写行为了，也可以从 Dreamweaver 的官方网站中获得行为代码。

11.4　上　机　实　践

一、实验目的
（1）掌握行为的概念。
（2）掌握添加、修改和删除行为的方法。
（3）掌握典型的行为的应用。

二、实验内容

图 11.25　浏览器中的显示效果

（1）制作网页 mymulti.htm 的文件，要求给网页添加弹出消息与转到 URL 行为。如图 11.25 所示，单击"弹出消息"按钮后，弹出任意文字消息。单击"我要去 index.htm 网页"按钮后，index.htm 页面直接在当前窗口打开。

（2）在网页中添加两个 AP Div 对象，在页面中分左右摆放，左侧的 AP Div 对象插入一张图片，右侧的 AP Div 对象输入描述文字。通过添加动作，使得网页在浏览器中加载时只显示图片，鼠标放在图片上的时候显示右侧的文字，鼠标离开后文字隐藏。

三、实验步骤

1）弹出消息

新建一个文档，保存为 index.htm。再新建一个网页，保存为 mymulti.htm。在设计视图打开网页 mymulti.htm。通过"插入"栏放置两个按钮。选中第一个按钮，将其属性设置为如图 11.26 所示。

图 11.26　修改按钮显示值

　　选中"弹出消息"按钮，使用快捷键 Shift+F4 打开"行为"面板，单击"添加行为"按钮，在弹出的菜单中选择第二项"弹出信息"命令。在随后的"弹出信息"对话框的"消息"文本框中输入相应的文本，单击"确定"按钮保存。

　　对第二个按钮也进行同样的操作，将其属性中的值设置为"我要去 index.htm 网页"。选中"弹出消息"按钮，使用快捷键 Shift+F4 打开"行为"面板，单击"添加行为"按钮，在弹出的菜单中选择"转到 URL"命令，在弹出的窗口中按图 11.27 所示输入 URL。

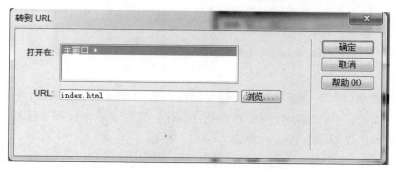

图 11.27　"转到 URL"对话框设置

保存网页，按 F12 键在浏览器中预览。

2）制作显示-隐藏行为

具体的制作步骤如下。

（1）在页面上添加两个 AP Div 元素，分别为 layer1 和 layer2，在 layer1 中插入一个事先准备好的图片，在 layer2 中添加文字，如图 11.28 所示。

图 11.28　"设计"视图效果

（2）调整这两个层在页面中的显示位置。设置 layer2 的显示属性为隐藏，如图 11.29 所示。

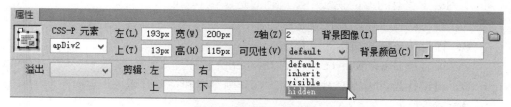

图 11.29　设置层的属性

（3）在 layer1 层中的图片上添加"显示-隐藏"的行为。选择图片，打开"行为"面板。单击添加行为按钮并从"动作"弹出菜单中选择"显示-隐藏"命令。选中 layer2，单击"显示"按钮，如图 11.30 所示，单击"确定"按钮。

图 11.30　"显示-隐藏"设置

（4）单击"事件"下拉菜单，选择触发动作的事件为 onMouseOver。再次选中图片，打开"行为"面板，单击添加行为按钮并从"动作"弹出菜单中选择"显示-隐藏"命令。选中 layer2，单击"隐藏"按钮，单击"确定"按钮。

（5）再次单击"事件"下拉菜单，选择触发动作的事件为 onMouseOut，保存，按 F12 键在浏览器中可以预览到效果：当鼠标移入图片时，显示相关说明信息；当鼠标移出图片时，隐藏说明信息。

11.5　习　　题

一、选择题

1. 代码<marquee> … </marquee>表示（　　）。
   A．页面空白　　　B．页面属性　　　C．标题传递　　　D．滚动文字
2. 下列选项中（　　）不是访问者对网页的基本操作。
   A．onMouseOver　　B．onMouseOut　　C．onClick　　　D．onLoad
3. 下列关于"行为"面板的说法中错误的是（　　）。
   A．动作是一个菜单列表，其中包含可以附加到当前所选元素的多个动作
   B．删除（−）是从"行为"列表中删除所选的事件和动作
   C．上下箭头按钮是将特定事件的所选动作在行为列表中向上或向下移动，以便按定义的顺序执行
   D．"行为"面板通过快捷键 Shift+F3 打开。
4. 下列关于"行为"的说法中不正确的是（　　）。
   A．行为就是事件，事件就是行为
   B．行为是事件和动作的组合
   C．行为是 Dreamweaver 预置的 JavaScript 程序库
   D．通过行为可以改变对象属性、打开浏览器和播放音乐

二、填空题

1. Dreamweaver CS6 中用于图像的行为有_____、_____、_____等。

2．行为由两部分组成，即_____和_____，通过的_____响应进而执行对应的_____。事件用于指明_____，动作实际上是事件的响应。

3．在 Dreamweaver CS6 中，打开"行为"面板的快捷键是_____。

4．在 Dreamweaver CS6 中，打开"时间轴"面板的快捷键是_____。

5．JavaScript 是基于对象的语言，Java 是面向_____的语言，而基于对象的基本特征就是采用_____驱动。

6．JavaScript 中的对象由_____和_____两个基本元素构成。

三、简答题

1．简述行为的概念及其特点。

2．简述什么是事件。

第 12 章

在网页中使用多媒体

随着网络的迅速发展，网页多媒体应用日益流行，视频、音频等多媒体文件在网络上的使用使网页的功能更加丰富。很多人除了上网聊 QQ、玩网页游戏外，还通过网站提供的视频进行自主学习。为了增强网页的表现力，丰富文档的显示效果，网页制作者可以给网页增加 Flash 动画、音频、视频等多媒体内容。本章讲述如何在网页插入这些多媒体文件。

12.1 插入"媒体"的使用

12.1.1 Flash 动画

Macromedia Flash 技术是目前最为普及的矢量图形和动画传送解决方案。Flash 动画制作软件功能强大，广泛用于制作网页动画和多媒体作品。由于其采用矢量图形式，制作完成的动画文件较小，同时支持边下载边播放，比较适合在网络上传播。网页制作时也常用到Flash动画增加网页的动态显示效果。使用 Dreamweaver CS6 不仅可以插入 Flash软件中创建的动画，还可以直接在文档中创建、插入和修改 Flash 按钮及 Flash 文本，这些操作均不需要 Macromedia Flash 软件的参与。

网页中最常用的动画有 GIF 和 Flash 两种，其使用方法十分简单。

GIF 动画是网页设计中常用的一种动画类型。制作 GIF 动画的软件也很多，如Photoshop 套装软件中的 ImageReady、Fireworks 等均可很容易地制作 GIF 动画。GIF 动画是以 gif 文件格式存储的，在 Dreamweaver CS6 中可直接插入。Dreamweaver CS6 将GIF 动画视为图像，插入 GIF 动画与插入一般的图像相同，插入后仅显示 GIF 动画中的第一帧，通过浏览器预览时可以看到其整体动画效果。

下面介绍使用 Dreamweaver CS6 软件向网页中插入 Flash 文件的方法，其操作如下。

首先将准备好的 Flash 文件（*.swf）复制到站点的相应文件夹下，本例中为 haha.swf。然后打开需要插入 Flash 文件的网页，将鼠标定位在需要插入的位置，执行菜单"插入"→"媒体"→SWF 命令，还可以直接按快捷键 Ctrl+Alt+F，也可以使用"插入"工具栏"常用"类别中的"媒体"按钮的子项 SWF 菜单。在弹出的"选择 SWF"对话框中选择haha.swf 文件，单击"确定"按钮。此时，插入的 Flash 动画并不会在文档窗口中显示内容，而是以一个带有字母 F 的灰色框（Flash 动画占位符）来表示，如图 12.1 所示。

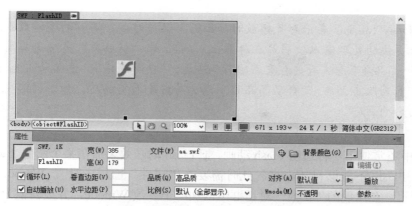

图 12.1　在设计视图中插入 Flash 文件

在设计视图的文档窗口单击这个 Flash 动画占位符，在"属性"面板中可以进一步设置对象名、自动播放、参数等。

其各项属性含义如表 12.1 所示。

表 12.1　Dreamweaver CS6 中 Flash 动画"属性"面板各项含义

名　称	说　明
"循环"复选框	勾选该项，影片将连续播放，否则影片在播放一次后自动停止
"自动播放"复选框	设定 Flash 文件是否在页面加载时就播放
"品质"下拉列表	可以选择 Flash 影片的画质，要以最佳状态显示，就选择"高品质"
"对齐"下拉列表	设置 Flash 动画的对齐方式
"播放"按钮	单击可以在文档窗口中观看 Flash 影片的预览
"停止"按钮	停止 Flash 影片的播放
"宽"和"高"文本框	以像素为单位指定影片的宽度和高度
"文件"文本框	指定 Flash 文件的路径。单击文件夹图标以浏览到某一文件，或者输入路径
"编辑"按钮	允许启动 Flash 更新 FLA 文件。如果计算机上没有加载 Flash，此按钮将被禁用
"垂直边距"和"水平边距"	指定影片上、下、左、右空白的像素数
"比例"下拉列表	确定影片如何适合在宽度和高度文本框中设置的尺寸。 ● 默认（全部显示）：显示整个影片； ● 无边框：使影片适合设定的尺寸，因此无边框显示并维持原始的纵横比； ● 严格匹配：对影片进行缩放以适合设定的尺寸，而不管纵横比如何
背景颜色	指定影片区域的背景颜色。在不播放影片时（在加载时和在播放后）也显示此颜色
Wmode 下拉列表	为 SWF 文件设置 Wmode 参数以避免与 DHTML 元素（例如 Spry Widget）相冲突。默认值是"不透明"，这样在浏览器中，DHTML 元素就可以显示在 SWF 文件的上面。如果 SWF 文件包括透明度，并且希望 DHTML 元素显示在它们的下面，请选择"透明"选项。选择"窗口"选项可从代码中删除 Wmode 参数并允许 SWF 文件显示在其他 DHTML 元素的上面
"参数"按钮	打开一个对话框，可在其中输入传递给影片的附加参数

☞提示：“品质”表示影片播放时的画面。品质越高，影片的观看效果就越好；但这要求更快的处理器以使影片在屏幕上正确显示。“低品质”意味着更看重速度而非画质；“高品质”意味着更看重画质而非速度；“自动低品质”意味着首先看重速度，但如有可能则改善画质；“自动高品质”意味着首先看重品质，但根据需要可能会因为速度而影响画质。

网页中还常使用一种透明 Flash 动画，把 Flash 动画效果加在某个图像上或者使页面的背景在 Flash 下能够衬托出来。此时需要在“属性”面板中设置 Wmode 属性，如图 12.2 所示，在出现的“参数”对话框中增加一个参数 Wmode，并设其值为“透明”。

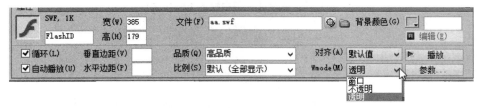

图 12.2 设置“透明”的 Flash 文件

读者可能会有疑问：插入的 Flash 动画为什么不像 GIF 动画一样显示出画面，而是显示占位符呢？从上面的源代码中可以看到，Dreamweaver CS6 并不是把 Flash 动画解释为图像，而是将其作为一种对象（object）嵌入到网页中。当用户在“属性”面板中修改该影片属性时，Dreamweaver 会将所输入数据分别映射为与 object 标签相对应的合适的参数。

嵌入到网页中的 Flash 动画对象在浏览时需要调用 Flash 动画的浏览器插件才能播放，如果客户端的浏览器尚未安装这种插件，当用浏览器浏览网页时，会提示安装 Flash 插件，安装后方可播放 Flash 动画。

12.1.2 插入 Flash 视频

Flash 视频文件格式（flv）包含经过编码的音频和视频数据，可以用 Flash Player 播放。例如，如果有 QuickTime 或 Windows Media 视频文件，可以使用编码器（如 Flash 8 Video Encoder 或 Sorensen Squeeze）将视频文件转换为 FLV 文件。

Dreamweaver 能够轻松地在 Web 页中插入 Flash 视频内容，而无须使用 Flash 创作工具。Dreamweaver 插入 Flash 视频组件，在浏览器中查看该组件时，它将显示选择的 Flash 视频内容以及一组播放控件。

将 Flash 视频文件插入页面后，可以在页面中插入代码，以检测用户是否拥有查看 Flash 视频所需的正确 Flash Player 版本。如果用户没有正确的版本，则会提示用户下载 Flash Player 的最新版本。

在 Dreamweaver 的“视图”窗口中将鼠标放置在插入点，选择菜单“插入”→“媒体”→FLV 命令，“插入 FLV”对话框如图 12.3 所示。

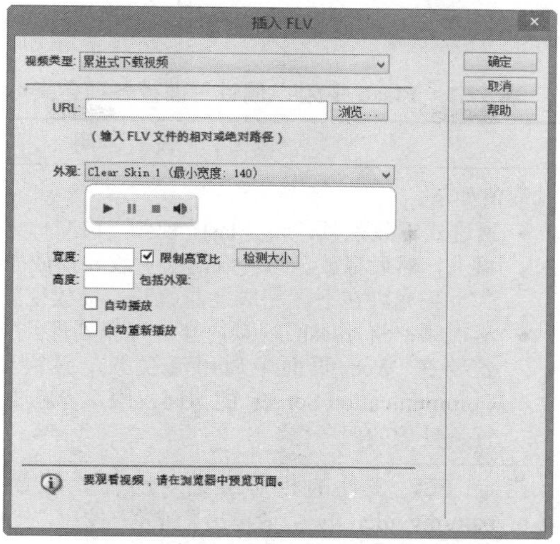

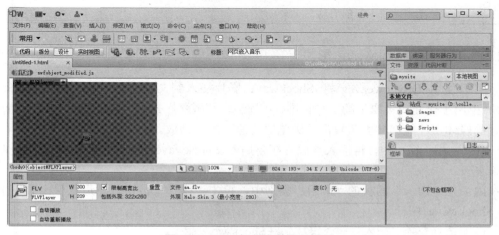

图 12.3　"插入 FLV"对话框

从"视频类型"下拉列表中选择"累进式下载视频"。在 URL 文本框中指定 myhome.flv 文件的相对路径，方法是单击"浏览"按钮，浏览至 myhome.flv 文件（位于站点的根文件夹中），并选择该 FLV 文件。在"外观"下拉列表中选择 Clear Skin 1。在"宽度"文本框中输入 200，在"高度"文本框中输入 280。单击"确定"按钮关闭对话框，将 Flash 视频内容添加到 Web 页面。

"插入 FLV"命令生成一个视频播放器 SWF 文件和一个外观 SWF 文件，它们用于在 Web 页面上显示 Flash 视频内容（可能需要单击"文件"面板中的"刷新"按钮来查看新的文件）。这些文件与 Flash 视频内容所添加到的网页文件存储在同一目录中。当上传包含 Flash 视频内容的网页时，Dreamweaver 将这些文件作为相关文件上传（单击"要上传相关文件？"对话框中的"是"按钮）。

保存该网页，按 F12 键测试效果。

在网页中选择插入的占位符，其"属性"面板如图 12.4 所示。

图 12.4　FLV 视频文件属性设置

其各项含义如表 12.2 所示。

表 12.2 Flash 视频"属性"面板各项含义

名　　称	说　　明
视频类型	取值如下： ● 累进式下载视频：将 Flash 视频（FLV）文件下载到站点访问者的硬盘上，然后播放。与传统的"下载并播放"视频传送方法不同，累进式下载允许在下载完成之前就开始播放视频文件。 ● 流视频：将 Flash 视频内容进行流处理并立即在 Web 页面中播放。若要在 Web 页面中启用流视频，必须具有对 Macromedia Flash Communication Server 的访问权限，这是唯一可对 Flash 视频内容进行流处理的服务器
URL	指定 FLV 文件的相对或绝对路径。若要指定相对路径（例如，mypath/myvideo.flv），请单击"浏览"按钮，找到 FLV 文件并将其选定。若要指定绝对路径，请输入 FLV 文件的 URL（例如，http://www.example.com/myvideo.flv）
外观	指定 Flash 视频组件的外观。所选外观的预览会出现在"外观"下拉列表下方
宽度、高度	文本框中的值以像素为单位指定 FLV 文件的宽度和高度。可以任意调整这两个值以更改 Web 页面上的 Flash 视频的大小。增加视频的尺寸时，视频的图片品质通常会下降
检测大小	确定 FLV 文件的准确宽度和高度。但是，有时 Dreamweaver 无法确定 FLV 文件的尺寸，这种情况下，必须手动输入宽度和高度值
限制高宽比	保持 Flash 视频组件的宽高比不变。默认情况下会选择此选项
自动播放	指定在 Web 页面打开时是否播放视频。默认情况下取消选择该选项
自动重新播放	指定播放控件在视频播放完之后是否返回起始位置。默认情况下取消选择该选项
必要时提示用户下载…	可在页面中插入代码，该代码将检测播放 Flash 视频所需的 Flash Player 版本，并在用户没有所需的版本时提示下载 Flash Player 的最新版本
消息	指定在用户需要下载播放 Flash 视频所需的 Flash Player 最新版本时显示的消息

12.1.3　插入 Shockwave 影片

可以使用 Dreamweaver 将 Shockwave 影片插入到文档中。Adobe Shockwave 是 Web 上用于交互式多媒体的一种标准，并且是一种压缩格式，可使在 Adobe Director 中创建的媒体文件能够被大多数常用浏览器快速下载和播放。

在"文档"窗口中，将插入点放置在要插入 Shockwave 影片的位置，然后执行以下操作之一：

（1）在"插入"面板的"常用"类别中，单击"媒体"按钮，然后从弹出菜单中选择 Shockwave 图标。

（2）选择菜单"插入"→"媒体"→Shockwave 命令。

在显示的"选择文件"对话框中选择一个影片文件。在设计视图中出现灰色占位符，如图 12.5 所示。

图 12.5　插入 Shockwave 后设计视图的显示效果

选择网页中的 Shockwave 占位符，在"属性"面板中设置其属性，如图 12.6 所示。

图 12.6　Shockwave 文件的"属性"面板

"属性"面板各项属性含义参考其他插入元素的相关属性。

12.1.4　插入 Applet

可以使用 Dreamweaver 将 Java Applet 插入 HTML 文档中。Java 是一种编程语言，通过它可以开发可嵌入网页中的小应用程序（Applet）。

在"文档"窗口中将插入点放置在要插入 Java Applet 的位置，然后执行以下操作之一：

（1）在"插入"面板的"常用"类别中，单击"媒体"按钮，然后从弹出菜单中选择 Applet 图标。

（2）选择菜单"插入"→"媒体"→Applet 命令。

在显示的"选择文件"对话框中选择一个 Applet。在设计视图中出现灰色占位符，如图 12.7 所示。

图 12.7　插入 Applet 后设计视图的显示效果

在插入 Java Applet 后，使用属性检查器设置参数，如图 12.8 所示。若要在属性检查器中查看某个 Applet 的属性，首先要选择该 Applet。

图 12.8　Applet 文件"属性"面板

其各项含义如表 12.3 所示。

表 12.3　Java Applet "属性"面板各项含义

名　　称	说　　明
Applet 名称	指定用来标识 Applet 以撰写脚本的名称，在文本框中输入名称
代码	指定包含该 Applet 的 Java 代码的文件。单击文件夹图标以浏览到某一文件，或者输入文件名
宽和高	指定 Applet 的宽度和高度（以像素为单位）
对齐	确定对象在页面上的对齐方式
基址	标识包含选定 Applet 的文件夹。在选择了一个 Applet 后，此文本框被自动填充
替换	指定在用户的浏览器不支持 Java Applet 或者已禁用 Java 的情况下要显示的替代内容（通常为一个图像）。如果输入文本，Dreamweaver 会插入这些文本并将它们作为 Applet 的 alt 属性的值。如果选择一个图像，Dreamweaver 将在开始和结束 Applet 标签之间插入 img 标签
垂直边距和水平边距	以像素为单位指定 Applet 上、下、左、右的空白量
参数	打开一个用于输入要传递给 Applet 的其他参数的对话框。许多 Applet 都受特殊参数的控制

12.1.5　插入 ActiveX 控件

可以在页面中插入 ActiveX 控件。ActiveX 控件（以前称为 OLE 控件）是功能类似于浏览器插件的可复用组件，有些像微型的应用程序。ActiveX 控件在 Windows 系统的 Internet Explorer 中运行。

ActiveX 控件与一般需要下载安装的软件不同，当用户浏览到需要 ActiveX 控件的网页时，浏览器即可自动下载并提示用户安装。

要在网页中插入 ActiveX 控件，首先在"文档"窗口中，将插入点放置在要插入内容的位置，然后执行以下操作之一：

（1）在"插入"面板的"常用"类别中，单击"媒体"按钮，然后选择 ActiveX 图标。

（2）"插入"面板中显示 ActiveX 图标后，可以将该图标拖放到"文档"窗口中。

（3）选择菜单"插入"→"媒体"→ActiveX 命令。

设计视图中出现灰色占位符，标识出 Internet Explorer 中 ActiveX 控件将在页面上出现的位置，如图 12.9 所示。

插入 ActiveX 对象后，可以通过使用属性检查器设置 object 标签的属性以及 ActiveX 控件的参数，如图 12.10 所示。

图 12.9　插入 ActiveX 控件后设计视图的显示效果

图 12.10　ActiveX "属性" 面板

在属性检查器中单击 "参数" 按钮以输入未在属性检查器中显示的属性的名称和值。现在尚没有用于 ActiveX 控件的参数的广泛接受的标准格式；若想了解要使用哪些参数，请查询正使用的 ActiveX 控件的有关文档。表 12.4 中列出了 ActiveX "属性" 面板各项含义。

表 12.4　ActiveX "属性" 面板各项含义

名　　称	说　　明
ActiveX	指定用来标识 ActiveX 对象以撰写脚本的名称，在文本框中输入名称
ClassID	为浏览器标识 ActiveX 控件。输入一个值或从下拉列表中选择一个值。在加载页面时，浏览器使用该类 ID 来确定与该页面关联的 ActiveX 控件的位置。如果浏览器未找到指定的 ActiveX 控件，则尝试从 "基址" 中指定的位置下载该控件
宽和高	指定对象的宽度和高度（以像素为单位）
对齐	确定对象在页面上的对齐方式
基址	指定包含该 ActiveX 控件的 URL。如果在访问者的系统中尚未安装该 ActiveX 控件，则 Internet Explorer 将从该位置下载它。如果没有指定 "基址" 参数并且访问者尚未安装相应的 ActiveX 控件，则浏览器无法显示 ActiveX 对象
嵌入	为该 ActiveX 控件在 object 标签内添加 embed 标签。如果 ActiveX 控件有另一个插件等效项，则 embed 标签激活该插件。Dreamweaver 将作为 ActiveX 属性输入的值分配给它们的插件等效项
垂直边距和水平边距	以像素为单位指定 ActiveX 控件上、下、左、右的空白量
源文件	定义在启用了 "嵌入" 选项时用于插件的数据文件。如果没有输入值，则 Dreamweaver 将尝试根据已输入的 ActiveX 属性确定该值
替换图像	指定在浏览器不支持 object 标签的情况下要显示的图像。只有在取消选中 "嵌入" 选项后此选项才可用
数据	为要加载的 ActiveX 控件指定数据文件。许多 ActiveX 控件（例如 Shockwave 和 RealPlayer）不使用此参数
参数	打开一个用于输入要传递给 ActiveX 对象的其他参数的对话框。许多 ActiveX 控件都受特殊参数的控制

12.1.6　插入插件

插件是一种程序，一般不能独立运行，是为了增强专用或者通用软件的功能而编写的程序。很多软件（例如 IE）都有插件，安装相关的插件后 Web 能够直接调用插件程序处理特定类型的文件。常见的插件有 Flash 插件、RealPlayer 插件、MIDI 五线谱插件等。在网页中可以插入用其他语言写好的插件，网页的内容将更加丰富。

要在网页中插入插件，首先将鼠标定位在要插入插件的位置，然后执行菜单"插入"→"媒体"→"插件"命令，也可以使用"插入"工具栏"常用"类别中的"媒体"按钮的子项"插件"。在弹出的"选择文件"对话框中选择需要插入的插件，单击"确定"按钮，此时会在文档窗口中出现灰色的插件占位符，如图 12.11 所示。

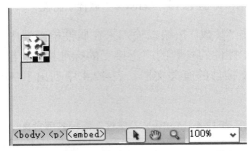

图 12.11　插入插件后设计视图的显示效果

选择网页中的插件，在"属性"面板中设置其属性，如图 12.12 所示。

图 12.12　插件"属性"面板

其各项含义如表 12.5 所示。

表 12.5　插件"属性"面板各项含义

名　称	说　明
插件	指定用来标识插件以撰写脚本的名称，在文本框中输入名称
源文件	指定源数据文件。单击文件夹图标以浏览到某一文件，或者输入文件名
宽和高	以像素为单位指定在页面上分配给对象的宽度和高度
插件 URL	指定 pluginspace 属性的 URL。输入站点的完整 URL，用户可通过此 URL 下载插件。如果浏览页面的用户没有安装所需的插件，浏览器将尝试从此 URL 下载插件
对齐	确定对象在页面上的对齐方式
垂直边距和水平边距	以像素为单位指定插件上、下、左、右的空白量

续表

名 称	说 明
边框	指定环绕插件四周的边框的宽度
参数	打开一个用于输入要传递给插件的其他参数的对话框。许多插件都受特殊参数的控制。 还可以通过单击"属性"按钮查看指派给选定插件的属性。可以在此对话框中编辑、添加和删除各种属性，如宽度和高度

12.2 音 频

流媒体指在 Internet/Intranet 中使用流式传输技术的连续时基媒体，如音频、视频或多媒体文件。在网络上传输音/视频（英文缩写 A/V）等多媒体信息，目前主要有下载和流式传输两种方案。A/V 文件一般都较大，所以需要的存储容量也较大；同时由于网络带宽的限制，下载常常要花数分钟甚至数小时，所以这种处理方法延时也很大。流媒体实现的关键技术就是流式传输。采用流式传输时，声音、影像或动画等时基媒体由音/视频服务器向用户计算机连续、实时传送，用户不必等到整个文件全部下载完毕，而只需经过几秒或十几秒的启动延时即可进行观看。当声音等时基媒体在客户机上播放时，文件的剩余部分将在后台从服务器内继续下载。流式传输不仅使启动延时大为缩短，而且不需要太大的缓存容量。流式传输避免了用户必须等待整个文件全部从 Internet 下载才能观看的缺点。当然，流式文件也支持在播放前完全下载到硬盘。

音频格式指将音源信号按照不同的协议与方法录制和压缩进行处理后形成的声音文件格式。因设计公司和标准的不同，音频文件格式多种多样，表 12.6 为网络常用音频格式的特点。

表 12.6 网络常用音频格式

文件格式	主 要 特 点
WAV	WAV（Wave Audio Files，波形声音文件）是微软公司开发的一种声音文件格式，是最早的数字音频格式，用于保存 Windows 平台的音频信息资源，可以从麦克风等输入设备直接录制 WAV 文件。该文件具有较好的声音品质，但因为没有经过压缩，文件庞大，不便于网络交流与传播。有时用于网页中较短的声音特效
MIDI	MIDI（Musical Instrument Digital Interface，乐器数字接口）是使用电子合成器制作的音乐，采用数字方式对乐器的声音进行记录，播放时再对这些记录进行合成。MIDI 文件非常小，适用于网页背景音乐、游戏软件或手机铃声。网络上各种流行的播放器都支持 MIDI 文件的播放
MP3	MP3（MPEG-Audio Layer-3）是采用国际标准 MPEG 中的第三层音频压缩模式对声音信号进行压缩的一种声音格式。MP3 格式的压缩比高（每分钟音乐的 MP3 格式只有 1MB 左右，每首歌的大小一般为 3~4MB）、音质较好，制作简单，交流方便，是网络上流行的音乐媒体格式。使用 MP3 播放器或安装插件即可播放
WMA	WMA（Windows Media Audio）是由微软公司开发的音频格式。WMA 格式具有比 MP3 更高的压缩比（生成的文件大小只有相应 MP3 文件的一半）并支持流媒体技术，可以一边下载一边播放，适合在网络上使用。安装 Windows Media Player 播放器即可播放

音质最好的是 CD（即通常所说的激光唱片），但其容量太大；最流行的是 MP3，压缩比高，音质好；网络流行的主流音频媒体格式有 WMA、MP3 等；MIDI 使得人们可以利用多媒体计算机和电子乐器去创作、欣赏和研究音乐；WAV 是微软公司 Windows 本身提供的音频格式，由于 Windows 的影响力，这个格式已经成为事实上的通用音频格式。

添加声音至网页通常有 3 种形式。

1．链接到音频文件

链接到音频文件是将声音添加到 Web 页面的一种简单而有效的方法。这种集成声音文件的方法可以使访问者能够选择他们是否要收听该文件，并且使文件可用于最广范围的观众。

操作方法：与添加普通超级链接方法相同，只不过链接的目标文件是音频文件。

新建 HTML 文档，保存，插入图片，输入文字，为图片和文字分别添加超级链接，链接目标为 sound 文件夹中的不同格式的音频文件（任意选取），保存，预览，测试链接。

> ☞提示：链接到音频文件的方式将受客户端软件的影响，可能会出现媒体播放器播放或下载提示。

2．嵌入音频文件

嵌入音频文件是将声音直接并入页面中，可控制音量、播放器在页面上的外观或者声音文件的开始点和结束点等。

其操作步骤如下：

新建网页文件，在"插入"栏的"常用"类别中，单击"媒体"按钮，选择"插件"图标，或者执行菜单"插入"→"媒体"→"插件"命令，在"选择文件"对话框中选择站点文件夹内的某个音频文件。然后在"设计"视图下调整插件（播放器）的宽和高。

还可以给插件添加下面几个参数。

（1）选中插件，添加参数 autostart，值为 false，表示文件不自动播放。

（2）添加参数 hidden，值为 true，表示隐藏面板。

【例 12.1】 在网页中嵌入音乐的主要代码如下。

```
<body>
<embed src="OnceUpon.mp3" width="399" height="40"  autostart="false">
</embed>
</body>
```

浏览器执行此网页文件时，将显示一个播放音乐文件的控制面板。单击播放按钮，开始播放音乐，如图 12.13 所示。

图 12.13　例 12.1 的浏览器显示效果

3．网页背景音乐

为了增加网页的趣味性，有时会给一些页面增加背景音乐，使得浏览者在浏览网页内容的同时欣赏到轻松愉快的音乐。可作为背景音乐的文件可以是 WAV、MID、MP3 等各种 Windows 支持的文件类型。加入网页背景音乐有多种方法，最简单的就是在网页的 HTML 代码中插入以下内容：

```
<bgsound src=文件名 loop="n">
```

其中 loop="n"为设置循环播放的次数，–1 则为无限循环。此标签的位置一般嵌套在<head></head>标签中。此标签只适用于 IE，在 Netscape 和 FireFox 中并不适用。

例如，代码<bgsound src="xiao.mp3" loop="–1">表示在浏览网页时即可听到 xiao.mp3 在循环播放。

【例 12.2】　在网页中添加背景音乐的主要代码如下。

```
<head>
<title>背景音乐</title>
<bgsound  src="xiao.mp3" loop="-1"/>
</head>
<body>
</body>
```

当此网页在浏览器中打开时，将以背景音乐的方式播放音乐文件 xiao.mp3。

12.3　视　频　文　件

如果能在网页中加入视频文件，可以使单调的网页变得更加生动。在网页中使用视频就是在网页浏览时播放流媒体的一种应用，但网页中使用的播放器仍然是本地计算机的播放器，最常用的播放器有 Windows 本身附带的媒体播放器 Windows Media Player 和 RealPlayer。

视频格式通常分为本地影像视频和网络流媒体影像视频两类。

本地影像视频的播放稳定性好，画面质量高，在微机上有统一的标准格式，兼容性好，可以不用安装特定播放器在计算机上直接播放。缺点是体积较大，在网络上观看与下载有一定困难。这类视频适合通过光盘播放或下载到本地计算机后播放。

网络流媒体影像视频适合通过网络进行播放。它具有压缩率高、影像图像的质量较好等特点。采用流媒体形式，可以一边下载一边播放，先从服务器上下载一部分视频文件，形成视频流缓冲区后实时播放，同时继续下载，从而实现影像数据的实时传送和实时播放。对于一些网络流媒体影像视频格式的文件，需要安装相应的播放器或解码器才能观看。表 12.7 列出了常用的视频文件格式及其主要特点。

要正确浏览嵌入了这些文件的网页，就需要在客户端的计算机中安装相应的播放软件。使用<embed>标签可以将多媒体文件嵌入到网页中。

表 12.7　常用视频文件格式

文 件 格 式	主 要 特 点
AVI	AVI（Audio Video Interleaved，音频视频交错）是微软公司开发的一种数字音频与视频文件格式。它具有调用方便、图像质量好等优点，经常用于在多媒体光盘上保存电影、电视等各种影像信息。缺点是视频文件体积庞大，适合在本地播放，不适合在网络上播放
MPEG	MPEG（Moving Picture Experts Group，动态图像专家组）采用有损压缩方法减少运动图像中的冗余信息，从而达到高压缩比的目的，MPEG 的压缩比较高，同时图像和声音的质量也较好。该格式在微机上有统一的标准，兼容性好。目前被广泛地应用在 DVD 的制作和一些网络视频片段的下载
WMV（流式视频）	WMV（Windows Media Video）是微软公司开发的在 Internet 上实时传播多媒体的一种技术标准。WMV 的主要优点：支持本地或网络播放，采用流媒体形式，从而实现影像数据的实时传送和实时播放，压缩比高，影像图像的质量较好，目前在网络在线视频中广泛使用。使用 Windows Media Player 即可播放
RM/RMVB（流式视频）	RM（Real Media）是 RealNetworks 公司开发的一种新型流式视频文件格式。主要优点：压缩比更高，可以根据网络数据传输速率的不同而采用不同的压缩比率，从而实现影像数据的实时传送和实时播放，目前广泛应用在低速率网络上实时传输活动视频影像。需要使用 RealPlayer 等播放器播放
ASF（流式视频）	ASF（Advanced Streaming Format）是微软公司推出的高级流媒体格式，是微软公司为了和 RM 竞争而发展出来的一种可以直接在网上观看视频节目的文件压缩格式，它的主要优点包括：本地或网络回放，可扩充的媒体类型，压缩比和图像的质量较高。使用 Windows Media Player 等播放器播放
FLV（流式视频）	一种 Flash 格式的视频文件，用于通过 Flash Player 传送与播放。FLV 格式文件包含经过编码的音频和视频数据，压缩比和图像的质量较高，可以直接在网上观看，是目前网络上最为流行的视频文件格式

<embed>标签的基本格式如下：

```
<embed src="多媒体文件地址" width=播放界面的宽度 height=播放界面的高度>
</embed>
```

在该语法中，width 和 height 一定要设置，单位是像素，否则可能无法正确显示播放多媒体文件的软件。其他属性及说明请参考表 12.8。

表 12.8　<embed>标签的主要属性及说明

名　　称	含　　义
autostart	取值：true、false 说明：该属性规定音频或视频文件是否在下载完之后就自动播放。 　　　true：文件在下载完之后自动播放； 　　　false：文件在下载完之后不自动播放。 示例：<embed src="youandme.mid" autostart=true>

续表

名　称	含　义
loop	取值：正整数、true、false 说明：该属性规定音频或视频文件是否循环及循环次数。 　　　属性值为正整数值时，音频或视频文件的循环次数与正整数值相同；属性值为 true 时，音频或视频文件循环播放；属性值为 false 时，音频或视频文件不循环播放。 示例：\<embed src="youandme.mid" autostart=true loop=2>
hidden	取值：true、false 说明：该属性规定控制面板是否显示，默认值为 false。 　　　ture：隐藏面板； 　　　false：显示面板。 示例：\<embed src="youandme.mid" hidden=true>
starttime	取值：mm:ss（分：秒） 说明：该属性规定音频或视频文件开始播放的时间，未定义则从文件开头播放。 示例：\<embed src="youandme.mid" starttime="00:10">
volume	取值：0~100 的整数 说明：该属性规定音频或视频文件的音量大小。未定义则使用系统本身的设定。 示例：\<embed src="youandme.mid" volume="10">
height、width	取值：为正整数或百分数，单位为像素。该属性规定控制面板的高度和宽度。 说明：height：控制面板的高度；width：控制面板的宽度。 示例：\<embed src="youandme.mid" height=200 width=200>
units	取值：pixels、en 说明：该属性指定高和宽的单位为 pixels 或 en。 示例：\<embed src="yourandme.mid" units="pixels" height=200 width=200>
controls	取值：console、smallconsole、playbutton、pausebutton、stopbutton、volumelever 说明：该属性规定控制面板的外观。默认值是 console。 　　　console：正常面板；smallconsole：较小的面板；playbutton：只显示播放按钮；pausebutton：只显示暂停按钮；stopbutton：只显示停止按钮；volumelever：只显示音量调节按钮。 示例：\<embed src="youandme.mid" controls=smallconsole>
title	取值：文字 说明：为说明文字。该属性规定音频或视频文件的说明文字。 示例：\<embed src="youandme.mid" title="第一首歌">

使用 Dreamweaver CS6 在网页中插入视频文件的操作如下：

首先，将网页中需要插入的视频文件复制到站点相应文件夹下，然后在文档窗口的设计视图中，将插入点放置在需要插入视频的位置，选择"插入"→"媒体"→"插件"命令，弹出"选择文件"对话框，选取视频文件，例如 test.rm 文件。此时，设计视图中插入了一个插件占位符，选择此插件占位符，调整为适当大小，或在"属性"面板宽、高域中输入宽度和高度值。

在代码视图下，其主要代码如下：

```
<body>
<embed src="aa.avi" width="553" height="320"></embed>
</body>
```

保存此网页，在浏览器中的预览效果如图 12.14 所示。

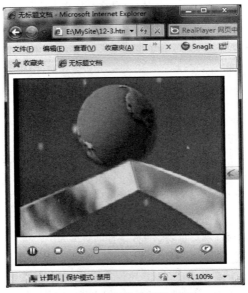

图 12.14 浏览器预览效果

12.4 上 机 实 践

一、实验目的

（1）掌握在网页中添加 Flash 动画的方法。

（2）掌握在网页中添加 Flash 视频的方法。

（3）掌握在网页中添加背景音乐的方法。

二、实验内容

制作网页 mymulti.htm 的文件，要求添加 Flash 动画以及 Flash 视频并给网页插入背景乐以及可以暂停的播放音乐。

三、实验步骤

略。请参考 12.1 节以及 12.2 节的内容。

12.5 习 题

一、选择题

1．嵌入背景音乐的 HTML 代码是（　　）。

    A．\<backsound src=#\>　　　　　　B．\<bgsound src=#\>

C．<bgsound url=#>　　　　　　　　D．<backsound url=#>

2．下面的选项中（　　）不是网络常用音乐文件格式。

　　A．MP3　　　　　B．WAV　　　　　C．MID　　　　　D．SWF

二、填空题

1．使用_____标签只能添加声音文件，不能显示和调整播放软件的控制面板。

2．使用_____标签可以插入各种各样的多媒体文件。

三、简答题

1．如何在网页中添加 Flash 视频？

2．如何给网页添加背景音乐？

第 13 章

CSS 样式表

随着 Internet 的迅猛发展，HTML 被广泛应用，HTML 排版和界面效果的局限性日益暴露出来。例如，给网页文件的 HTML 标签设置众多属性值，过多使用嵌套表格进行网页排版，用某种颜色的图片填充网页空隙等，使得网页臃肿、杂乱，最终导致页面加载缓慢。

CSS 的出现是网页设计的一个突破，它解决了网页界面排版的难题。在网页制作中使用 CSS 技术，可以非常灵活并更好地控制页面的外观，包括精确的布局定位以及特定的字体和样式等。可以说，HTML 的标签主要是定义网页的内容（content），而 CSS 决定这些网页内容如何显示（layout）。

CSS 把网页的内容结构和格式控制相分离，有效降低了网页内容的排版、布局难度，改善了纯 HTML 页面中格式控制代码与内容互相交错的问题。CSS 不属于 HTML，而属于 HTML 的辅助语言，是对 HTML 语言功能的一种扩展，用 CSS 可以给网页添加许多想象不到的效果。

本章学习要点包括样式表的概念，CSS 样式面板及其基本操作方法，创建和使用样式表来美化处理网页的方法。

13.1　CSS 简介

CSS 的全称是层叠样式表单（Cascading Style Sheets），简称样式表。是 W3C 组织指定的一种网页新技术，CSS 使用一系列规范的格式来设置一些规则，称为样式，并通过样式来控制 Web 页面内容的外观及特效。所谓"层叠"是指对同一个元素或 Web 页面应用多个样式的能力。例如，可以创建一个 CSS 规则来定义颜色，创建另一个规则来定义边距，然后将两者应用于一个页面中的同一文本。

1998 年 W3C 正式推出了 CSS2。W3C 现在推荐使用的是 CSS2.1。CSS3 是 CSS 技术的升级版本，完全向后兼容，CSS3 语言开发是朝着模块化发展的。以前的规范作为一个模块实在是太庞大而且比较复杂，所以，把它分解为一些小的模块，更多新的模块也被加入进来，这些模块包括盒子模型、列表模块、超级链接方式、语言模块、背景和边框、文字特效、多栏布局等。

通常 CSS 样式表是一组样式，可以对页面的整体布局、颜色、字体、链接、背景以及同一页面的不同部分、不同页面的外观和格式等效果更加精确地加以控制。在网页设计中应用 CSS 不但能极大地增强页面的排版效果，而且还可以减少代码，加快网页下载速度。另外，采用 CSS 技术的网页，其显示效果不会因为访问者的浏览器设置不同而产生变化。

CSS 显著的优点是容易更新，只要对 CSS 规则中定义的样式进行修改，则应用该样式的所有文档都可以自动更新。例如一个网站的正文文字要由原来 12px 改为 14px，如果不使用 CSS，则要逐个打开网站的所有页面进行修改，工作量艰巨而且容易出错。如果应用了 CSS，则只需要在 CSS 文件中修改相应的样式，这样整个网站中应用此 CSS 文件的页面都会更新。

13.2　CSS 的结构和规则

CSS 中的样式由两部分组成：选择器和声明。选择器是标识已设置格式元素（通常是 HTML 标记（如 P、H1 等）、类名称、ID）的术语，而声明则用于定义样式元素使用的规则。

样式规则组成如下：

选择器 {属性：值}

单一选择器的复合样式声明应该用分号隔开：

选择器 {属性 1：值 1；属性 2：值 2}

13.2.1　选择器的类型

CSS 中的选择器主要有以下几种。

1. 标签选择器

以 HTML 标签作为选择器，如标题 h1、段落 p、无序列表 ul、列表项 li 等。标签选择符不需要重新命名，直接引用 HTML 特定标签的名称即可。例如：

```
body {color: blue;}
      p {color: red;}
```

标签选择器的特点就在于简单、明确。其缺点是针对性较差，特别是对于表单元素，因为表单元素大部分使用<input>标签，但是 type 属性不同，而类型选择器则无法精确匹配 type 属性不同的元素。

【例 13.1】　定义<h1>和<h2>标签的颜色和字体大小。

```
<head>
<title>CSS 例子</title>
<style type="text/css">
  h1 { font-size: x-large; color: red }
  h2 { font-size: large; color: blue }
</style>
</head>
```

```
<body>
<h1>这里是标题 1</h1>
<h2>这里是标题 2</h2>
<h1>这里还是标题 1</h1>
</body>
```

本例在浏览器中将用加大的红色字体显示一级标题，用大的蓝色字体显示二级标题。

2. 类别选择器

类别选择器就是为不同元素拥有相同的显示样式而定义的。类别选择器可以精确地控制页面中某个具体的元素，而不管这个元素是属于什么类型的标签，同时一个类别样式可以在多个标签中被引用。因此，类别选择器除了拥有标签选择符的影响广泛性之外，还具备了精确地控制页面标签样式的优势，是网页设计时常用的选择器之一。

类别选择器虽然比标签选择器在使用上更精确，但是必须把类引用到具体的标签上时才有效，标签在没有设置 class 属性时定义的类样式是无效的。

【例 13.2】 定义和使用类别选择器。

```
<head>
<title></title>
<style type="text/css">
<!--
.newtext {
    font-family: "幼圆";
    font-size: 18px;
    line-height: 30px;
    color: #660033;
}
-->
</style>
</head>
<body>
<table width="48%" border="0">
  <tr>
    <td valign="middle"><p>这里是测试文本</p>
    </td>
    <td class="newtext">这里是新的测试文本 </td>
  </tr>
</table>
</body>
```

在上面的示例中，newtext 是类别选择器，介于大括号（{}）之间的所有内容都是声明。可以看出，声明本身也是由两部分组成的：属性（如 font-size）和值（如 18px）。上述示例创建了名为 newtext 的样式，使用的规则是：字体为幼圆，字号为 18 像素，行距为 30 像素，颜色为#660033。

在网页中，第一个单元格没有应用此样式，但是第二个单元格通过 class="newtext"

将此样式应用于表格中，其在浏览器中的效果如图 13.1 所示。

| 这里是测试文本 | 这里是新的测试文本 |

图 13.1　例 13.2 的浏览器预览效果

3．id 选择器

id 是英文 identity 的缩写，表示身份标识号码。id 在网络上一般指用户账号，但是在 Web 设计中用作指定标签在 HTML 文档中的唯一编号。id 选择器必须以井号 "#" 前缀开始，然后是一个自定义的 id 名。一个 id 选择器所定义的样式可以被多处引用，但是 JavaScript 等脚本遇到这种情况就会出现错误，所以在定义 id 值时，应该保证其在文档中的唯一性。

在一个 id 属性中不能设置多个 id 值，这与 class 有所不同。与 class 用法一样，在 HTML 文档中，每个元素都拥有 id 属性，id 的命名规则与 class 的命名规则相同。

【例 13.3】　定义和使用 id 选择器。

```
 <head>
<title>id 选择器</title>
<style type="text/css">
<!--
#header {
    height: 100px;                        //高
    width: 600px;                         //宽
    font-family: "幼圆";
    font-size: 14px;
    color: #000099;
    text-decoration: underline;           //下画线
    border: 1px dotted #666666;           //设置边框宽度以及颜色
}
-->
</style>
</head>
<body>
<div id="header">位于英格兰的沃里克郡，在埃文河拐角处的一个悬崖上俯瞰着这个世界，
1068 年由盎格鲁撒克逊—沃里克郡的征服者威廉创建。17 世纪之前，用于防御，之后爵士弗尔
科格雷维尔将其改造为一个乡间别墅。位于英格兰的沃里克郡，在埃文河拐角处的一个悬崖上俯
瞰着这个世界，1068 年由盎格鲁撒克逊—沃里克郡的征服者威廉创建。17 世纪之前，用于防御，
之后爵士弗尔科格雷维尔将其改造为一个乡间别墅。1759 至 1978 年格雷维尔担任伯爵期间为格
雷维尔家族所有。1759 至 1978 年格雷维尔担任伯爵期间为格雷维尔家族所有。</div>
</body>
```

此例中首先定义 #header 样式，然后通过 div 标记的 id="header" 属性应用此样式，其在浏览器中的效果如图 13.2 所示。

☞提示：代码中 "//高" 等为对 CSS 的注释。

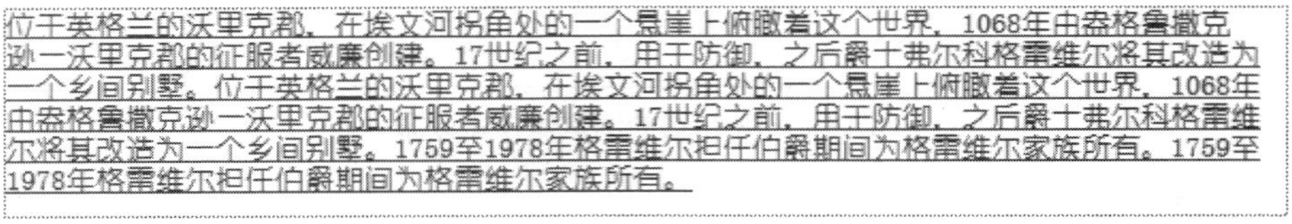

位于英格兰的沃里克郡，在埃文河拐角处的一个悬崖上俯瞰着这个世界。1068年由盎格鲁撒克逊一沃里克郡的征服者威廉创建。17世纪之前，用于防御，之后爵十弗尔科格雷维尔将其改造为一个乡间别墅。位于英格兰的沃里克郡，在埃文河拐角处的一个悬崖上俯瞰着这个世界。1068年由盎格鲁撒克逊一沃里克郡的征服者威廉创建。17世纪之前，用于防御，之后爵十弗尔科格雷维尔将其改造为一个乡间别墅。1759至1978年格雷维尔担任伯爵期间为格雷维尔家族所有。1759至1978年格雷维尔担任伯爵期间为格雷维尔家族所有。

图 13.2　例 13.3 的浏览器预览效果

13.2.2　网页中引入 CSS

将 CSS 加入到网页中有如下 3 种方式：内嵌样式、内部样式表和外部样式表。

1．内嵌样式

内嵌样式（inline style）是写在 HTML 标记里面的，只对所在的 HTML 标记有效。例如下面的代码：

```
<p style="font-size:12pt; color:blue">测试文字</p>
```

这里的 style 定义放在标签<p>里面，则只有包含在此处的<p>里面的文字（测试文字）是 12pt 大小，字体颜色是蓝色，而其他位置的<p>标签不受影响。

2．内部样式表

内部样式表（internal style sheet）是写在网页 HTML 的代码的<head>和</head>之间的，只对所在的网页有效。网页中使用内部样式表时要通过 style 标记，写法如下：

```
<style type="text/css">
此处定义 CSS 规则
</style>
```

【例 13.4】　在网页中使用内部样式表。

```
<head>
 <style type="text/css">
    H1.ourlayout {border-width:1; border:solid; text-align:center;
    color:red}
 </style>
</head>
<body>
   <H1 class="ourlayout"> 这个标题使用了 CSS。</H1>
   <H1>这个标题没有使用 CSS。</H1>
</body>
```

此例中首先以内部样式通过 style 标记将定义的 CSS 规则嵌套在网页的<head>标签中，然后通过<H1>标签的 class 属性应用其效果。

3．外部样式表

为了减少重复代码量以及增强 CSS 的重用性，通常在网站中，将样式写在一个以 css

为后缀的 CSS 文件里，然后在每个需要用到这些样式的网页里引用这个 CSS 文件。CSS 文件也可以说是一个文本文件，例如可以用文本编辑器建立一个名为 mystyle 的文件，文件后缀不要用 txt，改成 css。

文件内容如下：

```
H1.mylayout{border-width:1;border:solid;text-align:center;color:red}
```

然后在需要使用此 CSS 文件的网页中通过<link>标签引入即可。

【例 13.5】　在网页中使用外部样式表。

```
<head>
<link href="css/mystyle.css" rel="stylesheet" type="text/css">
</head>
<body>
<h1 class="mylayout"> 这个标题使用了 Style。</h1>
<h1>这个标题没有使用 Style。</h1>
</body>
```

使用外部样式表（external style sheet），相对于内嵌样式表和内部样式表，有以下优点。

（1）样式代码可以重复使用。一个外部 CSS 文件可以被很多网页共用。

（2）便于修改。如果要修改样式，只需要修改 CSS 文件，而不需要修改每个网页。

（3）提高网页显示的速度。如果样式写在网页里，会降低网页显示的速度。而如果网页引用一个 CSS 文件，这个 CSS 文件多半已经在缓存区（其他网页早已经引用过它），因此网页显示的速度比较快。

13.3　CSS 样式面板

Dreamweaver CS6 中的 CSS 样式面板内容丰富且功能强大，既列出了定义的样式及属性，又可以通过面板直接编辑和添加新的属性，这对于样式的建立、修改是十分便捷的。

执行菜单“窗口”→“CSS 样式”命令，或者按 Shift+F11 组合键，显示出“CSS 样式”面板，如图 13.3 所示。

“CSS 样式”面板提供了对样式文件及样式的一个集成编辑及管理环境，在“CSS 样式”面板上可直接新建样式表、修改样式、排序样式等。选择面板顶部的“全部”选项卡，则显示当前页面可使用的所有样式；选择“当前”选项卡，则显示正在使用的样式。该面板包含以下几个部分：

* 规则列表：位于面板上方，显示规则（选择

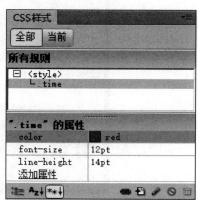

图 13.3　“CSS 样式”面板

器）名称。

- 属性列表：位于面板下方，显示对应的属性及属性值，例如图 13.3 中的 ".time" 的属性"。
- 控制按钮：位于面板右下角，包含附加样式表、新建 CSS 样式、编辑样式、删除 CSS 样式 4 个按钮。通过这 4 个按钮，可完成有关样式的主要操作。

在图 13.3 中，在规则列表中选择了 ".time"，下方显示了其 color、font-size 等属性及属性值。

通过单击属性值，可从其下拉列表中直接重设其属性值。

通过下方的 "添加属性" 按钮可以增加该规则的属性设置。

通过右下角的编辑样式按钮，可进入样式的编辑窗口，添加属性或修改属性。

13.4 CSS 样式的建立

13.4.1 创建 CSS 样式

在 Dreamweaver CS6 中创建 CSS 样式的步骤如下。

首先，单击 "CSS 样式" 面板右下方的 "新建 CSS 规则" 按钮，如图 13.4 所示，弹出 "新建 CSS 规则" 对话框，如图 13.5 所示。

图 13.4 "新建 CSS 规则" 按钮

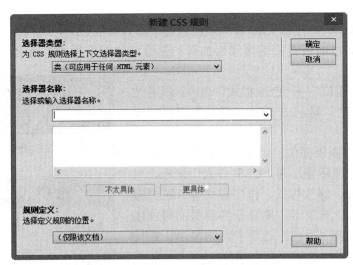

图 13.5 "新建 CSS 规则" 对话框

对话框中各项的含义如表 13.1 所示。

表 13.1　"新建 CSS 规则"对话框各项含义

名　　　称	说　　　明
选择器类型	为 CSS 规则选择上下文选择器类型
选择器名称	选择或输入选择器名称
规则定义	选择定义规则的位置

为了能正确创建和使用 CSS 样式，下面先来解释图 13.5 中的"选择器类型"的具体含义。在"新建 CSS 规则"对话框中，指定要创建的 CSS 规则的选择器类型：

（1）若要创建一个可作为 class 属性应用于任何 HTML 元素的自定义样式，如标题、正文、段落等，请从"选择器类型"下拉列表中选择"类（可应用于任何 HTML 元素）"选项，然后在"选择器名称"文本框中输入样式的名称。

☞提示：类名称必须以点开头，并且可以包含任何字母和数字组合（例如".myhead1"）。如果没有输入开头的点，则 Dreamweaver 将自动为其添加点。

（2）若要定义包含特定 ID 属性的标签的格式，请从"选择器类型"下拉列表中选择 ID 选项，然后在"选择器名称"文本框中输入唯一 ID（例如 containerDIV）。

☞提示：ID 必须以井号 (#) 开头，可以包含任何字母和数字组合（例如，#myID1）。如果没有输入开头的井号，则 Dreamweaver 将自动为其添加井号。

（3）可以针对某一个 HTML 标签的样式进行重新定义，并且一旦重新定义某个 HTML 标签的外观样式，那么网页中出现的所有这个标签都将自动应用该样式。选择此项，则可以在"名称"后面的组合框中输入需要重新设定样式的 HTML 标签，也可以打开下拉列表进行选择，如图 13.6 所示。

（4）若要定义同时影响两个或多个标签、类或 ID 的复合规则，请选择"复合内容"选项并输入用于复合规则的选择器。例如，如果输入 div p，则 div 标签内的所有 p 元素都将受此规则影响。要在说明文本区域准确说明添加或删除选择器时该规则将影响哪些元素。

"选择器名称"主要用于超级链接样式设置，有 5 种取值。

- body。
- a:link：正常状态下链接文字的样式。
- a:visited：访问过的链接文字的样式。
- a:hover：鼠标放置在链接文字之上时文字的样式。
- a:active：鼠标单击时链接文字的样式。

"选择器名称"列表如图 13.7 所示。

接着选择要定义规则的位置，若要将规则放置到已附加到文档的样式表中，请选择相应的样式表。

图 13.6 标签选择器列表

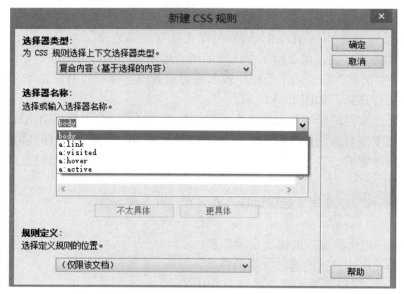

图 13.7 "选择器名称"列表

（1）若要创建外部样式表，请选择"新建样式表文件"。

（2）若要在当前文档中嵌入样式，请选择"（仅限该文档）"。

然后单击"确定"按钮。

例如，在如图 13.8 所示的对话框中，在"选择器名称"组合框中的".myfont"为样式表的名称；"选择器类型"选择的是"类（可应用于任何 HTML 元素）"，"规则定义"选择的是"（新建样式表文件）"，按照如图 13.8 所示进行设置后，单击"确定"按钮。

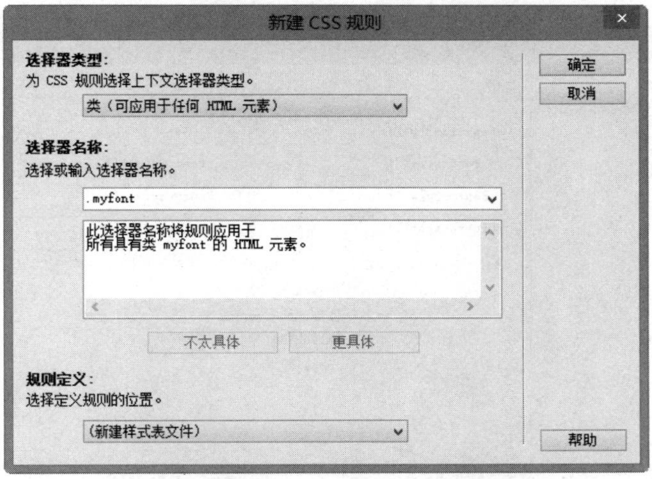

图 13.8 定义新的 CSS 规则在外部样式表文件中

此时会弹出图 13.9 所示的"将样式表文件另存为"对话框，在"文件名"文本框中输入此 CSS 文件要保存的名称，例如 mystyle.css，单击"保存"按钮，将会创建一个名为".myfont"的这样一"类"样式，它可以用于任何标签，并且这些样式保存在一个专门的样式表文件（mystyle.css）中。

图 13.9 保存在外部 CSS 文件中

13.4.2　CSS样式中规则的定义

在"将样式表文件另存为"对话框中单击"确定"按钮后，会弹出"××的CSS规则定义"对话框，如图13.10所示。建立CSS样式表内容的工作就在该对话框中完成。

图13.10　CSS规则定义

在该对话框中包含类型、背景、区块等9种分类，它们都有各自的具体参数，参见表13.2。先选择"分类"，然后再根据实际需要具体设置样式。

表13.2　CSS规则定义中各项分类面板功能

类　　别	功　　能
类型	定义文字的基本字体和类型设置
背景	定义可使用的颜色、背景图像等
区块	定义单词间距、字母间距、对齐方式等
方框	定义用于控制元素在页面上的放置方式的标签和属性的设置等
边框	定义边框样式，包括点线、虚线、实线等
列表	定义列表符号、位置等
定位	定义定位的类型、宽度、高度等
扩展	定义鼠标类型、使用滤镜等
过渡	定义元素从一种样式变换为另一种样式时为元素添加效果

CSS中颜色的值有3种表示方法：

（1）#RRGGBB格式，是红、绿、蓝3种颜色的值组合，每种颜色的值为00~FF的两位十六进制正整数。例如，#FF0000表示红色，#FFFF00表示黄色。

（2）rgb(R,G,B)格式，R、G、B为三色的值，取0~255。例如，rgb(255,0,0)表示红色，rgb(255,255,0)表示黄色。

（3）用颜色名称，CSS可以使用已经定义好的颜色名称。例如，red表示红色，yellow

表示黄色。

1．定义 CSS "类型" 属性

在 "××的 CSS 规则定义" 对话框中的 "分类" 列表中选择 "类型"，在其右侧区域将会显示相应的参数，见图 13.10。

从图中可以看出，这里的 "类型" 主要是对网页文本各参数的定义，如文本大小、颜色、字体等，其具体含义见表 13.3。

表 13.3　"类型" 中各项的含义

名　称	说　明
Font-family（字体）	为样式设置字体或字体系列。浏览器使用用户系统上安装的字体系列中的第一种字体显示文本
Font-size（大小）	定义文本大小。可以通过选择数字和度量单位设定文本大小，也可以选择相对大小
Font-style（样式）	将 "正常" "斜体" 或 "偏斜体" 指定为字体样式。默认设置是 "正常"
Line-height（行高）	设置文本所在行的高度。选择 "正常" 自动计算字体大小的行高，或输入一个值并选择一种度量单位
Text-decoration（修饰）	向文本中添加下画线、上画线或删除线，或使文本闪烁。常规文本的默认设置是 "无"。链接的默认设置是下画线。将链接设置设为无时，可以通过定义一个特殊的类删除链接中的下画线
Font-weight（粗细）	对字体应用特定或相对的粗体量。"正常" 等于 400，"粗体" 等于 700
Font-variant（变体）	设置文本的小型大写字母变量。Dreamweaver 不在 "文档" 窗口中显示该属性。Internet Explorer 支持变体属性
Text-transform（大小写）	将所选内容中的每个单词的首字母大写或将文本设置为全部大写或小写
Color（颜色）	设置文本颜色

设置样式时，如果某些属性对于样式并不重要，将其属性保留为空即可。设置完这些选项后，在面板左侧选择另一个 CSS 类别以设置其他的样式属性，或单击 "确定" 按钮完成样式设置。

2．定义 CSS "背景" 属性

在 "××的 CSS 规则定义" 对话框中的 "分类" 列表中选择 "背景"，在其右侧区域将会显示相应的参数，如图 13.11 所示。此面板主要是对元素的背景进行设置，包括背景颜色、背景图像以及对背景图像的控制。

该对话框中 Background-repeat、Background-attachment、Background-position(X)和 Background-position(Y)都是对背景图像而言的，各项含义如下。

Background-repeat：设置背景图像不能填满整个页面时，是否允许背景图像重复及怎样重复。其右侧的下拉列表里共有 4 个选项。

Background-attachment：设置背景图像是随页面内容一起滚动还是固定不动。其右侧的下拉列表里共有两个选项。

Background-position(X)：设置背景图像的水平位置。

Background-position(Y)：设置背景图像的垂直位置。

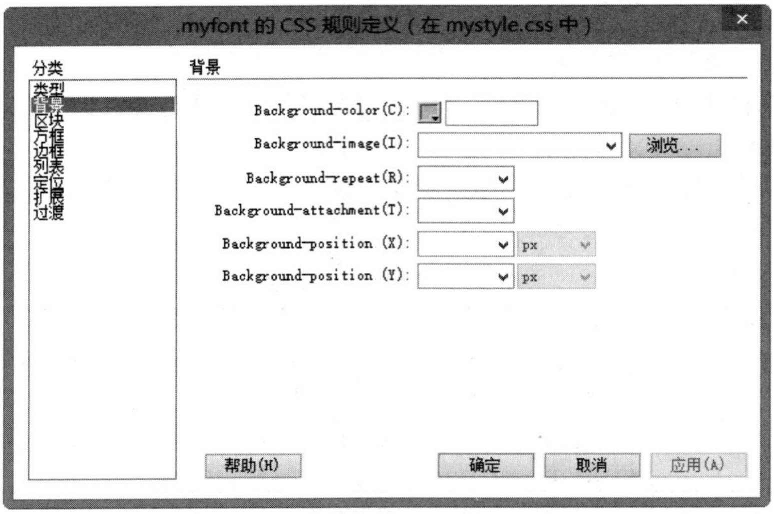

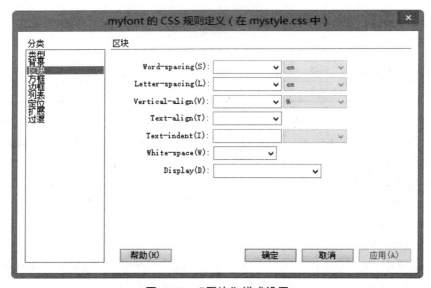

图 13.11 "背景"样式设置

3. 定义 CSS "区块"属性

在"××的 CSS 规则定义"对话框中的"分类"列表中选择"区块"，在其右侧区域将会显示相应的参数，如图 13.12 所示，其属性及其含义见表 13.4。

.myfont 的 CSS 规则定义（在 mystyle.css 中）

区块

Word-spacing(S): ___ em

Letter-spacing(L): ___ em

Vertical-align(V): ___ %

Text-align(T): ___

Text-indent(I): ___

White-space(W): ___

Display(D): ___

帮助(H)　确定　取消　应用(A)

图 13.12 "区块"样式设置

此面板主要是设置对象文本的文字间距、对齐方式、上标、下标、排列方式、首行缩进等。

4. 定义 CSS "方框"属性

在"××的 CSS 规则定义"对话框中的"分类"列表中选择"方框"，在其右侧区域将会显示相应的参数，如图 13.13 所示。

表 13.4　"区块"中各项的含义

名　　称	说　　明
Word-spacing（单词间距）	设置英文单词之间的间距。可以在其右侧的组合框中输入数值，并且可以选择度量单位
Letter-spacing（字母间距）	设置字母或字之间的间距。可以在其右侧的组合框中输入数值，并且可以选择度量单位
Vertical-align（垂直对齐）	指定应用它的元素的垂直对齐方式。仅当应用于 <img> 标签时，Dreamweaver 才在"文档"窗口中显示该属性
Text-align（文本对齐）	设置元素中的文本对齐方式
Text-indent（文本缩进）	设置第一行文本缩进。通常对于段落文本，人们习惯对第一行文本设置缩进
White-space（空格）	确定如何处理元素中的空白。其右侧下拉列表框中的值有 3 个："正常"表示收缩空白；"保留"即保留所有空白，包括空格、制表符和回车；"不换行"指定仅当遇到 标签时文本才换行
Display（显示）	指定是否显示以及如何显示元素。none 表示禁用指定元素的显示

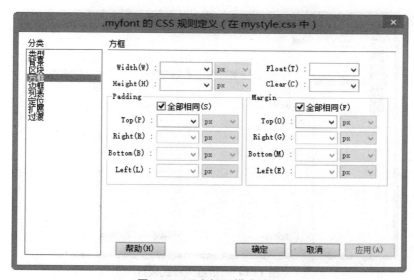

图 13.13　"方框"样式设置

　　此面板主要设置对象的边界、间距、高度、宽度和漂浮方式等。其各项属性的含义见表 13.5。

表 13.5　"方框"中各项的含义

名　　称	说　　明
Width、Height（宽和高）	设置元素的宽度和高度。宽和高定义的对象多为图片、表格、层等
Float（浮动）	设置元素浮动方式（如文本、层、表格等）。其他元素按通常的方式环绕在浮动元素的周围。right 表示对象浮在右边，left 表示对象浮在左边，none 表示对象不浮动

续表

名　　称	说　　明
Clear（清除）	不允许元素浮动。 左对齐：表示不允许左边有浮动对象； 右对齐：表示不允许右边有浮动对象； 两者：表示允许两边都可以有浮动对象； 无：不允许有浮动对象
Padding（填充）	指定元素内容与元素边框之间的间距。取消选择"全部相同"复选框可设置元素各个边的填充。可以分别设置 top（上）、right（右）、bottom（下）、left（左）的填充值
Margin（边界）	指定一个元素的边框与另一个元素之间的间距。取消选择"全部相同"复选框可设置元素各个边的边距。可以分别设置 top（上）、right（右）、bottom（下）、left（左）边界的值

5. 定义 CSS "边框" 属性

在 "××的 CSS 规则定义" 对话框中的 "分类" 列表中选择 "边框"，在其右侧区域将会显示相应的参数，如图 13.14 所示。此面板可以设置对象边框的宽度、颜色及样式。

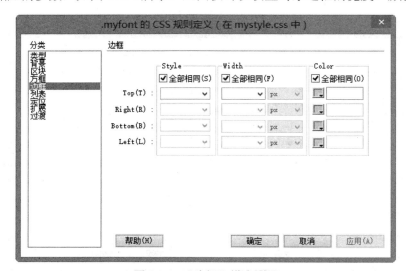

图 13.14 "边框" 样式设置

其各项的主要含义如下：

Style（样式）：设置边框的样式外观。

Width（宽度）：设置边框的粗细。

Color（颜色）：设置边框的颜色。

对于以上 3 项，如果取消选择 "全部相同" 复选框，可分别设置元素各个边的边框样式、宽度和颜色。

6. 定义 CSS "列表" 属性

在 "××的 CSS 规则定义" 对话框中的 "分类" 列表中选择 "列表"，在其右侧区域将会显示相应的参数，如图 13.15 所示。

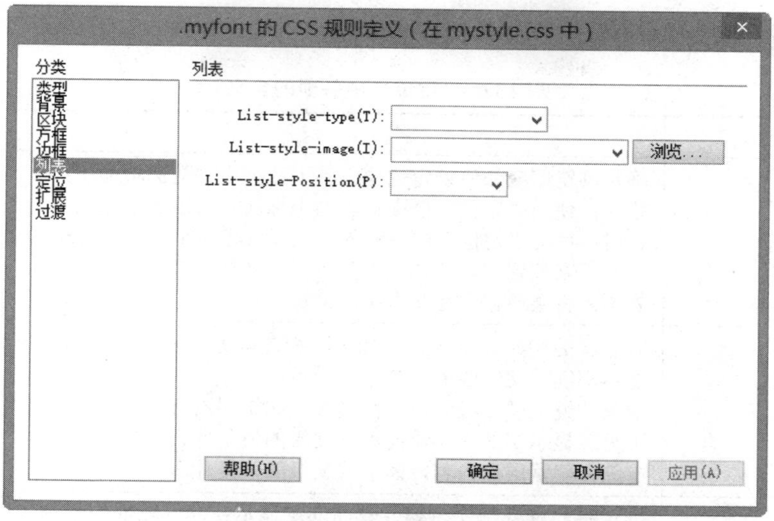

图 13.15　"列表"样式设置

此面板主要用于为列表标签定义样式，如项目符号类型或以其他图像作为项目符号，其属性含义如下：

List-style-type（类型）：设置项目符号或编号的外观。

List-style-image（项目符号图像）：可以为项目符号指定自定义图像，值为图像的 URL 地址或路径。单击"浏览"按钮选择图像或输入图像的路径。

List-style-Position（位置）：设置列表项在文本内还是在文本外。Inside（内）：列表项目标记放置在文本以内；Outside（外）：列表项目标记放置在文本以外。

7．定义 CSS "定位"属性

在"××的 CSS 规则定义"对话框中的"分类"列表中选择"定位"，在其右侧区域将会显示相应的参数，如图 13.16 所示。

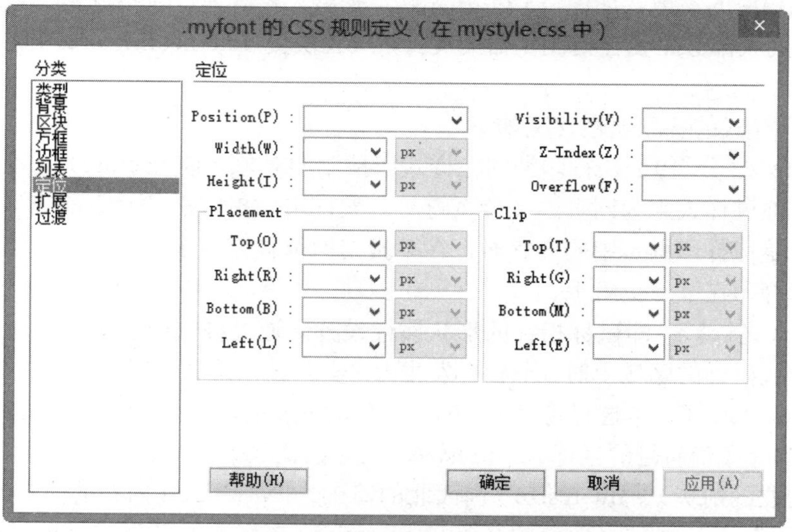

图 13.16　"定位"样式设置

该对话框通常用于设置层定位属性。其各项含义如表 13.6 所示。

表 13.6 "定位"中各项的含义

名　称	说　明
Position（位置）	确定浏览器应如何来定位层。其下拉列表中的选项如下： 绝对：使用"定位"框中输入的坐标（相对于页面左上角）来放置层。 相对：使用"定位"框中输入的坐标（相对于对象在文档的文本中的位置）来放置层。该选项不显示在"文档"窗口中。 静态：将层放在它在文本中的位置
Visibility（显示）	确定层的初始显示条件。如果不指定可见性属性，则默认情况下大多数浏览器都继承父级的值。其选项如下： 继承：继承层父级的可见性属性。如果层没有父级，则它将是可见的。 可见：显示层的内容，而不管父级的值是什么。 隐藏：隐藏层的内容，而不管父级的值是什么
Z-Index(Z 轴)	确定层的堆叠顺序。编号较高的层显示在编号较低的层的上面。值可以为正，也可以为负
Overflow（溢出）	确定在层的内容超出它的大小时将发生的情况，有 4 种处理方式： 可见：增加层的大小，以使其所有内容都可见，层向右下方扩展。 隐藏：保持层的大小不变并剪辑任何超出的内容，不提供任何滚动条。 滚动：在层中添加滚动条，不论内容是否超出层的大小。 自动：使滚动条仅在层的内容超出层的边界时才出现
Placement（置入）	指定层的位置和大小。可以分别设置 left（左边定位）、top（顶部定位）、width（宽）、height（高）
Clip（剪裁）	定义定位层的可视区域。区域外的部分为不可视区，为透明的。可以理解为在定位层上放一个矩形遮罩的效果

8．定义 CSS "扩展" 属性

在 "××的 CSS 规则定义" 对话框中的 "分类" 列表中选择 "扩展"，在其右侧区域将会显示相应的参数，如图 13.17 所示。"扩展" 样式属性包括滤镜、分页和指针选项，它们中的大部分不受任何浏览器的支持，或者仅受 Internet Explorer 4.0 和更高版本的支持。

"扩展" 样式的各项属性含义如下。

Page-break（分页）：在打印期间在样式所控制的对象之前（before）或者之后（after）强行分页。通过样式来为网页添加分页符号。允许用户指定在某元素前或后进行分页。分页的概念是：打印网页中的内容时，在某指定的位置停止本页的打印，然后将接下来的内容继续打印在下一页纸上。

Cursor（光标）：即鼠标指针的形状属性设置。通过样式改变鼠标形状，鼠标放置于被此项设置修饰的区域上时，形状会发生改变。具体的形状包括 hand（手）、crosshair（交叉十字）、text（文本选择符号）、wait（Windows 的沙漏形状）、default（默认的鼠标形状）、help（带问号的鼠标）、e-resize（向东的箭头）、ne-resize（向东北的箭头）、n-resize（向北的箭头）、nw-resize（向西北的箭头）、w-resize（向西的箭头）、sw-resize（向西南的箭头）、s-resize（向南的箭头）、se-resize（向东南的箭头）、auto（正常鼠标）。

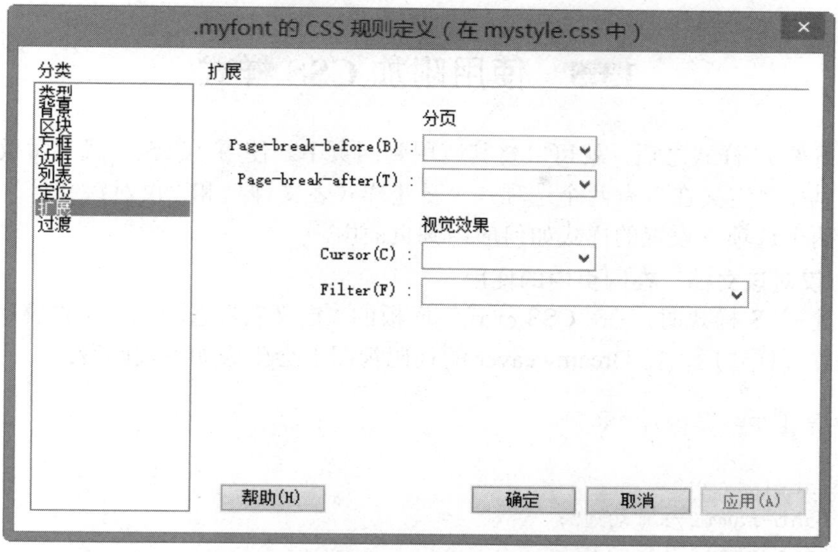

图 13.17 "扩展"样式设置

Filter（过滤器）：又称 CSS 滤镜，对样式所控制的对象应用特殊效果。单击"过滤器"下拉列表框旁的按钮，有多种滤镜效果可供选择。

9．定义 CSS"过渡"属性

在"××的 CSS 规则定义"对话框中的"分类"列表中选择"过渡"，在其右侧区域将公显示相应的参数。

"过渡"样式的各项属性含义如下。

所有可动画属性：指定在哪些属性设置过渡效果。选中此复选框，则为所有可动画属性设置过渡效果。

属性：当"所有可动画属性"复选框未勾选时，单击"属性"选项的 ➕ 按钮，在弹出的菜单中选择需要设置过渡效果的具体属性，可以选择多个属性。如果需要删除某个已经选择的属性，则选中此属性，然后单击 ➖ 按钮删除该属性。

持续时间：设置过渡的持续时间。

延迟：设置延迟过渡的时间。

计时功能：设置过渡的动画类型。其取值说明如下。

- linear：线性过渡，等同于贝塞尔曲线（0.0，0.0，1.0，1.0）。
- ease：平滑过渡，等同于贝塞尔曲线（0.25，0.1，0.25，1.0）。
- ease-in：由慢到快，等同于贝塞尔曲线（0.42，0，1.0，1.0）。
- ease-out：由快到慢，等同于贝塞尔曲线（0，0，0.58，1.0）。
- ease-in-out：由慢到快再到慢，等同于贝塞尔曲线（0.42，0，0.58，1.0）。
- cubic-bezier(<number>,<number>,<number>,<number>)：特定的贝塞尔曲线类型，4 个数值需在[0，1]区间内。

13.5　使用附加 CSS 样式

创建好 CSS 样式之后，就可以将其应用到网页中。使用"CSS 样式"面板新建 CSS 样式时，其中"定义在"有两个选项："新建样式表文件"和"仅对该文档"。下面分别介绍这两个选项下设置的样式如何应用到页面中。

1．"仅对该文档"在网页中的使用

在新建 CSS 样式时，在"CSS 样式"面板的"定义在"选项列表中选择"仅对该文档"，设置好样式后，在 Dreamweaver 的代码视图下会生成如下代码段：

```
<style type="text/css">
<!--
.myfont {
    font-family: "幼圆";
    font-size: 14px;
    font-weight: bold;
    text-transform: capitalize;
    color: #666666;
    text-decoration: underline;
}
-->
</style>
```

其中，.myfont 是样式名字（当然样式名字是制作者自己取的）；大括号中的内容是设置的 CSS 属性及其值。制作者在自己设计 CSS 样式时，也会在 Dreamweaver 代码视图中找到类似的代码，只不过样式名字和其具体内容有所不同。下面就来看看如何将其应用到网页中。

方法一：在页面选中要应用样式的对象（文字或图片等），在"属性"面板中找到"类"下拉框，单击下拉列表，从展开的下拉列表中单击选择样式名字即可。

方法二：切换到 Dreamweaver 代码视图下，在需要应用样式的标签中加入 class 属性，如上面例子中样式名为.myfont，则要写 class=.myfont。

方法三：在页面选中要应用样式的对象（文字或图片等），在"CSS 样式"面板中右击要应用的样式的名字，从快捷菜单中选择"应用"命令即可，如图 13.18 所示。

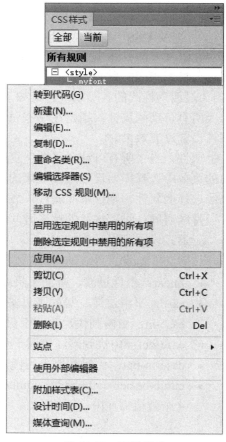

图 13.18　应用样式

2. "新建样式表文件"在网页中的使用

链接外部 CSS 样式表文件,可使用"CSS 样式"面板,单击面板中的"附加样式表"按钮,也可以使用文本属性面板"样式"下拉列表中的"附加样式表"选项,如图 13.19 所示,弹出如图 13.20 所示的对话框。

图 13.19 附加样式表

图 13.20 "链接外部样式表"对话框

在该对话框中,单击"浏览"按钮,找到要链接的样式表文件,可以选择"链接"(推荐)或"导入"单选按钮,单击"确定"按钮即可使用外部 CSS 文件中定义的样式了。

此时查看源代码视图会发现,<head></head>之间加入了<link>链接 CSS 文件,其中 href 属性中的值就是样式表文件名(样式表文件的扩展名是 css)。

例如:

```
<head>
<meta http-equiv="Content-Type" content="text/html; charset=utf-8" />
<title>测试</title>
<link href="mytestfont.css" rel="stylesheet" type="text/css" />
</head>
```

附加样式表后,样式表中所定义的样式就会出现在"属性"面板的"样式"下拉列表中,如图 13.19 所示,表示 mytestfont.css 文件定义的 myfont 规则已经可以使用。选定对象后,直接在"属性"面板的样式列表中选用即可。

13.6 Dreamweaver 中的 CSS 应用实例

13.6.1 CSS 特效滤镜

在 CSS 规则定义中选择"扩展"分类,提供了特效滤镜,如阴影、翻转、透明度等,可以对图像、单元格等重新定义属性以实现特殊效果，单击 Filter 下拉列表可以看到这些滤镜，如图 13.21 所示，其含义如表 13.7 所示。

图 13.21　滤镜的选择

表 13.7　CSS 滤镜特效

滤　镜　名	功　　能
Alpha	呈现透明的渐变效果
BlendTrans	淡入淡出效果
Blur	风吹模糊效果
Chroma	将图像中某一颜色变成透明色
DropShadow	下落式阴影
FlipH	水平翻转
FlipV	垂直翻转
Glow	光晕模糊
Gray	彩色图变灰度图
Invert	反转片效果
Light	光影效果
Mask	矩形遮罩效果
RevealTrans	提供 24 种图像转换效果
Shadow	立体阴影
Wave	波浪变形
Xray	如同 X 光一样产生轮廓效果

每个滤镜均有其对应的参数设置。例如，Alpha 滤镜的作用是产生 Alpha 渐变透明效果，其语法格式如下：

```
Alpha(Opacity=?, FinishOpacity=?, Style=?, StartX=?, StartY=?, FinishX=?,
FinishY=?)
```

参数及说明如下：

Opacity：不透明度，取值为 0~100，0 表示完全透明，100 表示完全不透明。

FinishOpacity：渐变结束时的不透明度。

Style：渐变形状，0 为无渐变，1 为直线，2 为圆形，3 为矩形。

StartX、StartY、FinishX、FinishY：渐变开始和结束的 X、Y 坐标。

☞提示：IE 特有的滤镜常常作为 CSS3 各种新特性的降级处理补充，而 Adobe 转向 HTML5 后与 Chrome 合作推出 CSS3 的 Filter 特性，因此当前仅 Webkit 内核的浏览器支持 CSS3 Filter。FireFox 和 IE 10 以上的版本则需要使用 SVG 滤镜（SVG effects for HTML）或 Canvas 作为替代方案处理，而 IE 5.5 到 IE 9 则使用 IE 滤镜、JS+DIV 或 VML 处理。

【例 13.6】 定义和使用 CSS 滤镜。

mytestfont.css 文件代码如下：

```
.myfont {
    font-family: "幼圆";
    font-size: 14px;
    font-weight: bold;
    text-transform: capitalize;
    color: #666666;
    text-decoration: underline;
}
.myalpha {
    filter: Alpha(Opacity=0, FinishOpacity=100, Style=2, StartX=200,
    StartY=150, FinishX=400, FinishY=300);
}
```

其为外部 CSS 样式表，.myalpha 是定义的滤镜。

网页文件 myimg.html 中的图片使用了此滤镜，代码如下：

```
<head>
<title>应用滤镜</title>
<link href="mytestfont.css" rel="stylesheet" type="text/css" />
</head>
<body>
<img src="images/4gz.jpg" width="220" height="165" class="myalpha" />
</body>
```

注意，myimg.html 网页首先通过嵌套在<head></head>标签中的<link>引入外部 CSS 样式表文件 mytestfont.css，接着通过<img>标记的 class="myalpha"设置此图片应用滤镜效果。其使用滤镜前后对比如图 13.22 所示（左图为原图，右图是使用 CSS 滤镜后在浏览器中显示的效果）。

图 13.22　使用 Alpha 滤镜的效果

显示阴影文字也可使用 CSS 滤镜实现，首先制作一个边框线为 0 的 1 行 1 列表格，在单元格内输入文字"测试阴影文字"，然后切换到代码视图，找到单元格代码<td>与</td>，添加属性：

```
style="filter: blur(direction=135,strength=8)"
```

不难看出，实际上是在单元格内使用 Blur 滤镜，并通过设置方向 direction 和强度 strength 的值来实现阴影效果的。

其网页主要源代码如下：

```
<head>
<title>应用滤镜</title>
<link href="mytestfont.css" rel="stylesheet" type="text/css" />
</head>
<body>
<table width="69%" border="0">
  <tr>
    <td><strong>测试阴影文字</strong></td>
    <td style="filter:blur(direction=135,strength=8)">
        <strong>测试阴影文字</strong></td>
  </tr>
</table>
</body>
```

预览后可得到如图 13.23 所示的效果，图中右侧为使用滤镜后的效果。

测试阴影文字　　　测试阴影文字

图 13.23　阴影文字效果

更改 direction（方向）、strength（强度），使用不同的参数值，可以得到不同的阴影效果。

☞提示：IE 滤镜特效适用于 IE 4.0 以上以及 IE 9 以下。本章代码在 IE 7.0 下测试通过。

13.6.2　固定背景、背景图像居中

新建 CSS 标签 body，在"背景"选项中设置固定背景、居中等功能，如图 13.24 所示，并且同时自动生成相应的代码。

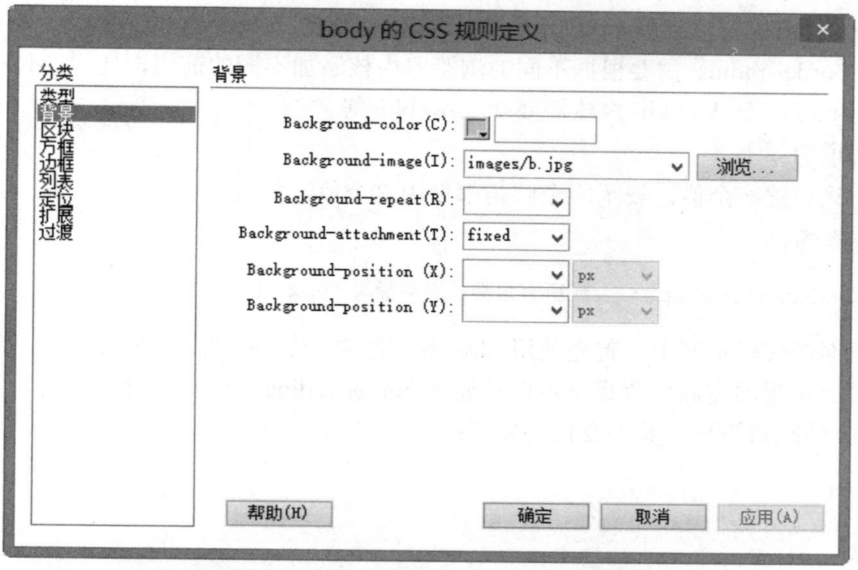

图 13.24 所示对话框内容：

body 的 CSS 规则定义

分类：类型 背景 区块 方框 边框 列表 定位 扩展 过渡

背景

Background-color(C)：

Background-image(I)：images/b.jpg　　浏览…

Background-repeat(R)：

Background-attachment(T)：fixed

Background-position(X)：　px

Background-position(Y)：　px

帮助(H)　　确定　取消　应用(A)

图 13.24　编辑 CSS 标签 body 的背景图像

切换到代码视图，发现在<head>和</head>之间插入了以下代码：

```
style type="text/css">
<!--
body {
    background-attachment: fixed;    /*fixed 为固定背景，scroll 为滚动背景*/
    background-image: url(images/mybg.jpg);        /*设置背景图像文件*/
    background-repeat: no-repeat;              /*设置图像是否重复*/
    background-position: center center;        /*设置水平、垂直居中*/
}
-->
</style>
```

13.7　CSS3 应用实例

CSS3 完全向后兼容，因此设计者不必改变现有的设计。目前主流浏览器都支持 CSS3 部分特性了。IE 浏览器从 IE 9 从开始支持 CSS3，Firefox、Chrome 等浏览器也支持 CSS3 技术。由于 CSS3 在 CSS2 的基础上改进和添加了新的属性，使得 CSS3 轻松实现了 CSS2 中难以实现的效果。CSS3 给我们带来了什么好处呢？简单地说，很多以前需要使用图片和脚本来实现的效果甚至动画效果，CSS3 只需要短短几行代码就能搞定。比如圆角、图片边框、文字阴影和盒阴影、过渡、动画等。CSS3 简化了前端开发工作人员

的设计过程，加快页面载入速度。

13.7.1　border-radius 属性

CSS3 使用 border-radius 属性设置圆角边框。IE 9 及以上版本、Firefox 4 及以上版本、Chrome、Safari 5 及以上版本和 Opera 等浏览器都支持 border-radius 属性。对于老版的浏览器，border-radius 需要根据不同的浏览器内核添加不同的前缀，比说 Mozilla 内核需要加上-moz，而 Webkit 内核需要加上-webkit 等。

使用说明如下。

（1）只设置一个值，表示四个圆角都使用这个值。

代码参考：

```
border-radius:10px;   /* 所有角都使用半径为 10px 的圆角 */
```

在下面的代码示例中，首先使用<div>标记绘制一个 id 为 zxx1 的矩形，接着通过 CSS 设置此矩形的宽高、背景颜色以及通过 border-radius 属性设置此矩形 4 个角都是半径为 10px 的圆角矩形。其主要代码如下：

```
<head>
<style type="text/css">
.circle{
    height:300px;
    width:300px;
    background:#ff00ff;
    border-radius:10px;
}
</style>
</head>
<body>
  <div id="zxx1" class="circle"></div>
</body>
```

图 13.25　4 个角的半径为 10px 的圆角矩形

在浏览器中预览后可得到如图 13.25 所示的效果。

（2）设置两个值，表示左上角和右下角使用第一个值，右上角和左下角使用第二个值。

代码参考：

```
border-radius:10px 50px;   /*左上角和右下角半径为 10px,右上角和左下角半径为 50px*/
```

（3）设置 3 个值，表示左上角使用第一个值，右上角和左下角使用第二个值并且相等，右下角使用第三个值。

（4）设置 4 个值，依次表示左上角、右上角、右下角、左下角的值（顺时针方向）。

【例 13.7】　制作 4 个角的半径各不一样的圆角矩形，其部分代码如下：

```
<head>
```

```
    <meta charset="UTF-8">
    <title>圆角矩形设置</title>
<style type="text/css">
div.circle{
    height:300px;                               /*与 width 设置一致*/
    width:300px;
    background:#9da;
    border-radius:10px 40px 60px 80px ;         /*4 个圆角值都不一样*/
}
</style>
</head>
<body>
    <div id="zxx2" class="circle"></div>
</body>
```

在浏览器中预览后可得到如图 13.26 所示的效果。

图 13.26　4 个角的半径设置不
一样的圆角矩形

13.7.2　text-shadow 属性

text-shadow 可以用来设置文本的阴影效果。IE 10
以及其他所有主流浏览器均支持该属性。

语法：

```
text-shadow: X-Offset Y-Offset blur color;
```

其中：

X-Offset 表示阴影的水平偏移距离，其值为正值时阴影向右偏移，反之向左偏移。

Y-Offset 是指阴影的垂直偏移距离，如果其值是正值时，阴影向下偏移，反之向上
偏移。

blur 是阴影的模糊程度，其值不能是负值。值越大，阴影越模糊，反之阴影越清晰。
如果不需要阴影模糊，可以将 blur 值设置为 0。

color 是阴影的颜色。

【例 13.8】　为文本添加阴影效果，其部分代码如下：

```
<head>
<meta charset="utf-8">
<title>text-shadow</title>
<style type="text/css">
.demo {
    width: 340px;
    padding: 30px;
    font:bold 55px "微软雅黑";
    background: #C5DFF8;
    text-shadow: 2px 20px 10px blue;
}
```

```
</style>
</head>
<body>
<div class="demo">我的阴影文本</div>
</body>
```

上面的实例中，文字"我的阴影文本"添加了向右偏移 2 个像素，向下偏移 20 个像素，模糊度为 10 个像素，阴影颜色为蓝色。在浏览器中的效果如图 13.27 所示。

图 13.27　文字设置阴影后在浏览器中的效果

13.7.3　box-shadow 属性

box-shadow 是给元素块添加周边阴影效果，IE 9 以上版本、FireFox 4、Chrome、Opera 和 Safari 5.1.1 支持 box-shadow 属性。

语法：

```
box-shadow:[inset] X-Offset Y-Offset blur-radius spread-radius color
```

其中：

inset 是阴影类型，此参数可选。如果不设置，默认投影方式是外阴影；如取其唯一值 inset，其投影为内阴影。

X-Offset 是阴影水平偏移量，其值可以是正值和负值。如果为正值，阴影在对象的右边；如果为负值，阴影在对象的左边。

Y-Offset 是阴影垂直偏移量，其值可以是正值和负值。如果为正值，阴影在对象的底部；如果值为负值，阴影在对象的顶部。

blur-radius 是阴影模糊半径，此参数可选，但其值只能为非负值。如果其值为 0 时，表示阴影不具有模糊效果，其值越大阴影的边缘就越模糊。

spread-radius 是阴影扩展半径，此参数可选，其值可以是正值和负值。如果值为正，则阴影扩展；如果值为负，则阴影缩小。

Color 是阴影颜色，此参数可选。如果不设定颜色，浏览器会取默认色，但各浏览器默认色不一致。

【例 13.9】 给矩形框添加阴影效果，其部分代码如下：

```
<head>
<meta charset="utf-8">
<title>text-shadow</title>
<head>
```

```
<style type="text/css">
.myblur{
    height:100px;
    width:300px;
    background:#9da;
    box-shadow:10px 5px 20px blue ;
}
</style>
</head>
<body>
  <div id="zxx2" class="myblur"></div>
</body>
```

上面所示的代码中，为 id 为 **zxx2** 的矩形设置了阴影效果，水平偏移 10 个像素，向下偏移 5 个像素，阴影模糊半径为 20 个像素，阴影颜色为蓝色。在浏览器中的效果如图 13.28 所示。

图 13.28　矩形框设置阴影后在浏览器中的效果

13.7.4　column-count 属性

column-count 属性主要用来给元素指定想要的列数和允许的最大列数。一般用于对文本实现分列显示。IE 10 和 Opera 支持 column-count 属性，FireFox 支持替代的-moz-column-count 属性，Safari 和 Chrome 支持替代的 -webkit-column-count 属性。

语法：

```
column-count:auto | <integer>
```

其中：

auto 为 column-count 的默认值，表示元素只有一列，其主要依靠浏览器计算自动设置。
<integer>为正整数值，主要用来定义元素的列数，0 和负值无效。
例如，将文本分成 3 列显示，用以下语句：

```
column-count:3;
```

【例 13.10】　文本以一列正常显示，其部分代码如下：

```
<head>
<title>Document</title>
<style type="text/css">
.columntest{
    width:600px;
    background:#9da;
    }
</style>
</head>
```

```
<body>
  <div id="zxx3" class="columntest"><h3>小王子</h3><p>小王子是一个超凡脱俗
的仙童，他住在一颗只比他大一丁点儿的小行星上。陪伴他的是一朵他非常喜爱的小玫
瑰花。但小玫瑰花的虚荣心伤害了小王子对她的感情。小王子告别小行星，开始了遨游太空的旅行。他先
后访问了六个行星，各种见闻使他陷入忧伤，他感到大人们荒唐可笑、爱慕虚荣。只有在其中一
个点灯人的星球上，小王子才找到一个可以作为朋友的人。但点灯人的天地又十分狭小，除了点
灯人，不能容下第二个人。在地理学家的指点下，孤单的小王子来到人类居住的地球。</p></div>
  </body>
```

上面的代码中，将 id 为 zxx3 的 div 中的文本以宽度为 600 个像素，背景色为#9da
显示。在浏览器中的效果如图 13.29 所示。

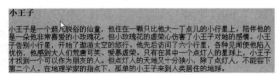

图 13.29　文本正常显示的效果

如果将例 13.10 中的文本分 3 列显示，只需要将 CSS 代码修改为

```
<style type="text/css">
.columntest{
    width:600px;
    background:#9da;
    column-count:3;          /*增加此行，设置文本分成 3 列显示*/
}
</style>
```

修改后，此网页在浏览器中的显示效果如图 13.30 所示。

图 13.30　文本分成 3 列显示的效果

13.8　上　机　实　践

一、实验目的
（1）掌握 CSS 样式表功能。
（2）掌握内部样式表的创建，并会在网页中运用样式表。

二、实验内容
（1）制作网页 mycss.html 的文件，要求超链接格式如下：字体为宋体，大小为 12px，
颜色为蓝色，无下画线；访问后的超链接的格式如下：字体为宋体，大小为 12px，颜色
为红色，无下画线。

（2）mycss.html 文件正文格式：字体为黑体，大小为 14px，颜色为黑色，文字行间距为 20px，表格有左、右的边框线，线型为实线，大小为 2px，颜色为#495E96。

三、实验步骤

（1）新建网页文件 mycss.html 文件并保存。单击"CSS 样式"面板的"新建 CSS"按钮，在弹出的对话框中进行如下设置："选择器类型"选择"高级"，"选择器"选择"a:link"，"定义在"选择"仅对该文档"。

（2）在随后出现的"××的 CSS 规则定义"对话框中选择"类型"，其右侧的具体设置如下：字体为宋体，大小为 12px，颜色为蓝色，"修饰"选择"无下画线"。单击"确定"按钮保存。

（3）按照步骤（1）和（2）定义 a:visited 选择器。设置完成后，其"CSS 样式"面板如图 13.31 所示。

（4）单击"CSS 样式"面板的"新建 CSS"按钮，在弹出的对话框中进行如下设置："选择器类型"为"标签"，"选择器"为 body，"定义在"选择"仅对该文档"。

（5）在随后出现的"××的 CSS 规则定义"对话框中选择"类型"，其右侧的具体设置如下：字体为黑体，大小为 14px，颜色为黑色，行高为 20px。

（6）继续在"××的 CSS 规则定义"对话框中选择"边框"，其右侧的具体设置如下：样式为实线，宽度为 2px，颜色为黑色，颜色为#495E96。注意按照试验内容仅对左右边框进行设置，然后单击"确定"按钮保存，其"CSS 样式"面板设置如图 13.32 所示。

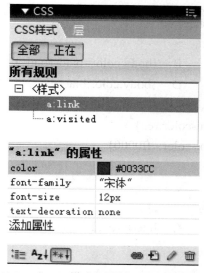

图 13.31　"CSS 样式"面板 a:link 的属性

图 13.32　"CSS 样式"面板 td 的属性

（7）在 mycss.html 文件中插入二行一列的表格，在第一行的单元格中制作一个超级链接，在第二行的单元格中输入一些文字，然后保存网页，在浏览器中预览其效果，如图 13.33 所示。

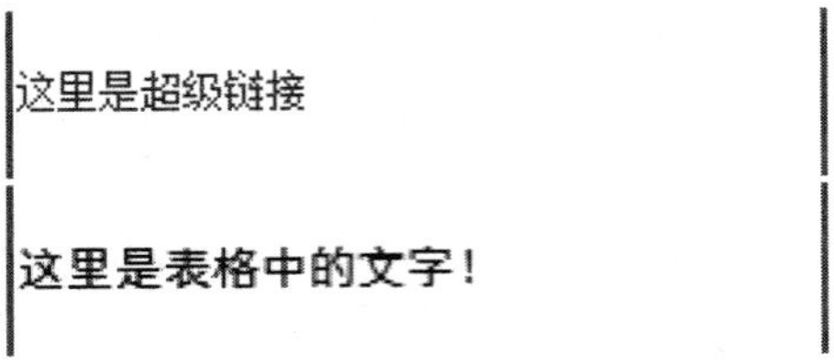

这里是超级链接

这里是表格中的文字！

图 13.33　浏览器效果

13.9　习　　题

一、选择题

1. 当对一条 CSS 定义进行单一选择符的复合样式声明时，不同属性应该用（　　　）分隔。

　　A．#　　　　　　　　B．,（逗号）　　　　　　C．;（分号）　　　　D．:（冒号）

2. CSS 文件的扩展名为（　　　）。

　　A．.txt　　　　　　　B．.htm　　　　　　　　C．.css　　　　　　　D．.html

3. 以下 HTML 语句中正确引用外部样式表的是（　　　）。

　　A．<style src="mystyle.css">

　　B．<link rel="stylesheet" type="text/css" href="mystyle.css">

　　C．<stylesheet>mystyle.css</stylesheet>

　　D．<stylesheet url="mystyle.css"></stylesheet>

4. 下列选项中 CSS 语法正确的是（　　　）。

　　A．body:color=black　　　　　　　　　B．{body:color=black(body)}

　　C．body {color: black}　　　　　　　　D．{body;color:black}

5. 下面的语句中把段落的字体设置为黑体、18 像素、红色的是（　　　）。

　　A．p{font-family:黑体;font-size:18pc; font-color:red}

　　B．p{font-family:黑体;font-size:18px; font-color:#ff0000}

　　C．p{font:黑体 18px #00ff00}

　　D．p{font:黑体 18px;font-color:red}

6. 设置 text-decoration 属性的删除线的值为（　　　）。

　　A．underline　　　B．overline　　　　　C．line-through　　D．blink

7. 下面的说法中错误的是（　　　）。

　　A．CSS 样式表可以将格式和结构分离

　　B．CSS 样式表可以控制页面的布局

　　C．CSS 样式表可以使许多网页同时更新

　　D．CSS 样式表不能制作体积更小、下载更快的网页

8. CSS 样式表不可能实现（　　　）功能。

　　A．将格式和结构分离　　　　　　　　　B．一个 CSS 文件控制多个网页

  C．控制图片的精确位置   D．兼容所有的浏览器

9．若要在网页中插入样式表 main.css，以下用法中正确的是（ ）。

  A．\<link href="main.css" type=text/css rel=stylesheet\>

  B．\<link src="main.css" type=text/css rel=stylesheet\>

  C．\<link href="main.css" type=text/css\>

  D．\<include href="main.css" type=text/css rel=stylesheet\>

10．在 CSS 中要使文本闪烁，text-decoration 属性的取值应该是（ ）。

  A．none   B．underline

  C．blink   D．overline

11．在 CSS 的文本属性中，文本修饰的取值 text-decoration:underline 表示（ ）。

  A．不用修饰   B．下画线

  C．上画线   D．横线从字中间穿过

12．在 CSS 的文本属性中，文本修饰的取值 text-decoration:line-through 表示（ ）。

  A．不用修饰   B．下画线

  C．上画线   D．横线从字中间穿过

二、填空题

1．网页中引入 CSS 的 3 种方法是_____、_____、_____。

2．CSS 的英文名为_____，译成中文的意思为_____。

三、简答题

1．CSS 的全称是什么？

2．要为网页设置超级链接样式，在"CSS 样式"面板中的"选择器类型"中选择哪个选项？

3．如何将创建的样式表文件附加到网页中？

4．将 CSS 样式应用到页面中的对象上可以有哪些方法？

第14章

库 和 模 板

在 Dreamweaver 中可以利用库和模板创建具有统一网格的网页，使用库和模板也能更加方便地进行网站的维护。

14.1　使用库项目

库是一种特殊的 Dreamweaver 文件，其中包含可放置到网页中的一组单个资源或资源副本的集合。库中的这些资源称为库项目。可在库中存储的项目包括图像、表格、声音和使用 Adobe Flash 创建的文件。每当编辑某个库项目时，可以自动更新所有使用该项目的页面，既快捷又方便。例如，假设某公司要创建一个大型站点，公司希望在站点的每个页面上显示一个广告语。可以创建一个包含该广告语的库项目，然后在每个页面上使用这个库项目。如果需要更改广告语，则可以更改该库项目，这样可以自动更新所有使用这个项目的页面。使用库项目时，Dreamweaver 将在网页中插入该项目的链接，而不是项目本身。也就是说，Dreamweaver 向文档中插入该项目的 HTML 源代码副本，并添加一个包含对原始外部项目的引用的 HTML 注释。自动更新过程就是通过这个外部引用来实现的。

14.1.1　创建库项目

Dreamweaver 允许用户为每个站点定义不同的库。它将库项目存放在每个站点的本地根目录下的 Library 文件夹中，扩展名为 lbi。

用户可以利用文档的 body 部分中的任意元素创建库项目，这些元素包括文本、表格、表单、Java Applet、插件、ActiveX 元素、导航条和图像等。

对于链接项（如图像），库只存储对该项的引用。原始文件必须保留在指定的位置，才能使库项目正确工作。

尽管如此，在库项目中存储图像还是很有用的。例如，可以在库项目中存储一个完整的 img 标签，它将使设计者可以方便地在整个站点中更改图像的 alt 文本，甚至更改它的 src 属性。但是，不要使用此方法更改图像的宽度和高度属性，除非使用图像编码器更改了图像的实际尺寸。

1．基于选定内容创建库项目

（1）在"资源"面板中，选择"库"类别 📖。

（2）在"文档"窗口中，选择要保存为库项目的对象。

（3）执行下列操作之一将所选对象添加到库中：

- 将选定内容拖到"资源"面板的"库"类别中。
- 在"资源"面板中，单击"资源"面板的"库"类别底部的"新建库项目"按钮。
- 选择"修改"→"库"→"增加对象到库"菜单命令。

（4）为新的库项目输入一个名称。

2．创建空白库项目

（1）确保没有在"文档"窗口中选择任何内容。

（2）单击"资源"面板底部的"新建库项目"按钮。一个新的、无标题的库项目将添加到面板的列表中，如图 14.1 所示。默认的库项目名称为 Untitled×（×为数字序列），在项目仍然处于选定状态时，为该项目输入一个名称，然后按 Enter 键。

（3）若要编辑库项目，单击"资源"面板底部的"编辑"按钮。

Dreamweaver 在站点本地根文件夹下新建一个 Library 文件夹，用于放置库项目。每个库项目都保存为一个单独的文件，扩展名为 lbi，如图 14.2 所示。

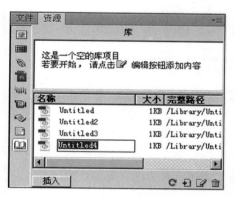

图 14.1 创建空白库项目

图 14.2 Library 文件夹

14.1.2 认识"资源"面板

可以使用"资源"面板查看和管理当前站点中的资源，如图 14.3 所示。"资源"面板显示与"文档"窗口中的活动文档相关联的站点资源。

"资源"面板提供了查看资源的不同方式：

- "站点"列表显示站点的所有资源，包括在该站点的任何文档中使用的颜色和 URL。
- "收藏"列表仅显示明确选择的资源。

这两个列表不用于"模板"和"库"类别。

在这两个列表中，资源被分成多个类别（沿着"资源"面板的左侧排列）。

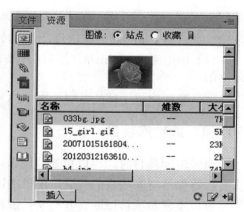

图 14.3 "资源"面板

在"资源"面板中要显示特定类别的资源，单击"资源"面板左侧相应的图标。其中图标 代表库，图标 代表模板。

14.1.3 插入库项目

用户可以将创建的库项目应用于当前文档。当向页面添加库项目时，将把实际内容以及对该库项目的引用一起插入到文档中。

在文档中插入库项目，执行以下操作：

（1）在"文档"窗口中设置插入点。

（2）在"资源"面板中，单击面板左侧的"库"类别 。

（3）将一个库项目从"资源"面板拖动到"文档"窗口中。

或者选择一个库项目，然后单击"资源"面板底部的"插入"按钮。

【例 14.1】 创建一个名为 Citem 的库项目，然后将其添加到网页中。

操作步骤如下：

（1）建立本地站点，在本地站点中新建一个网页文档。

（2）在网页中建立如图 14.4 所示的表格。

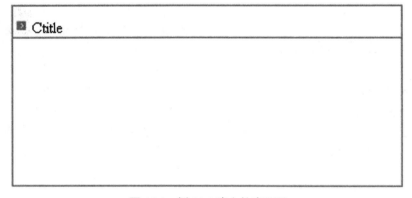

图 14.4　例 14.1 建立的库项目

（3）选中整个表格，在"资源"面板中，单击"新建库项目"按钮 。在库中将会新建一个名为 Untitled 的库项目，修改库项目的名称为 Citem。

（4）单击库项目 Citem，然后在"资源"面板中单击"插入"按钮就可以将其插入到网页中。

（5）最终网页文档的效果如图 14.5 所示。

14.1.4 编辑库项目

当编辑库项目时，可以更新使用该项目的所有文档。如果单击"不更新"按钮，那么文档将保持与库项目的关联，可以在以后更新它们。

可以重命名项目以断开其与文档或模板的连接，从站点的库中删除项目，以及重新创建丢失的库项目。

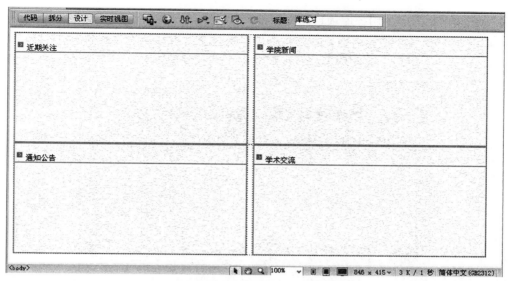

图 14.5 将库项目插入到网页中

1. 库项目属性检查器

在文档中选择库项目，属性检查器中可显示其相应的属性，如图 14.6 所示。利用该属性检查器可以指定库项目的源文件，使库项目可以被编辑或在编辑后重新创建。

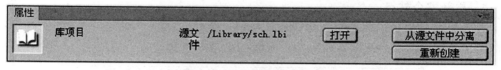

图 14.6 库项目属性检查器

其中：

（1）源文件：显示库项目源文件的文件名和位置，而且不能编辑此信息。

（2）打开：打开库项目的源文件进行编辑。这等同于在"资源"面板中选择项目并单击"编辑"按钮。

（3）从源文件中分离：断开所选库项目与其源文件之间的链接。可以在文档中编辑已分离的项目，但是，该项目已不再是库项目，在更改源文件时不会对其进行更新。

（4）重新创建：用当前选定内容覆盖原始库项目。使用此选项可以在丢失或意外删除原始库项目时重新创建库项目。

2. 编辑库项目

要编辑库项目，执行以下操作：

（1）在"资源"面板中，选择"库"类别。

（2）选择库项目。库项目的预览出现在"资源"面板的顶部。

（3）单击面板底部的"编辑"按钮 ，或者双击库项目。Dreamweaver 将打开一个用于编辑该库项目的新窗口。

（4）进行相应的更改，然后保存。会出现对话框，如图 14.7 所示。在对话框中选择是否更新本地站点中使用该库项目的文档。

- 单击"更新"按钮将更新本地站点中所有包含编辑过的库项目的文档。
- 单击"不更新"按钮将不更新任何文档，直到使用"修改"→"库"→"更新当前页"或"更新页面"菜单命令时才进行更新。

图 14.7 "更新库项目"对话框

3．更新当前页

若要更新当前文档以使用所有库项目的当前版本，选择"修改"→"库"→"更新当前页"菜单命令。

4．更新整个站点

若要更新整个站点或所有使用特定库项目的文档，选择"修改"→"库"→"更新页面"菜单命令，打开"更新页面"对话框，如图 14.8 所示。

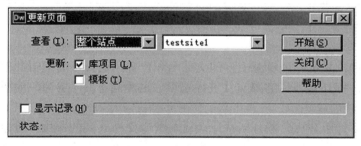

图 14.8 "更新页面"对话框

（1）在"查看"下拉列表中指定要更新的内容：

- 选择"整个站点"，然后从相邻的下拉列表中选择站点名称。这会更新所选站点中的所有页面，使其使用所有库项目的当前版本。
- 选择"文件使用"，然后从相邻的下拉列表中选择库项目名称。这会更新当前站点中所有使用所选库项目的页面。

（2）在"更新"选项中选择"库项目"复选框。若要同时更新模板，也要选中"模板"复选框。

（3）单击"开始"按钮，Dreamweaver 将按照指定的选项更新文件。如果选择了"显示记录"复选框，Dreamweaver 将提供关于它试图更新的文件的信息，包括它们是否成功更新的信息。

5．重命名库项目

若要重命名库项目，执行以下操作：

（1）在"资源"面板中，选择"库"类别。

（2）选择要重命名的库项目。

（3）单击库项目名称，当名称变为可编辑时，如图 14.9 所示，输入一个新名称。

（4）单击别处或者按 Enter 键。Dreamweaver 将询问是否要更新使用该项目的文档。若要更新站点中所有使用该项目的文档，单击"更新"按钮；若要避免更新任何使用该项目的文档，单击"不更新"按钮。

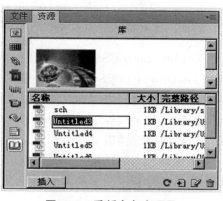

图 14.9　重新命名库项目

6．从库中删除库项目

若要从库中删除库项目，执行以下操作：

（1）在"资源"面板中，选择"库"类别。

（2）选择要删除的库项目。

（3）单击面板底部的"删除"按钮或按 Delete 键，然后确认要删除该项目。

Dreamweaver 将从库中删除该库项目，但是不会更改任何使用该项目的文档的内容。

如果删除了某个库项目，则不能使用"撤销"来找回该库项目。可以重新创建该库项目。

7．使文档中的库项目可编辑

如果已经向文档中添加了库项目，并希望专门针对该页面编辑此项目，则必须断开文档中的库项目和库之间的链接。在使库项目的实例可编辑之后，库项目发生更改时不会更新该实例。

若要使库项目可编辑，执行以下操作：

（1）在当前文档中选择库项目。

（2）在属性检查器中，单击"从源文件中分离"按钮，会打开警告信息对话框，如图 14.10 所示。

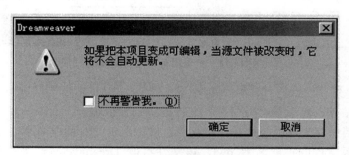

图 14.10　警告信息对话框

从源文件中分离后，所选的库项目实例将不再高亮显示，并且当原始库项目更改时，它也不会再更新。

14.2 模 板

Dreamweaver CS6 中的模板是一种特殊类型的文档，用于设计"固定"的页面布局。利用 Dreamweaver CS6 的模板功能可创建多个样式一致的网页，使网站的维护更容易，并且可以在短时间内重新设计网站并对所有使用该模板的网页进行修改。设计模板时，可以指定在基于模板的文档中用户可以编辑文档的哪些区域，哪些元素保持不变，即不可编辑。所有的模板文件都存放在站点根目录下的 Templates 子目录中，扩展名为 dwt。

模板最强大的功能之一是一次可以更新多个页面。根据模板创建的文档与模板保持链接关系（除非以后分离该文档），可以通过修改模板立即更新所有基于该模板的文档。

14.2.1 创建模板

可以基于现有文档（如 HTML、Adobe ColdFusion 或 Microsoft Active Server Pages 文档）创建模板，也可以基于新文档创建模板。具体操作如下所述。

1．基于现有文档创建模板

（1）打开要另存为模板的文档。

（2）执行下列操作之一：

- 选择"文件"→"另存为模板"菜单命令。
- 在"插入"面板的"常用"类别中，单击"模板"按钮，如图 14.11 所示，然后从弹出菜单中选择"创建模板"。

图 14.11 基于现有文档创建模板

（3）打开"另存模板"对话框，如图 14.12 所示。从"站点"下拉列表中选择一个用来保存模板的站点，然后在"另存为"文本框中为模板输入一个唯一的名称。单击"保存"按钮将文档另存为模板，或单击"取消"按钮退出此对话框而不创建模板。

创建的模板文件的扩展名为 dwt，该文件将被 Dreamweaver 保存到站点下的名为 Templates 的文件夹中。Dreamweaver 会在保存新建模板时自动创建该文件夹。

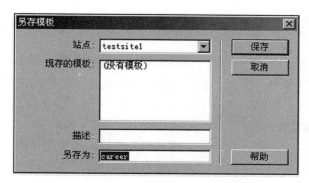

图 14.12　"另存模板"对话框

☞提示：不要将模板移动到 Templates 文件夹之外或者将任何非模板文件放在 Templates 文件夹中。此外，不要将 Templates 文件夹移动到本地根文件夹之外，这样做将在模板的路径中引起错误。

2．新建空白模板

（1）在"资源"面板中，选择"模板"类别。

（2）单击"资源"面板底部的"新建模板"按钮。一个新的无标题模板将被添加到"资源"面板的模板列表中，如图 14.13 所示。

（3）在模板仍处于选定状态时，输入模板的名称，然后按 Enter 键。

14.2.2　创建可编辑区域

将文档另存为模板以后，文档的大部分区域就被锁定。设计者在模板中插入可编辑区域或可编辑参数，从而指定在基于模板的文档中哪些区域可以编辑。

图 14.13　利用"资源"面板创建模板

创建模板时，可编辑区域和锁定区域都可以更改。而在基于模板的文档中，只能在可编辑区域中进行更改，不能修改锁定区域。

1．模板区域的类型

（1）可编辑区域。基于模板的文档中未锁定的区域，也就是模板用户可以编辑的部分。模板设计者可以将模板的任何区域指定为可编辑区域。要使模板生效，其中至少应该包含一个可编辑区域，否则基于该模板的页面是不可编辑的。

（2）重复区域。文档布局的一部分，设置该部分可以使模板用户必要时在基于模板的文档中添加或删除重复区域的副本。可以在模板中插入的重复区域还包括重复表格。例如，可以设置重复一个表格行。重复部分是可编辑的，这样，模板用户可以编辑重复元素中的内容，而设计本身则由模板创作者控制。

（3）可选区域。模板中放置内容（如文本或图像）的部分，该部分在文档中可以出现也可以不出现。在基于模板的页面上，模板用户可控制是否显示可选区域的内容。

（4）可编辑标签属性。用于对模板中的标签属性解除锁定，这样便可以在基于模板的页面中编辑相应的属性。例如，可以"锁定"出现在文档中的图像，而允许模板用户将对齐设置为左对齐、右对齐或居中对齐。

2．插入可编辑区域

在插入可编辑区域之前，应该将文档另存为模板。如果在文档而不是模板文件中插入一个可编辑区域，Dreamweaver 会弹出警告信息，提示该文档将自动另存为模板。

要插入可编辑模板区域，执行以下操作：

（1）在"文档"窗口中，执行下列操作之一选择区域：

● 选择想要设置为可编辑区域的文本或内容。

● 将插入点放在想要插入可编辑区域的地方。

（2）执行下列操作之一插入可编辑区域：

● 选择"插入"→"模板对象"→"可编辑区域"菜单命令。

● 右击，然后选择"模板"→"新建可编辑区域"命令，如图 14.14 所示。

图 14.14　从右键快捷菜单中选择"新建可编辑区域"命令

● 在"插入"栏的"常用"类别中，单击"模板"按钮，然后从弹出菜单中选择"可编辑区域"选项，如图 14.15 所示。

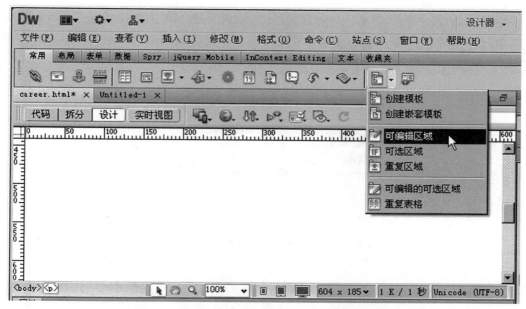

图 14.15 "常用"工具栏中模板的"可编辑区域"命令

（3）出现"新建可编辑区域"对话框，如图 14.16 所示。

图 14.16 "新建可编辑区域"对话框

在"名称"文本框中为该区域输入唯一的名称。不能对特定模板中的多个可编辑区域使用相同的名称。

（4）单击"确定"按钮。可编辑区域在模板中由高亮显示的矩形边框围绕，该边框使用在首选参数中设置的高亮颜色。该区域左上角的选项卡显示该区域的名称，如图 14.17 所示。如果在文档中插入空白的可编辑区域，则该区域的名称会出现在该区域内部。

☞提示：设计者可以将可编辑区域放在页面中的任何位置，但如果要使表格或层可编辑，则需要注意以下情况：

（1）可以将整个表格或单独的表格单元格标记为可编辑的，但不能将多个表格单元格标记为单个可编辑区域。如果选定 <td> 标签，则可编辑区域中包括单元格周围的区域；如果未选定，则可编辑区域将只影响单元格中的内容。

（2）AP 元素和 AP 元素的内容是不同的元素。将 AP 元素设置为可编辑便可以更改 AP 元素的位置和该元素的内容，而使 AP 元素的内容可编辑则只能更改 AP 元素的内容，不能更改该元素的位置。

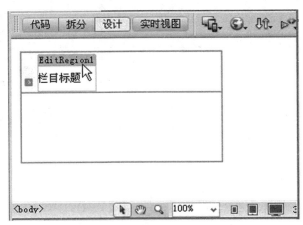

图 14.17　在文档中创建的可编辑区域

3．选择可编辑区域
方法一： 单击可编辑区域左上角的选项卡。

方法二： 选择"修改"→"模板"菜单命令，然后从该子菜单底部的列表中选择区域的名称。

4．删除可编辑区域
如果已经将模板文件的某个区域标记为可编辑，现在想要重新锁定该区域，使其在基于模板的文档中不可编辑，要使用"删除模板标记"命令。

删除可编辑区域的操作步骤如下：

（1）单击可编辑区域左上角的选项卡以选中它。

（2）选择"修改"→"模板"→"删除模板标记"菜单命令；或者右击该区域，然后在快捷菜单中选择"模板"→"删除模板标记"菜单命令。

5．修改可编辑区域的名称
（1）单击可编辑区域左上角的选项卡以选中它。

（2）在属性检查器中，输入一个新名称。

14.2.3　创建重复区域

重复区域是可以根据需要在基于模板的页面中复制任意次数的模板部分。重复区域通常与表格一起使用，也可以为其他页面元素定义重复区域。

使用重复区域，可以通过重复特定项目来控制页面布局，例如目录项、说明布局或者重复数据行（如项目列表）。

模板用户可以使用重复区域在模板中重制任意次数的指定区域。重复区域不必是可编辑区域。要将重复区域中的内容设置为可编辑，必须在重复区域中插入可编辑区域。

1．在模板中创建重复区域

要在模板中插入重复区域，执行以下操作：

（1）选择想要设置为重复区域的文本或内容，或者将插入点放入文档中要插入重复区域的位置。

（2）执行下列操作之一：

- 选择"插入"→"模板对象"→"重复区域"菜单命令。
- 右击，然后在快捷菜单中选择"模板"→"新建重复区域"菜单命令。
- 在"插入"面板的"常用"类别中，单击"模板"按钮，然后从弹出菜单中选择"重复区域"选项。

（3）打开"新建重复区域"对话框，如图14.18所示。在"名称"文本框中为重复区域输入唯一的名称，然后单击"确定"按钮。

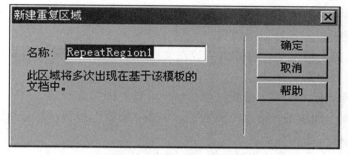

图14.18 "新建重复区域"对话框

【**例14.2**】 将如图14.19所示的表格最后一行设置为重复区域（可编辑）。

二级建家量化评估表	
评估内容	评分要素

图14.19 例14.2的表格

操作步骤如下：

（1）建立如图14.19所示的表格。

（2）选择表格第3行中的所有单元格，选择"插入"→"模板对象"→"重复区域"菜单命令。

（3）打开"新建重复区域"对话框，在"名称"文本框中输入重复区域的名称：RepeatC，单击"确定"按钮后在模板中添加了重复区域，如图14.20所示。

（4）将光标定位在第3行中的第1个单元格，选择"插入"→"模板对象"→"可编辑区域"菜单命令，打开"新建可编辑区域"对话框，输入该区域的名称。

（5）将光标定位在第3行中的第2个单元格，选择"插入"→"模板对象"→"可编辑区域"菜单命令，打开"新建可编辑区域"对话框，输入该区域的名称。

图 14.20 创建重复区域

（6）保存模板。

2．插入重复表格

可以使用重复表格创建包含重复行的表格格式的可编辑区域。可以定义表格属性并设置哪些表格单元格可编辑。

要插入重复表格，执行以下操作：

（1）在"文档"窗口中，将插入点放在文档中想要插入重复表格的位置。

（2）执行下列操作之一：

● 选择菜单"插入"→"模板对象"→"重复表格"命令。

● 在"插入"面板的"常用"类别中，单击"模板"按钮，然后从弹出菜单中选择"重复表格"选项。

（3）打开"插入重复表格"对话框，如图 14.21 所示。按需要输入各项值，单击"确定"按钮，重复表格即出现在模板中。

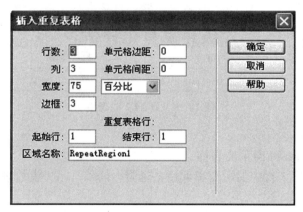

图 14.21 "插入重复表格"对话框

其中：

（1）行数：确定表格具有的行的数目。

（2）列：确定表格具有的列的数目。

（3）单元格边距：确定单元格内容和单元格边框之间的像素数。

（4）单元格间距：确定相邻的单元格之间的像素数。

如果没有明确指定单元格边距和单元格间距的值，大多数浏览器都将单元格边距设置为 1，将单元格间距设置为 2。若要确保浏览器不显示表格中的边距和间距，可以将"单元格边距"和"单元格间距"设置为 0。

（5）宽度：以像素为单位或按占浏览器窗口宽度的百分比指定表格的宽度。

（6）边框：指定表格边框的宽度（以像素为单位）。如果没有明确指定边框的值，则大多数浏览器将边框设置为 1。若要确保浏览器显示的表格没有边框，需要将"边框"设置为 0。

（7）重复表格行：指定表格中的哪些行包括在重复区域中。"起始行"将输入的行号设置为包括在重复区域中的第一行。"结束行"将输入的行号设置为包括在重复区域中的最后一行。

（8）区域名称：为重复区域设置唯一的名称。

【例 14.3】 练习在模板中插入重复表格。操作步骤如下：

（1）新建模板文件。

（2）在"文档"窗口中，将插入点放在文档中想要插入重复表格的位置。

（3）选择"插入"→"模板对象"→"重复表格"菜单命令。

（4）在"插入重复表格"对话框中，设置各项参数，如图 14.22 所示。表格为 3 行 2 列，起始行 3，结束行 3。

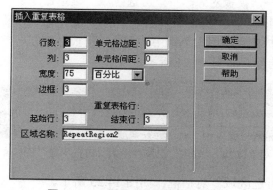

图 14.22 "插入重复表格"对话框

（5）单击"确定"按钮后，在模板中出现如图 14.23 所示的重复表格。

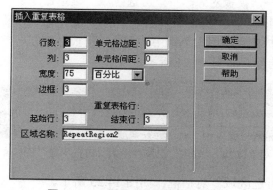

图 14.23 在文档中添加重复表格

14.2.4 定义可选区域

可选区域是模板中的区域，用户可将其设置为在基于模板的文档中显示或隐藏。当想要为在文档中显示的内容设置条件时，就要使用可选区域。

插入可选区域时，可以为模板参数设置特定值或在模板中定义条件语句。可以根据需要在以后修改可选区域。根据定义的条件，模板用户可以在他们创建的基于模板的文档中编辑参数并控制是否显示可选区域。有两种可选区域对象：

（1）不可编辑的可选区域，使模板用户能够显示和隐藏特别标记的区域，但不允许编辑相应区域的内容。

（2）可编辑的可选区域，使模板用户能够设置是显示还是隐藏区域并能够编辑相应区域的内容。

例如，如果可选区域中包括图像或文本，模板用户即可设置该内容是否显示，并根据需要对该内容进行编辑。可编辑区域是由条件语句控制的。

1．插入不可编辑的可选区域

（1）在"文档"窗口中，选择要设置为可选区域的元素。

（2）执行下列操作之一：

- 选择"插入"→"模板对象"→"可选区域"菜单命令。
- 右击，然后在快捷菜单中选择"模板"→"新建可选区域"菜单命令。
- 在"插入"面板的"常用"类别中，单击"模板"按钮，然后从弹出菜单中选择"可选区域"选项，如图14.24所示。

图 14.24 "常用"工具栏中的"可选区域"图标

（3）打开"新建可选区域"对话框，如图14.25所示。

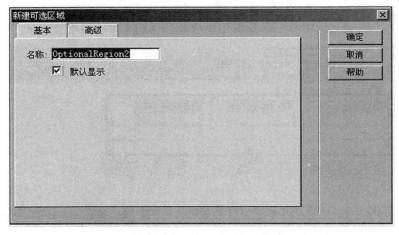

图 14.25 "新建可选区域"对话框"基本"选项卡

（4）输入可选区域的名称。如果要设置可选区域的值，单击"高级"选项卡，如图 14.26 所示，然后单击"确定"按钮。

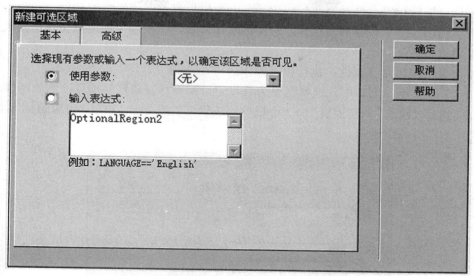

图 14.26 "新建可选区域"对话框"高级"选项卡

"新建可选区域"对话框中各选项主要含义如下：

（1）在"基本"选项卡中，把参数的名称输入"名称"文本框中。

选中"默认显示"复选框以设置要在文档中显示的选定区域。取消该复选框将把默认值设置为假。模板参数在 head 部分中定义，如<!-- TemplateParam name="OptionalRegion2" type="boolean" value="true" -->，可以通过此代码编辑可选区域的值。

（2）在"高级"选项卡中，如果要链接可选区域参数，选择"使用参数"单选按钮，然后从右侧的下拉列表中选择要将所选内容链接到的现有参数。

如果要编写模板表达式来控制可选区域的显示，选择"输入表达式"，然后在下面的文本框中输入表达式。

2．插入可编辑的可选区域

（1）在"文档"窗口中，将插入点放置在要插入可选区域的位置。

（2）选择"插入"→"模板对象"→"可编辑的可选区域"菜单命令。或者在"插入"栏的"常用"类别中，单击"模板"按钮，然后从弹出菜单中选择"可编辑的可选区域"命令。

（3）打开"新建可选区域"对话框，输入可选区域的名称。如果要设置可选区域的值，单击"高级"选项卡，在其中进行设置。然后单击"确定"按钮。

14.2.5 定义可编辑标签属性

设计者可以在基于模板创建的文档中修改指定标签属性。还可以在页面中设置多个可编辑属性，这样模板用户就可以在基于模板的文档中修改这些属性。支持下列数据类型：文本、布尔值（true/false）、颜色和 URL。

例如，可以在模板文档中设置背景颜色，但仍允许模板用户为他们创建的页面设置不同的背景颜色。用户只能更新指定为可编辑的属性。

创建可编辑标签属性时将在代码中插入一个模板参数。该属性的初始值在模板文档中设置。当创建基于模板的文档时，它将继承该参数，模板用户便可以在基于模板的文档中编辑该参数。

要定义可编辑标签属性，执行以下操作：

（1）在"文档"窗口中，选择想要为其设置可编辑标签属性的项目，例如图像。

（2）选择"修改"→"模板"→"令属性可编辑"菜单命令。出现"可编辑标签属性"对话框，如图 14.27 所示。

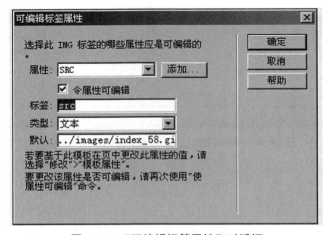

图 14.27 "可编辑标签属性"对话框

（3）完成该对话框的设置，单击"确定"按钮。

"可编辑标签属性"对话框中各项主要含义如下：

（1）在"属性"下拉列表中包含可编辑的属性。如果要设置为可编辑的属性没有列在"属性"下拉列表中，单击"添加"按钮，然后在打开的对话框中输入想要添加的属性的名称，再单击"确定"按钮。

（2）选定"令属性可编辑"复选框。

（3）在"标签"文本框中，为属性输入唯一的名称。若要使以后标识特定的可编辑标签属性变得更加容易，应使用标识元素和属性的标签。例如，可以将具有可编辑源的图像标为 logoSrc，或者将 body 标签的可编辑背景颜色标为 bodyBgcolor。

（4）在"类型"下拉列表中，选择该属性所允许具有的值的类型，方法是设置下列选项之一：

- 若要让用户为属性输入文本值，选择"文本"。例如，可以使用带有 align 属性的文本；然后，用户就可以将该属性的值设置为左对齐、右对齐或居中对齐。
- 若要插入元素的链接（如图像的文件路径），选择 URL。使用此选项可以自动更新链接中所用的路径。如果用户将图像移动到新的文件夹，则"更新链接"对话框将会出现。

- 若要使颜色选择器可用于选择值，选择"颜色"。
- 要使用户能够在页面上选择 true 或 false 值，选择"真/假"。
- 若要让模板用户可以输入数值以更新属性（例如，更改图像的高度或宽度值），选择"数字"。

（5）"默认"文本框显示模板中所选标签属性的值。在此文本框中输入一个新值，为基于模板的文档中的参数设置一个不同的初始值。

14.2.6 模板的应用

1．利用模板创建新文件

利用模板创建新文件有 3 种方法。

方法一：

（1）选择"文件"→"新建"菜单命令，打开"新建文档"对话框，选择"模板中的页"类别，如图 14.28 所示。

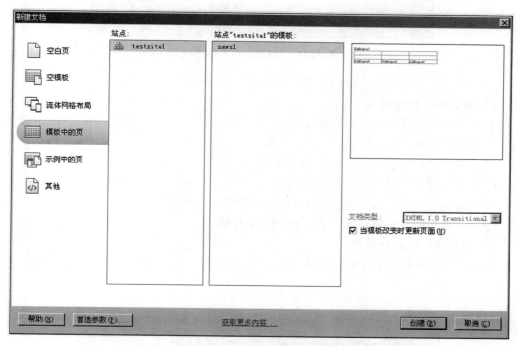

图 14.28 "新建文档"对话框

（2）在"站点"列中，选择包含要使用的模板的 Dreamweaver 站点，然后从右侧的列表中选择一个模板。

（3）选择"当模板改变时更新页面"复选框，即在每次更改此页面所基于的模板后都更新此页面。

（4）单击"创建"按钮并保存文档。

方法二：

（1）打开要应用模板的文档。

（2）在"资源"面板中，单击面板左侧的"模板"类别，以查看当前站点中的模板列表。

（3）选择要应用的模板，然后单击"资源"面板底部的"应用"按钮。

方法三：

（1）打开要应用模板的文档。

（2）选择"修改"→"模板"→"应用模板到页"菜单命令，即会出现"选择模板"对话框，如图 14.29 所示。

图 14.29　"选择模板"对话框

（3）从列表中选择一个模板，然后单击"选定"按钮。

2．将文档与模板分离

若要更改基于模板的文档的锁定区域，必须将该文档与模板分离。将文档分离之后，整个文档都将变为可编辑的。

若要将文档与模板分离，执行以下操作：

（1）打开想要分离的基于模板的文档。

（2）选择"修改"→"模板"→"从模板中分离"菜单命令。

（3）文档与模板分离，所有模板代码都被删除。

3．更新基于模板的页面

当用户修改模板并保存时，系统会提示是否要更新基于该模板的文档，如图 14.30 所示。

图 14.30　"更新模板文件"对话框

可以单击"不更新"按钮，之后可以通过如下方法更新基于模板的页面。

方法一：选择"修改"→"模板"→"更新当前页"菜单命令，当前文档将即刻被更新。

方法二：选择"修改"→"模板"→"更新页面"菜单命令，打开"更新页面"对话框，如图 14.31 所示。

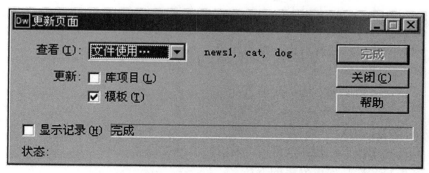

图 14.31 "更新页面"对话框

（1）在"查看"下拉列表中选择需要更新的范围。

（2）在"更新"选项中选定"模板"复选框。

（3）单击"完成"按钮后将在"状态"文本框中显示文件或站点更新的结果。

方法三：打开"资源"面板，在模板列表中选中要更新的模板，然后右击，在弹出的快捷菜单中选择"更新当前页"或"更新站点"命令，也可以完成基于模板的页面更新。

14.2.7 管理模板

在 Dreamweaver CS6 中，使用"资源"面板的"模板"类别可以管理现有模板，如删除、重命名等。

1. 重命名模板

（1）在"资源"面板中，单击面板左侧的"模板"类别。

（2）右击要重命名的模板，在快捷菜单中选择"重命名"命令，即可激活其名称的编辑状态；也可以选中要重命名的模板后，单击要重命名的模板名称，同样会激活其名称的编辑状态。

（3）输入模板的新名称。

（4）单击模板名称区域外的任意位置或按 Enter 键确认重命名。

Dreamweaver 将询问是否要更新基于此模板的文档。若要更新站点中所有基于此模板的文档，单击"更新"按钮；如果不想更新基于此模板的任何文档，则单击"不更新"按钮。

2. 删除模板

（1）在"资源"面板中，单击面板左侧的"模板"类别。

（2）单击要删除的模板，然后单击面板底部的"删除"按钮，接下来确认要删除该模板。一旦删除模板文件，则无法对其进行检索，该模板文件将被从站点中删除。

基于已删除模板的文档不会与此模板分离，它们保留该模板文件在被删除前所具有的结构和可编辑区域。

14.3 上 机 实 践

一、实验目的

（1）理解库和模板在网页设计中的作用。

（2）掌握创建库项目的方法。

（3）掌握在文档中插入库项目的方法。

（4）掌握创建 Dreamweaver 模板的方法。

（5）掌握创建模板区域的方法，特别是可编辑区域和重复区域。

（6）掌握利用模板创建新文件的方法。

（7）掌握将文档与模板分离的方法。

二、实验内容

（1）创建一个新的空白模板，并设计模板，如图 14.32 所示，保存为 myindex.dwt。

图 14.32 实验效果图

（2）新建一个网页，将上面新建的 myindex.dwt 模板应用到文档中。

（3）将管理员的 Email 地址定义为库项目，将库项目应用到文档中。

三、操作提示

（1）建立本地站点，并准备好制作模板要用的一些基本图片。

（2）在"资源"面板中，选择面板左侧的"模板"类别，即会显示"资源"面板的"模板"类别。

（3）单击"资源"面板底部的"新建模板"按钮。一个新的无标题模板将被添加到"资源"面板的模板列表中。

（4）创建如图 14.32 所示的模板。注意模板中添加的可编辑区域和重复表格。

（5）新建库项目，将管理员的 Email 地址定义为库项目，如图 14.33 所示。

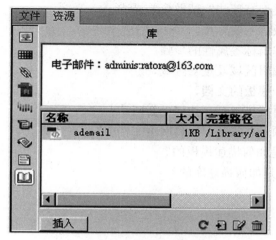

图 14.33 实验中建立的库项目

（6）将库项目应用到文档中的版权部分。

（7）练习断开所选库项目及其源文件之间的链接，之后便可以在文档中对其进行编辑。

（8）练习将文档与模板分离，使整个文档都变为可编辑的。

14.4 习　　题

一、选择题

1．以下选项中说法不正确的是（　　　）。

    A．库是一种用来存储想要在网站上经常重复使用或更新的页面元素

    B．库中可以包含 Email 地址、电话或版权等信息

    C．只有文字、数字、字母可以作为库项目，图片、脚本不可以作为库项目

    D．库实际上是一段 HTML 源代码

2．在创建可编辑区域时，不能将（　　　）标记为可编辑的单个区域。

    A．层　　　　　　　　　　　　B．整个表格

    C．多个表格单元格　　　　　　D．单独的表格单元格

二、填空题

1．要断开所选库项目及其源文件之间的链接，可以单击属性检查器中的_____按钮。

2．库项目文件的扩展名为_____，模板文件的扩展名为_____。

3．在 Dreamweaver 中，用户创建的模板存放在本地站点的_____文件夹中。

4．在 Dreamweaver 中，用户创建的库项目存放在本地站点的_____文件夹中。

5．创建模板时要将重复区域中的内容设置为可编辑，必须在重复区域中插入_____。

三、简答题

1．简述库和模板的作用。

2．模板区域的类型有哪些？试做简单描述。

3．简述创建模板的主要方法。

4．简述定义可编辑标签属性的步骤。

5．如何创建可编辑区域及重复区域？

6．如何创建基于模板的文档？

7．更改为库项目或模板后，如何更新网站？

8．如何建立库项目并将其引用到网页文档中？

9．HTML代码是如何描述模板的？

10．HTML代码是如何描述库的？

第 15 章

站点的维护与上传

制作完成的网站一定要进行测试，测试通过后再通过上传、下载把网站发布出去。本章主要介绍如何检查文档与浏览器的兼容性，如何检测文档的链接错误，如何上传文件至远程服务器，如何下载文件到本地磁盘，如何同步文件，如何取出/存回远程文件。

本章学习要点包括检查浏览器兼容性、链接错误检测、网站的发布、协同环境下文档的取出和存回操作。

15.1 测 试 网 站

通过前面几章的学习，读者已经掌握了网页制作的相关知识。对于已经设计完成的网站，需要先进行测试，测试通过后才能将其上传至网上供用户浏览。

测试站点主要有两个目的：一是为了保证在目标浏览器中页面的内容能正常显示，其链接能正常进行跳转，即文档中没有错误的链接；二是使页面下载时间缩短。

Dreamweaver CS 提供了多项测试站点的功能，其中包括预览页面和检查浏览器兼容性，还可以运行各种报告等。

15.1.1 检查浏览器的兼容性

检查浏览器的兼容性是检查文档中是否有目标浏览器所不支持的标签或属性（如页面中的样式、层、插件或 JavaScript）等元素。如果目标浏览器不支持这些元素，文档在浏览器中将显示不完整或某些功能不能正常运行。Dreamweaver CS 的"检查目标浏览器"功能对文档不作任何方式的更改，只给出检测报告。

检查浏览器的兼容性的具体操作如下：

（1）在"文档"工具栏中单击"目标浏览器检查"按钮，在打开的菜单中选择"设置"命令，打开"目标浏览器"对话框，如图 15.1 所示。

（2）在如图 15.1 所示的对话框中选中每个要检查的浏览器旁边的复选框，并在其右侧的下拉列表框中选择要检查的浏览器的最低版本。

（3）打开要测试的 Web 页面，选择"文件"→"检查页"→"浏览器兼容性"菜单命令，窗口下方的标签页组会显示在如图 15.2 所示的"浏览器兼容性"标签页中。也可以直接单击图 15.2 所示的左侧箭头按钮对打开的页面进行浏览器兼容性检查。如果当前检查的文件没有错误，结果显示页面为空白；如果当前检查的文件存在错误，则会在下面显示出错误信息，如图 15.3 所示。单击图 15.3 左侧的保存按钮，可以将"浏览器兼容性"报告保存为 XML 文件；单击"浏览器"按钮可以在浏览器中显示"浏览器兼容性"报告。

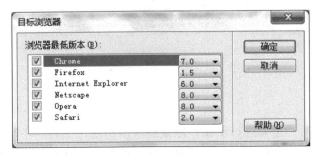

图 15.1 "目标浏览器"对话框

图 15.2 "浏览器兼容性"标签页

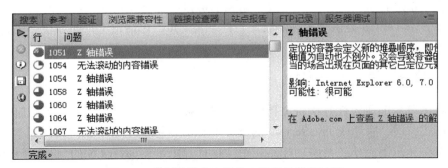

图 15.3 "浏览器兼容性"有错误的检查结果

（4）单击"站点报告"标签页，然后单击左侧的三角按钮，将会打开"报告"对话框，如图 15.4 所示。用户可以选择对"当前文档""整个当前本地站点""站点中的已选文件"或"文件夹…"的文件进行报告显示，报告显示内容也可以自定义设置，方法是在图 15.4 所示的对话框中选择显示的相应项即可。设置完成后，单击对话框上的"运行"按钮，报告就会显示出来，如图 15.5 所示。单击图 15.5 左侧的保存按钮，报告结果可以 XML 文件的形式进行保存。

（5）图 15.5 所示的错误信息列表中，选中要修改的错误信息，双击将在"拆分"视图中选中不支持的标记，如图 15.6 所示。

（6）可以删除不支持的代码，或将其更改为目标浏览器能够支持的其他代码。

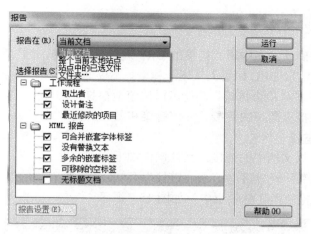

图 15.4　"报告"对话框

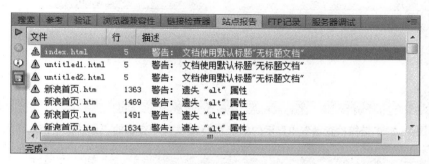

图 15.5　"站点报告"结果

图 15.6　在"拆分"视图中显示的警告

15.1.2　检测网页链接错误

发布站点前应确认站点中所有链接的 URL 地址是否正确，并且所有文本和图形是否能正确显示。对于链接 URL 如果人工逐一检查，不仅非常烦琐，而且工作量巨大。使用 Dreamweaver CS 中的"检查链接"功能可以快速地在打开的文件、本地站点的某一部分或整个本地站点中搜索断掉的链接、外部链接和孤立的文件。

1．检查网页链接

要检查单个网页文档中的链接，具体操作如下。

（1）选择"文件"→"检查页"→"链接"菜单命令，检查到的结果将显示在"结果"标签页组的"链接检查器"标签页中，如图 15.7 所示。

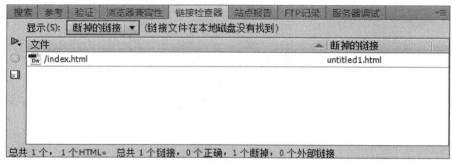

图 15.7　"链接检查器"中显示的单个 HTML 文件中存在的"断掉的链接"结果

> ☞提示：" 检查页"菜单下的"链接"命令是对当前"文档"窗口中选中的网页进行检查，"链接检查器"标签页中显示的也是该页面的"检查链接"结果。如果"文档"窗口中没有打开的网页，则该命令不可用。

（2）在"显示"下拉列表框中，可以选择要检查的链接方式，如图 15.8 所示。
其中各选项的含义如下：

- 断掉的链接：显示文档中断掉的链接。
- 外部链接：显示文档中存在的外部链接。
- 孤立的文件：只有在对整个站点进行检查时该项才有效，显示站点中的孤立文件。

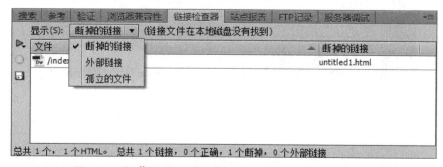

图 15.8　在"显示"下拉列表框中选择要检查的链接方式

2．检查本地站点某部分中的链接

有时需要对站点中的某几个文档或文件夹进行链接检查，具体操作如下。

（1）在"文件"标签页组中选择要检查的文件或文件夹。

（2）在选择的文件或文件夹上右击，在弹出的快捷菜单中选择"检查链接"→"选择文件/文件夹"命令，检查结果将显示在"结果"面板中。

（3）在"显示"下拉列表框中可选择"断掉的链接""外部链接"或"孤立的文件"选项查看相应的链接情况。

> ☞提示：在"文件"标签页组中，可以结合键盘上的 Shift 或 Ctrl 键同时选中多个文件或文件夹。要选择一组连续的文件，可按住 Shift 键，然后单击第一个和最后一个文件；要选择一组不连续的文件，可按住 Ctrl 键，然后分别单击选择各个文件。

3．检查整个站点的链接

除上面介绍的检查网页链接和检查站点中某部分的链接外，还可以直接检查整个站点范围的链接，具体操作如下。

（1）在"文件"标签页组中选择要检查的站点。

（2）在"结果"标签页组中选择"检查整个当前本地站点的链接"项，如图 15.9 所示，检查的结果将显示在"链接检查器"标签页中。

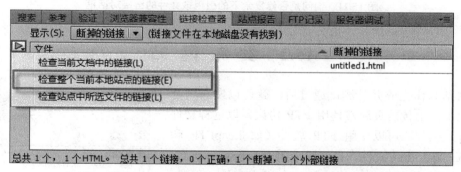

图 15.9 "结果"标签页组中"检查整个当前本地站点的链接"

也可以选择"站点"→"检查站点范围的链接"菜单命令，检查整个站点范围的所有链接。

15.1.3 修复链接

修复链接就是将断掉的链接重新进行链接，具体操作如下。

（1）在"断掉的链接"列表中，单击要修复的链接项，如图 15.10 所示。

（2）重新输入链接路径，或单击右侧的图标，打开"选择文件"对话框，在对话框中重新指定链接的路径。

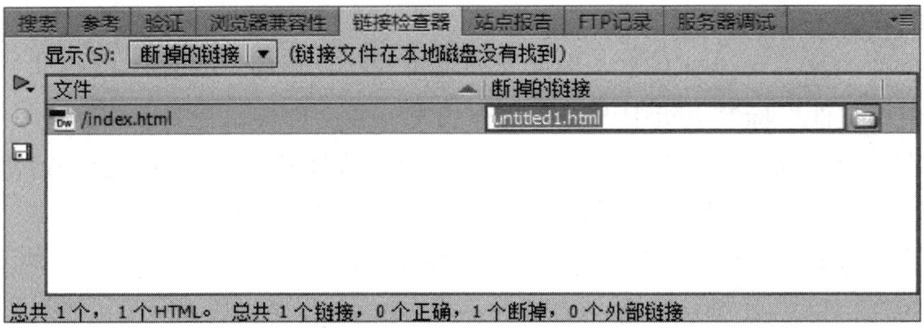

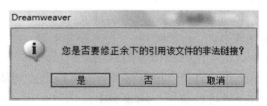

图 15.10 在链接检查器中修复链接

☞提示：若有多个文件都有相同的中断链接，则对其中的一个链接文件进行修改后，系统会弹出如图 15.11 所示的对话框，询问是否修复余下的引用该文件的链接。

单击"是"按钮，则如果有其他具有相同中断链接的文件，系统会自动将它们重新指定链接路径。反之，系统不会自动更改其余中断的链接。

图 15.11 询问是否修复余下的引用该文件的链接对话框

15.2 发 布 网 站

网站制作完成并且测试通过后，就可以发布到互联网上了。上传网页通常使用 FTP 协议，以远程文件传输方式上传。可以使用 FTP 软件（如 LeapFTP 和 CuteFTP 等）上传文件，也可以使用 Dreamweaver CS 上传。本节介绍使用 Dreamweaver CS 发布网站的方法。只要配置好远程信息后，就可以将本地站点上传到远程服务器上供访问者浏览。

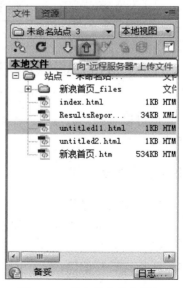

15.2.1 上传文件

向远程站点上传文件的具体操作如下。

（1）单击"文件"标签组中的向"远程服务器"上传文件按钮，如图 15.12 所示，如果还没有设置远程服务器的连接信息，系统将弹出如图 15.13 所示的提示对话框，单击"是"按钮，将进入"定义远程服务器"对话框。

图 15.12 "上传文件"按钮

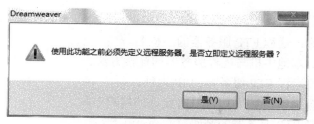

图 15.13　提示定义远程服务器对话框

（2）定义远程服务器对话框如图 15.14 所示，默认显示的是"服务器"选项卡，单击右侧远程服务器列表下方的"+"按钮会弹出服务器设置对话框，如图 15.15 所示。依次设置服务器名称、连接方法、FTP 地址、用户名、密码和根目录。

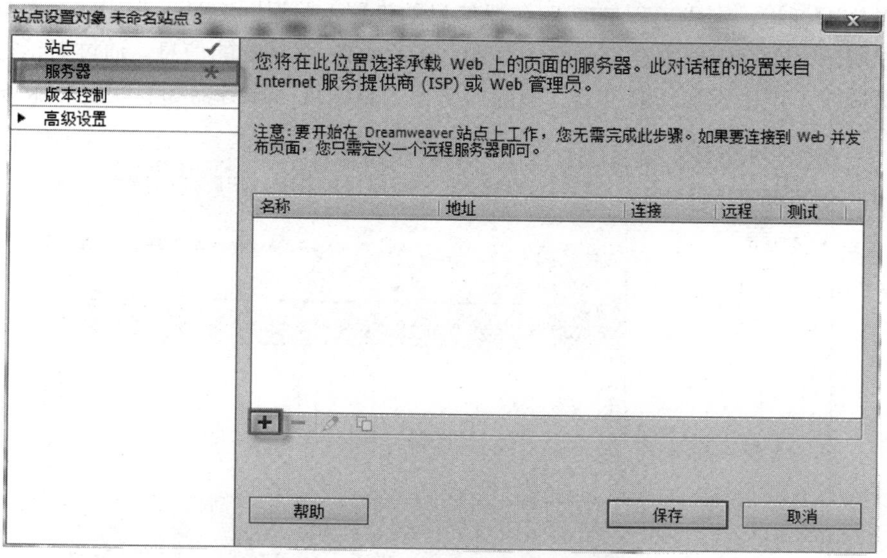

图 15.14　定义远程服务器对话框

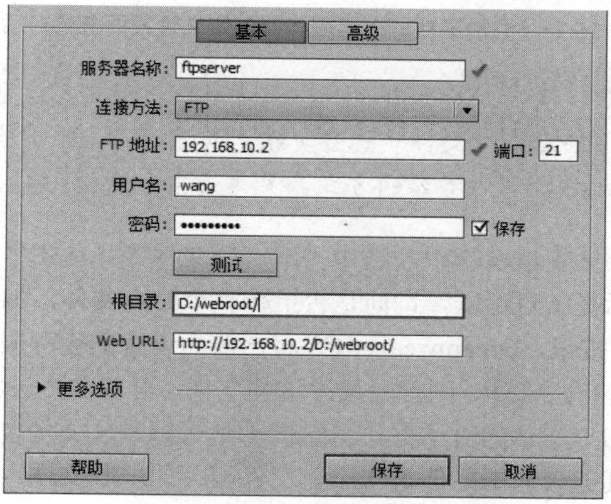

图 15.15　服务器设置对话框

各项设置含义如下：

- 服务器名称：远程 FTP 服务器的主机名。
- 连接方法：本地主机与远程服务器的连接方法。
- FTP 地址：远程 FTP 服务器的 IP 地址。
- 用户名：登录远程 FTP 服务器时允许的用户名。
- 密码：登录 FTP 服务器的密码。
- 根目录：把站点文件上传到 FTP 服务器的哪个目录下（该目录是远程 FTP 服务器上的目录，而不是本地主机的目录）。

（3）为验证所设参数是否正确，可在设置好站点远程信息后单击图 15.15 所示对话框中的"测试"按钮。如果成功连接，系统会给出相应的测试成功的提示信息。单击"保存"按钮，关闭对话框，完成远程 FTP 服务器信息的设置，并返回定义远程服务器对话框，如图 15.16 所示。在对话框中会显示刚才添加的远程 FTP 服务器的信息。通过对话框下方的 4 个编辑按钮，可以添加新服务器、删除服务器、编辑现有服务器和复制现有服务器。

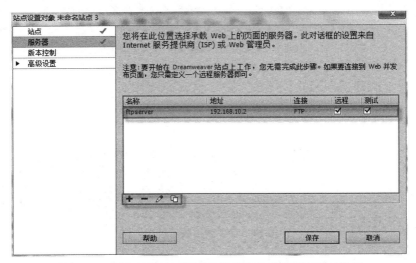

图 15.16　添加了新的远程服务器的定义远程服务器对话框

☞**提示**：服务器设置后以后如需更改，需要再次打开定义远程服务器对话框，再次打开该对话框的方法是在"文件"标签页组上的显示"当前站点名"的下拉列表框中双击。还有其他几种定义服务器的方式，具体连接方式设置将在 15.4 节中介绍。

（4）在"文件"标签组窗口中，选中"站点"文件夹，单击"向测试服务器上传文件"按钮，系统显示提示对话框，询问是否上传整个站点文件，如图 15.17 所示。单击对话框中的"确定"按钮，Dreamweaver CS 将向前面设置的远程服务器上传整个站点文件。如果要上传某些特定文件，则首先选中这些文件，再单击"向测试服务器上传文件"按钮，弹出如图 15.18 所示的对话框，系统提示是否把相关文件也包含在传输中，单击"是"按钮，则会把其他未选中的但是和当前文件相关的一些文件也进行上传；单击"否"按钮，则只传输当前选中的文件；单击"取消"按钮，则取消上传当前选中的文件。

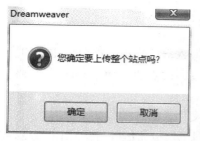

图 15.17　提示上传整个站点

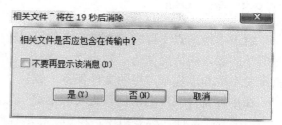

图 15.18　询问是否包含相关文件对话框

（5）上传完成后，单击"文件"标签组中的"本地视图"下拉列表，在下拉列表中选择"远程服务器"，将显示已经上传到远程服务器的文件列表，如图 15.19 所示。

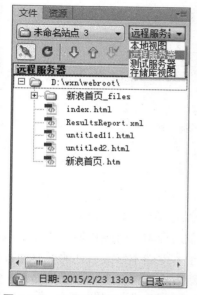

图 15.19　远程服务器上的文件列表

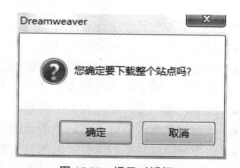

图 15.20　提示对话框

15.2.2　下载文件

要更新站点文件，有两种方式：可以先下载远程站点中的相应文件，然后在本地编辑修改后上传，覆盖远程站点的相应文件；也可直接在本地站点中编辑好后直接上传到远程站点。不论采取哪种方式，都需要下载文件。

下载文件的具体操作如下。

（1）单击"文件"标签组中的"从远程服务器获取文件"按钮 ，将显示提示对话框，如图 15.20 所示。

（2）单击"确定"按钮，将把远程服务器上站点的所有文件下载到本地主机。

上述方式下载的是整个远程站点的所有文件。如果只下载网站的某些文件，在"文件"面板的"远程服务器"文件列表中选中要下载的文件后，单击"从远程服务器获取文件"按钮即可。

15.2.3　同步文件

由于本地站点文件和远程站点文件可以分别进行编辑，这样极可能出现相同的文件对应不同版本的情况。为了防止这种情况，应该保持双方站点的同步。所谓同步文件，就是使本地和远程站点中的文件保持一致。

在进行文件同步之前，首先要确定哪些文件是新文件，具体操作如下。

（1）在"文件"标签组中，单击"与远程服务器同步"按钮，将弹出"与远程服务器同步"对话框，如图 15.21 所示，然后选择要同步的是本地文件还是整个站点，也可以选择同步的方向是"放置较新的文件到远程""从远程获得较新的文件"还是"获得和放置较新的文件"。

图 15.21　"与远程服务器同步"对话框

"同步"下拉列表框中，各选项含义如下：

- 整个××站点：同步整个站点。
- 仅选中的本地文件：只同步选定的文件。

"方向"下拉列表框中选择复制文件的方向，各选项含义如下：

- 放置较新的文件到远程：上传修改日期晚于远程副本修改日期的所有本地文件。
- 从远程获得较新的文件：下载修改日期晚于本地副本修改日期的所有远程文件。
- 获得和放置较新的文件：将所有文件的最新版本放置在本地和远程站点上。

（2）单击图 15.21 中的"预览"按钮，可以手动同步文件，如图 15.22 所示。如果单击"是"按钮，系统开始查找本地站点和远程站点中的更新后没有进行过同步的文件。查找结束后，会根据情况给出需要同步的文件列表，如图 15.23 所示。可通过单击左下方的一排按钮，对所选文件进行相应的操作。

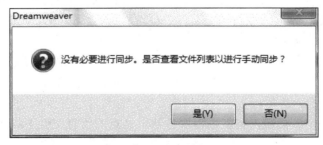

图 15.22　手动同步文件提示对话框

（3）也可以通过"文件"标签组中的右键快捷菜单进行同步和显示同步信息等操作。

图 15.23　需要同步的文件列表

15.3　管理站点的高级设置

Dreamweaver CS6 在对站点进行管理时，除了提供检查浏览器的兼容性、检测网页链接错误、上传文件、下载文件、同步文件外，还提供了一些高级设置选项，如定义"遮盖""设计备注""文件视图列"等站点属性。

15.3.1　遮盖功能

遮盖功能指在整个站点操作中把符合指定条件的文件排除在外。如在设计网站过程中不想每次都向远程服务器上传 Flash 文件，则可以启用 Dreamweaver CS 提供的遮盖功能进行设置。设置方法如下。

（1）选择"站点"菜单下的"管理站点"命令，打开"管理站点"对话框，然后单击下面的"新建站点"按钮，打开"站点设置对象"对话框。

（2）在"站点设置对象"对话框中的"高级设置"选项列表中选择"遮盖"选项，打开与遮盖相关的选项卡，如图 15.24 所示。

"遮盖"选项卡的具体设置如下。

（1）启用遮盖：选中此复选框，可启用站点的遮盖功能。

（2）遮盖具有以下扩展名的文件：选中该复选框后，在其下面的文本框中输入需要遮盖的文件扩展名，例如 fla。

15.3.2　"设计备注"功能

"设计备注"功能用于存储与文档相关联的信息，包括源文件信息、文档注释、文档的设计状态等。

在"站点设置对象"对话框的"高级设置"选项列表中选择"设计备注"选项，打开与设计备注相关的选项卡，如图 15.25 所示。

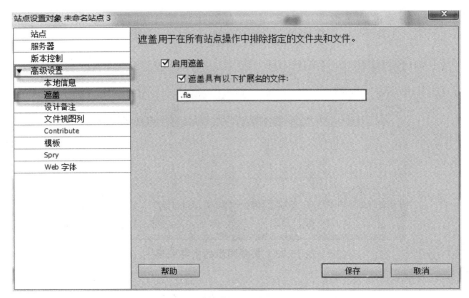

图 15.24　定义"遮盖"选项

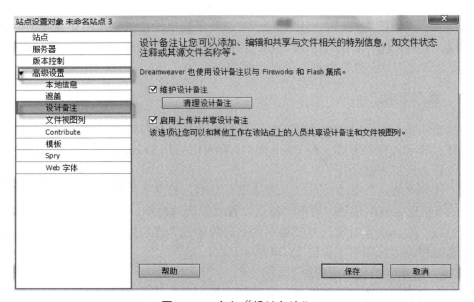

图 15.25　定义"设计备注"

"设计备注"选项卡的具体设置如下。

（1）维护设计备注：选中此复选框，可启用设计备注功能。

（2）启用上传并共享设计备注：选中此复选框，可将"设计备注"和"文件视图列"与其他设计人员共享。

15.3.3　"文件视图列"功能

通过设置该功能，可以更改"文件"标签组中的文件视图列，例如新增或删除列、调整列的顺序。设置方法如下。

（1）在"站点设置对象"对话框中的"高级设置"选项列表中选择"文件视图列"选项，打开与文件视图列相关的选项卡，如图 15.26 所示。

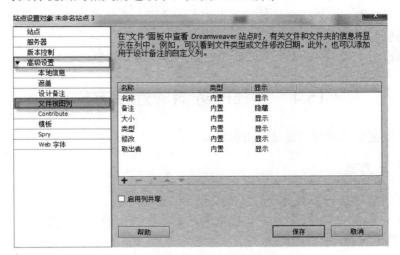

图 15.26 定义"文件视图列"

（2）在"文件视图列"选项卡中，可以增加或删除视图列，也可以编辑各列的显示顺序。

（3）单击添加新列按钮 ，出现如图 15.27 所示的界面，可以新增视图列。

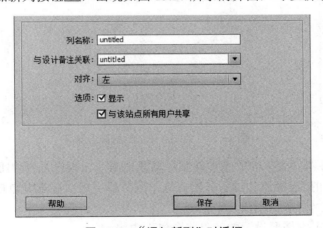

图 15.27 "添加新列"对话框

各选项具体含义如下：

- 列名称：在该文本框中输入新增列的名称。
- 与设计备注关联：在该下拉列表中选择一个值，或者输入新值。
- 对齐：在该下拉列表框中确定列中文本的对齐方式。
- 选项：包括两个复选框。选中"显示"复选框，可显示列；选中"与该站点所有用户共享"复选框，可与连接到远程站点的其他用户共享该列。

（4）单击图 15.26 中列表下方的"编辑"按钮，可以对文件视图列中的某一列进行编辑，如重新定义列显示的对齐方式，是否与连接到远程站点的其他用户共享该列，重新定义显示的列名称等。

注意：系统定义好的列只能编辑对齐方式和是否与其他用户共享。"列名称"和"与设计备注关联"不能更改。

（5）单击图 15.26 中列表下方的两个三角形按钮可以调整列的显示顺序。

15.4　远程服务器的连接方式

用户可以使用多种方式连接远程服务器。

15.4.1　FTP 方式

用 FTP 方式连接远程服务器的具体设置方法如下。

（1）在"文件"标签组中双击已建立的站点，在弹出的"站点设置对象"对话框中选择"服务器"选项，如图 15.28 所示。

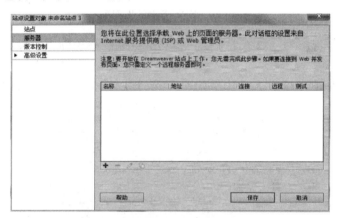

图 15.28　为站点添加远程服务器

（2）单击服务器列表下面的添加新服务器 ➕ 按钮，出现添加/编辑服务器对话框，如图 15.29 所示。如果已经添加过服务器，选中服务器项后，单击编辑按钮，也可打开该对话框。

"基本"标签页中需要设置的信息包含以下内容：

- 服务器名称：为服务器命名。
- 连接方法：选择 FTP 选项。
- FTP 地址：输入远程的 FTP 主机名称（如 www.mysite.com）或者 IP 地址（如 118.228.197.59）。一定要输入有权访问的空间的域名地址，否则会连接不上。
- 端口：可以根据服务器提供商的要求填写。
- 用户名：输入连接到 FTP 服务器的用户名。
- 密码：输入连接到 FTP 服务器的密码。

- 测试：单击"测试"按钮可以检查是否能够成功地连接到服务器上。如果不能，则需修改前面的选项。
- 根目录：输入远程服务器上存放网站的目录。
- Web URL：输入 URL 地址，如 www.mysite.com/test/。

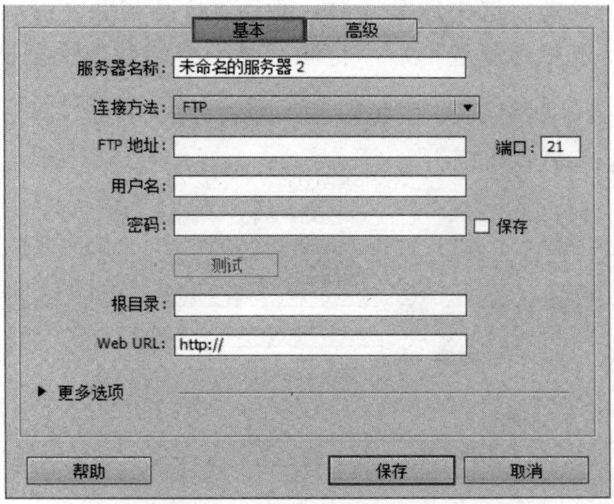

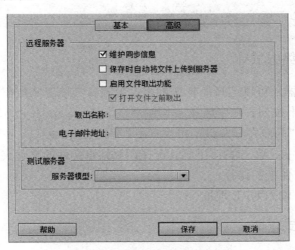

图 15.29　添加/编辑服务器对话框

（3）设置完成后，单击"保存"按钮，返回"站点设置对象"对话框。在该对话框中显示了已经建立好的远程连接。单击服务器列表下面的相应按钮可以继续执行添加新服务器、删除服务器、编辑现有服务器和复制现有服务器的操作。

（4）使用本地站点连接好远程服务器后，在"文件"标签组中就可以对站点文件进行上传、下载操作了，一般情况下都是选择 FTP 连接方式。如果前面设置本地文件夹为 Web 服务器指定的目录，则没有必要再设置远程站点，因为 Web 服务器运行在本地计算机上。

（5）在"站点设置对象"对话框中，除了一些基本的设置之外，还有"高级"设置标签页，如图 15.30 所示。

图 15.30　"高级"设置标签页

各项设置含义如下：

- 维护同步信息：保持服务器与本地信息同步。
- 保存时自动将文件上传到服务器：选中该复选框，保存文件同时将自动上传到服务器。
- 启用文件取出功能：选中该复选框，激活"打开文件之前取出"功能，可设置文件操作权限。选中该复选框后，将激活其下方的参数设置框，如图 15.31 所示。

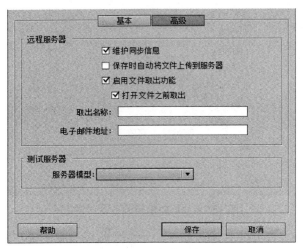

图 15.31　设置文件取出功能

- 打开文件之前取出：在打开文件时，自动设置为取出。
- 取出名称：输入取出文件的人员名称，输入后在站点窗口中取出文件旁将显示该名称。
- 电子邮件地址：输入取出人员的电子邮件地址。

> ☞**提示**：文件的取出功能在多人联合设计的环境中特别有用，通过设置文件的只读属性，可以避免工作组中的其他人修改该文件。

15.4.2　本地/网络方式

连接远程服务器还可以选择"本地/网络"方式。具体方法是在图 15.29 所示的对话框的"连接方法"下拉列表框中选择"本地/网络"选项，如图 15.32 所示。

在"基本"和"高级"标签页中可设置下列属性。

- 服务器文件夹：单击▣按钮可以选择存放站点文件的文件夹，也可以在文本框中直接输入文件夹的路径。
- Web URL：输入 URL 地址。

15.4.3　RDS 方式

以 RDS 方式连接远程服务器的具体设置方法如下。

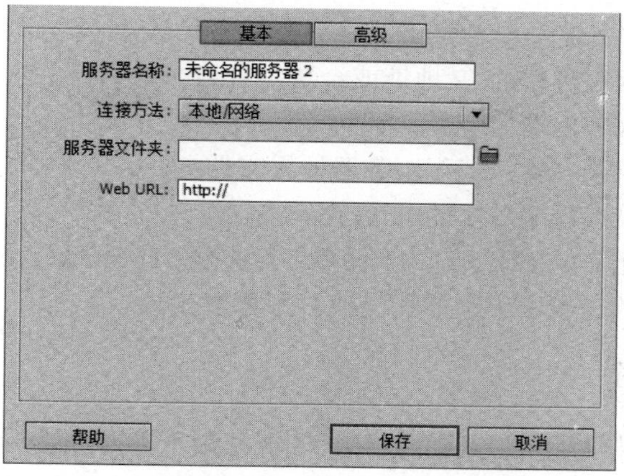

图 15.32 设置连接为"本地/网络"

（1）在"站点设置对象"对话框（见图 15.29）的"连接方法"下拉列表框中选择 RDS 选项，则出现如图 15.33 所示的界面。设置相关选项，使用 RDS 与服务器建立连接。

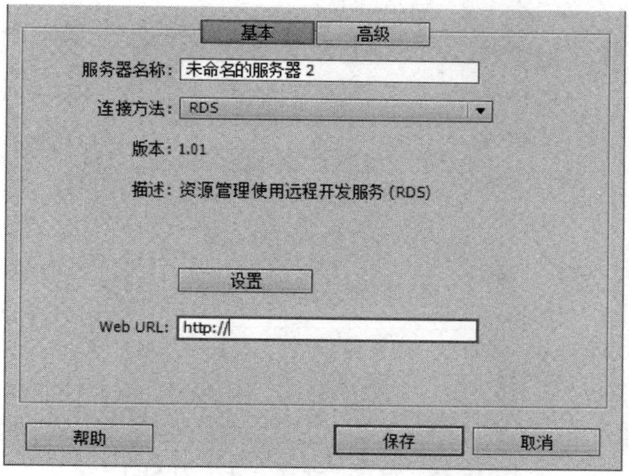

图 15.33 设置"连接方法"为 RDS

（2）单击图 15.33 中的"设置"按钮，弹出"配置 RDS 服务器"对话框，如图 15.34 所示。

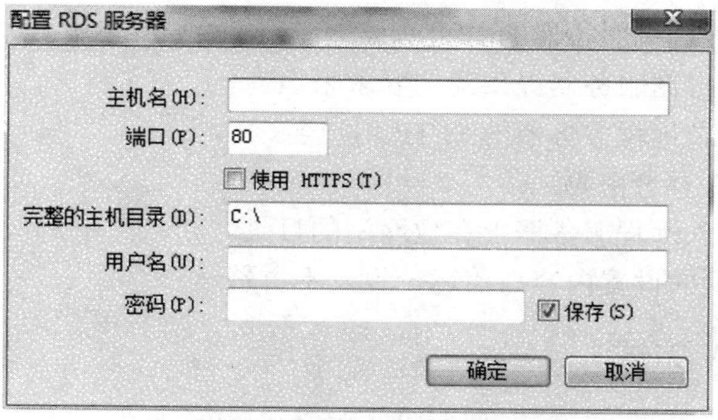

图 15.34 "配置 RDS 服务器"对话框

在"配置 RDS 服务器"对话框中各项属性具体含义如下：

- 主机名：远程服务器的 IP 地址或合法主机名。
- 端口：远程服务器端口号。
- 完整的主机目录：输入远程服务器的根文件夹。
- 用户名：登录远程服务器的 RDS 用户名。
- 密码：RDS 用户的密码。选中"保存"复选框，Dreamweaver CS 即可保存该密码。

"高级"标签页的设置内容与前述一致，不再赘述。

15.4.4　SFTP 方式

以 SFTP 方式连接远程服务器的具体设置方法如下。

在"站点设置对象"对话框（见图 15.29）的"连接方法"下拉列表框中选择 SFTP 选项，则出现如图 15.35 所示的对话框。设置相关选项，使用 SFTP 方式与服务器建立连接。

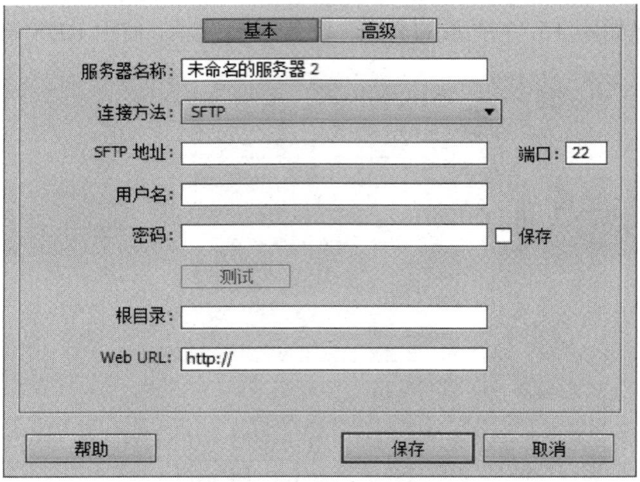

图 15.35　设置"连接方法"为 SFTP

"基本"标签页中各属性含义如下：

- 服务器名称：远程服务器的主机名。
- 连接方法：本地主机与远程服务器的连接方法。
- SFTP 地址：远程服务器的 IP 地址。
- 端口：可以根据服务器提供商的要求来填写。
- 用户名：登录远程服务器的 SFTP 用户名。
- 密码：SFTP 登录密码。
- 根目录：输入远程服务器上存放网站的目录。

"高级"标签页的设置内容与前述一致，不再赘述。

15.4.5　WebDAV 方式

以 WebDAV 方式连接远程服务器的具体设置方法如下。

在"站点设置对象"对话框（见图 15.29）的"连接方法"下拉列表框中选择 WebDAV 选项，则出现如图 15.36 所示的对话框。设置相关选项，使用 WebDAV 方式与服务器建立连接。

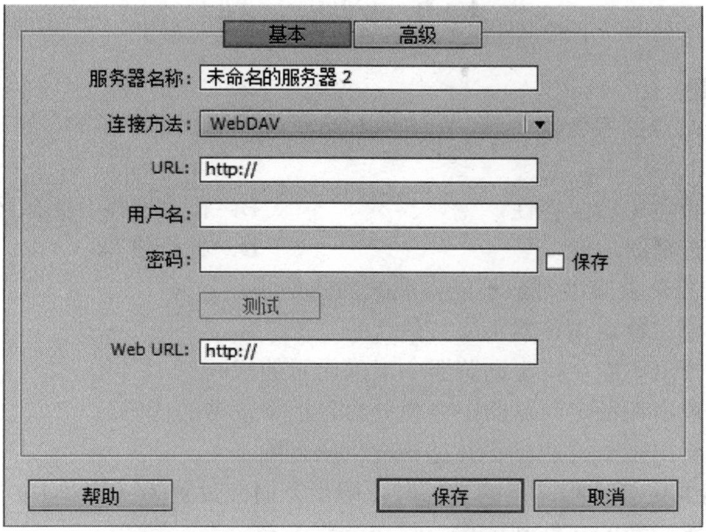

图 15.36　设置"连接方法"为 WebDAV

"基本"标签页中各属性含义如下：

- 服务器名称：远程服务器的主机名。
- 连接方法：本地主机与远程服务器的连接方法。
- URL：输入 WebDAV 服务器上连接目录的完整 URL，包括其协议、端口及目录。
- 用户名：输入登录服务器的用户名。
- 密码：输入登录服务器的密码。
- 保存：选中此复选框，Dreamweaver 将保存登录密码。
- Web URL：输入网站站点的网址。

"高级"标签页的设置内容与前述一致，不再赘述。

15.5　上　机　实　践

一、实验目的

（1）掌握测试网站的浏览器兼容性和检查网页链接错误的方法。

（2）掌握设置远程服务器的方法。

（3）掌握将网站发布到服务器上并进行文件同步的方法。

二、实验内容

对于制作好的网站，先进行浏览器兼容性和网页链接错误的检测，然后在 Internet 上申请一个免费空间或在校园 FTP 服务器上申请一个空间，把测试完成的网站发布上去，然后进行文件的上传、下载、编辑等操作。

三、实验步骤

略。请参考本章内容。

15.6 习　　题

一、选择题

1．在上传站点到服务器之前，在本地对站点进行测试是必要的，测试的主要内容包括（　　）。

    A．检查浏览器兼容性　　　　　　　　B．检查链接有无破坏

    C．检查辅助功能　　　　　　　　　　D．检查拼写

2．检查浏览器兼容性时，不能实现的功能是（　　）。

    A．检查出特定浏览器不支持的代码

    B．检查出不能在特定浏览器中正确显示的代码

    C．检查出在特定浏览器中会使页面显示不正常的代码

    D．检查出不支持的标签并把相应代码删除

3．当仅需要更新远程站点的文件时，同步方向应设置为（　　）。

    A．放置较新的文件到远程

    B．从远程获取较新的文件

    C．获取和放置较新的文件

    D．从本地获取较新的文件

4．如果需要使打开的文件自动被取出，则在定义远程信息时要选中（　　）。

    A．自动刷新远程文件列表

    B．保存时自动将文件上传到服务器

    C．启用存回和取出

    D．打开文件之前取出

5．设计备注功能用于存储与文档相关联的（　　）等信息。

    A．源文件信息　　　　　　　　　　　B．文档注释

    C．文档的设计状态　　　　　　　　　D．文档的分类

6．文件的取出功能在多人联合设计的环境中非常有用，通过设置文件的只读属性，可避免工作组中的其他人（　　）。

    A．修改该文件　　　　　　　　　　　B．读取该文件

    C．修改和读取该文件　　　　　　　　D．以上都不是

二、填空题

1．通过_____，可以查出文档中是否含有目标浏览器不支持的标签或属性等，如 embed 标签、marquee 标签等。

2．所谓_____，就是使本地和远程站点中的文件保持一致。Dreamweaver CS6 可以非常方便地完成该操作，它会根据需要在两个方向上复制文件，并在合理的情况下删除不需要的文件。

3．使用 Dreamweaver CS6 上传网站时，必须设置好远程站点信息，其中必须包括_____、_____、_____和_____。

4．遮盖功能用于在站点操作中排除指定的_____。

三、简答题

1．测试网站时，如何检查文档针对特定浏览器软件的兼容性？

2．如何快速检查出网页的 URL 链接错误？

3．什么是网站的发布？如何发布一个网站？

四、上机题

1．创建一个个人站点。

2．定义一个远程服务器发布个人站点。

3．设置个人站点的各项属性。